资助项目来源：农业农村部农村能源综合建设项目和中国农业科学院科技创新工程（CAAS-ASTIP-2015-BIOMA）

沼气工程典型模式研究

Study on Typical Models of Biogas Plant

冉毅 王登山 蔡萍 / 著

经济管理出版社
ECONOMY & MANAGEMENT PUBLISHING HOUSE

图书在版编目（CIP）数据

沼气工程典型模式研究/冉毅、王登山、蔡萍著. —北京：经济管理出版社，2019.11
ISBN 978 - 7 - 5096 - 6126 - 0

Ⅰ.①沼…　Ⅱ.①冉…②王…③蔡…　Ⅲ.①沼气工程—研究　Ⅳ.①S216.4

中国版本图书馆 CIP 数据核字（2018）第 248420 号

组稿编辑：曹　靖
责任编辑：曹　靖　王　洋
责任印制：黄章平
责任校对：陈　颖

出版发行：经济管理出版社
　　　　　（北京市海淀区北蜂窝 8 号中雅大厦 A 座 11 层　100038）
网　　址：www. E - mp. com. cn
电　　话：(010) 51915602
印　　刷：三河市延风印装有限公司
经　　销：新华书店
开　　本：787mm × 1092mm/16
印　　张：17.75
字　　数：398 千字
版　　次：2019 年 11 月第 1 版　　2019 年 11 月第 1 次印刷
书　　号：ISBN 978 - 7 - 5096 - 6126 - 0
定　　价：88.00 元

编写人员

（按姓氏笔画排序）

丁自立　马　军　王宝宏　王娟娟　王　琳　王　超
王登山　舟　毅　毕于运　任　华　刘永岗　刘　伟
刘庆玉　刘金昌　刘　莉　江光华　汤晓玉　李冰峰
李泉临　李景明　李撑娟　杨光辉　杨　炯　杨　懿
吴延萍　吴　进　吴志军　吴英新　邱永洪　邱　凌
张艺琼　张衍林　张健军　陈子爱　陈　杰　陈　佶
武铁平　范荣豪　范德强　林剑锋　林赛男　林　聪
罗　涛　周国曾　郑国蓉　赵　凯　胡国全　贺　莉
徐文勇　郭　亮　席　江　黄冠宇　黄振侠　梅自力
蒋鸿涛　曾文俊　蔡　萍　熊小龙

前　言

我国沼气事业始于 20 世纪 20 年代，经过近百年的发展，特别是从 2003 年农村沼气国债项目开始，户用沼气、养殖小区和联户沼气、大中型沼气工程、沼气服务体系、特大型沼气工程和生物天然气工程建设不断取得新进展，在资源化处理有机废弃物、开发清洁可再生能源、防治农业面源污染、改善生态环境和促进生态循环农业发展等方面都具有重要意义。2008 年沼气工程建设大面积铺开，2008～2014 年，中央财政安排资金 69 亿元建设大中型沼气工程，2015～2017 年，我国沼气建设进入转型升级期，中央财政安排资金 25.9 亿元建设规模化大型沼气和生物天然气工程，各类沼气工程建设、运营模式不断出现。2017 年 10 月，党中央和国务院提出了关于加强生态文明建设的发展理念，出台了实施乡村振兴战略的意见，农业农村部做出了农业绿色发展的工作部署，新时代赋予沼气工程新内涵，涌现了"沼气＋PPP""沼气＋三产融合""沼气＋扶贫""沼气＋互联网""沼气＋公厕"等新业态和新模式，沼气工程在人居环境整治、厕所革命和脱贫攻坚等方面发挥了积极作用，推动了乡村振兴战略实施。

本书以沼气工程为研究对象，在查阅文献和实地调查的基础上，提出了沼气工程典型模式分类依据、类别和各种模式的典型特征，梳理筛选了经济效益、生态效益、社会效益和能值分析的参考指标和计算方法，形成沼气工程效益评价体系。笔者首先对我国东部、中部、西部 15 个省份 53 个沼气工程案例进行了背景、概况和工艺等方面的介绍；其次进行沼气工程效益分析，根据其建设和运营典型特征，将其划分为八大类模式，对支撑模式发展的软件条件（政策、资金、技术等）和硬件条件（设施、设备等）进行分析，凝练出经验做法，总结出研究结论；最后提出了推动沼气工程发展的对策建议。本书可供各级农村能源管理人员、沼气工程科研人员及沼气工程投资、建设、运行和管理人员借鉴、参考。

本书由农业农村部沼气科学研究所主持编写完成，得到了农业农村部科技教育司和农业农村部农业生态与资源保护总站的帮助与支持，还得到了有关省（区）农村能源管理部门、科研院所、高校和沼气工程业主的大力支持，在此一并表示感谢。本书的出版得益于农业农村部农村能源综合建设项目、农业农村部农村人居环境整治技术服务与提升项目和中国农业科学院科技创新工程的资助。本书涉及的沼气工程典型模式难免有交叉重叠的部分，以典型特征（最显著特征）为其区分，在整个调查过程中，动态剔除和增加调查样本，持续时间较长，工作量较大，案例不断变化，难免有疏漏和不及时之处，敬请读者谅解。

农业农村部沼气科学研究所

农业农村部沼气产品及设备质量监督检验测试中心

2019 年 11 月

目　录

第一章　绪论

一、研究背景

　　我国是世界上开发应用沼气较早的国家之一，自 20 世纪 20 年代初罗国瑞先生成功研发出中国第一个具有实用价值的瓦斯库——中华国瑞天然瓦斯库，我国有目的地开发利用沼气至今已有近百年历史了。在这近百年时间里，我国沼气的开发利用经历了几起几落，曲折地向前发展。进入 21 世纪以来，我国沼气发展势头迅猛，沼气技术逐渐成熟并形成体系，各类沼气工程遍布我国各地，沼气的开发利用为我国社会带来了生态、环境、经济等一系列效益（李泉临，2004）。

　　沼气作为一种天然、无污染的可再生能源，和薪柴、秸秆等传统的生物质能源及煤、石油等化石燃料相比，它兼具两者之优点，弥补了两者的不足（杨莉仁，2015）。随着城市化、现代化进程不断加快，农村青壮年劳动力大量流入城市，农村户用沼气维护困难，再加上养殖业的集约化、规模化发展，农户家庭畜禽饲养越来越少，户用沼气原料供应不足，农村户用沼气池正逐步报废弃用（张静、刘立杰等，2016）。21 世纪以来，生态文明建设、乡村振兴战略、农业供给侧结构性改革、脱贫攻坚、国家能源革命、新型城镇化这些国家核心战略和政策都对沼气工程发展带来新的机遇和挑战，提出更高的要求。我国各类型的沼气工程不断迎合时代发展要求，其快速发展有效破解了规模化畜禽养殖粪污处理、农村新型能源需求激增、农业生产方式转变、农民增收和生态环境保护压力加大等诸多难题。

（一）我国能源基本情况

　　能源是维持和促进人类生活和社会经济发展的重要基础之一，是国民经济的基本支撑。我国人口众多，幅员辽阔，拥有较为丰富的各种能源资源，是能源生产和消费大国，能源供应主要依靠煤炭、石油和天然气等化石能源，而化石能源资源的有限性及其开发利用过程对环境生态造成的巨大压力，严重制约着经济社会的可持续发展（高文永，2010）。同时，我国是世界上少数几个以煤为主要能源的国家之一，长久以来，煤炭在我国能源消费结构中占据了绝对主导地位，这种单一的能源消费模式带来了严重的环境问题。随着社会发展对能源需求的增加，煤炭使用量将进一步增加，必然导致大量颗粒物及二氧化硫等污染物排向大气，势必对我国的环境造成越来越沉重的压力，因此调整我国单一的能源生产和消费结构显得十分必要和紧迫。党的十九大报告也提出：壮大节能环保产业、清洁生产产业、清洁能源产业；推进能源生产和消费革命，构建清洁低碳、安全高效的能源体系；推进资源全面节约和循环利用，实施国家节水行动，降低能耗、物耗，实现生产系统和生活系统循环连接。

从我国能源生产结构来看，煤炭仍然是我国最主要的能源，但煤炭生产总量占比逐渐下降，从 2007 年的 77.80% 下降到 2016 年的 69.60%；石油也从 10.10% 下降到 8.20%；天然气则从 3.50% 上升到 5.30%；水电、核电、风电生产总量占比也从 8.60% 上升到 16.90%（见表 1-1）。这表明我国政府调整能源生产结构取得了一定成果，煤炭生产总量占比持续下降，清洁能源占比不断提高，但是煤炭生产占比仍然很高，能源生产结构调整还有很大挑战。从我国能源消费结构来看，煤炭从 2007 年的 72.50% 下降到 2016 年的 62.00%，依旧占据最大比重；石油则从 17.00% 上升到 18.30%，总体变化不大；天然气的比重从 3.00% 上升到 6.40%；水电、核电、风电消费总量占比也从 7.50% 上升到 13.30%（见表 1-2）。可见，除煤炭消费总量占比在不断下降外，我国石油、天然气、水电、核电等消费总量占比均在逐渐上升，但煤炭消费总量占比仍是最大，我国能源消费结构仍需进一步优化。总体来看，到 2016 年我国能源生产的 69.60% 和消费的 62.00% 是煤炭，其次是生产不足 10.00%、消费近 20.00% 的石油，而相对清洁的天然气生产占比只有 5.30%，消费占比也只有 6.40%，天然气及水电、风电等可再生能源的生产和消费占比均在较快增长，我国以煤炭为主的单一能源生产和消费结构仍然没有彻底改变，能源结构调整还有很长的路要走。

表 1-1　2007~2016 年我国能源生产结构

指标 年份	能源生产总量 （万吨标准煤）	占能源生产总量的比重（%）			
		煤炭生产 总量占比	石油生产 总量占比	天然气生产 总量占比	水电、核电、 风电生产总量占比
2016	346037.3	69.60	8.20	5.30	16.90
2015	361476	72.20	8.50	4.80	14.50
2014	361866	73.60	8.40	4.70	13.30
2013	358783.8	75.40	8.40	4.40	11.80
2012	351040.8	76.20	8.50	4.10	11.20
2011	340177.5	77.80	8.50	4.10	9.60
2010	312124.8	76.20	9.30	4.10	10.40
2009	286092.2	76.80	9.40	4.00	9.80
2008	277419.4	76.80	9.80	3.90	9.50
2007	264172.6	77.80	10.10	3.50	8.60

资料来源：《国家统计年鉴》。

表 1-2　2007~2016 年我国能源消费结构

指标 年份	能源消费总量 （万吨标准煤）	占能源消费总量的比重（%）			
		煤炭消费 总量占比	石油消费 总量占比	天然气消费 总量占比	水电、核电、 风电消费总量占比
2016	435819	62.00	18.30	6.40	13.30
2015	429905	63.70	18.30	5.90	12.10
2014	425806	65.60	17.40	5.70	11.30
2013	416913	67.40	17.10	5.30	10.20
2012	402138	68.50	17.00	4.80	9.70
2011	387043	70.20	16.80	4.60	8.40
2010	360648	69.20	17.40	4.00	9.40
2009	336126	71.60	16.40	3.50	8.50
2008	320611	71.50	16.70	3.40	8.40
2007	311442	72.50	17.00	3.00	7.50

资料来源：《国家统计年鉴》。

　　从我国主要能源进出口情况综合来看，除煤在 2008 年为贸易顺差外，2008~2015 年，我国煤、原油、燃料油、液化石油气和天然气均为贸易逆差。其中，煤的贸易逆差在 2013 年达到最大后，近年有缩小的趋势；原油、液化石油气、天然气的贸易逆差则在逐渐扩大；只有燃料油的逆差在持续减小（见表 1-3）。不难看出，我国能源对外依赖度并不低，这对我国"构建清洁低碳、安全高效的能源体系"是一大挑战。面对如此严峻的能源对外贸易形势，为确保我国能源安全，如何进一步缩小贸易逆差，发掘我国能源潜力，尤其是谋求清洁能源的发展显得十分紧迫和必要。

表 1-3　2008~2015 年我国主要能源进出口情况

能源类型	贸易情况	2015 年	2014 年	2013 年	2012 年	2011 年	2010 年	2009 年	2008 年
煤（万吨）	进口量	20406	29120	32702	28841	22220	16310	12584	4034
	出口量	533	574	751	928	1466	1910	2240	4543
	贸易逆差	19873	28546	31951	27913	20754	14400	10344	-509
原油（万吨）	进口量	33550	30837	28174	27103	25378	23768	20365	17888
	出口量	287	60	162	243	252	303	507	424
	贸易逆差	33263	30777	28012	26860	25126	23465	19858	17464
燃料油（万吨）	进口量	1540	1785	2347	2683	2684	2299	2407	2186
	出口量	1052	948	1135	1162	1227	990	862	732
	贸易逆差	488	837	1212	1521	1457	1309	1545	1454

能源类型	贸易情况	2015 年	2014 年	2013 年	2012 年	2011 年	2010 年	2009 年	2008 年
液化石油气（万吨）	进口量	1244	739	452	359	350	327	408	259
	出口量	144	144	35	128	119	93	85	68
	贸易逆差	1100	595	417	231	231	234	323	191
天然气（亿立方米）	进口量	611	591	525	421	312	165	76	46
	出口量	33	26	27	29	32	40	32	32
	贸易逆差	578	565	498	392	280	125	44	14

资料来源：《国家统计年鉴》。

中国是一个农业大国，在发展的同时也面临着巨大的环境压力，农村能源的可持续利用已成为制约中国能源发展的一个重要因素（潘亚男，2014）。随着农村社会经济的发展、农业产业结构的调整和农民生产生活方式的转变，以及城市化进程的加快，农村地区的能源消费结构也发生了一些变化（赵玲、刘庆玉等，2011；李景明，2011），但是农村能源仍主要依靠本地的资源，且多为生物质能源如秸秆、木柴等其他日常生产和生活能源，高品质商业能源的比例较小（曾晶、张卫兵，2005）。同时，我国农村能源消费增长缓慢、结构滞后，表现为水平低、品位差，浪费及由此带来的生态环境问题严重，农村能源短缺已成为严重影响农业生产和农民生活的世界性问题（李维炯等，2004）。另外，在农业现代化发展的进程中，以家庭为单位的分散种养农业形式逐渐被越来越多的大中型种养场所替代（马洪儒等，2003），而这些场所常建在住宅区附近且靠近水源的地方（陈素华等，2003；Chen 等，2002），且每年产生大量农业废弃物，包括秸秆、畜禽粪便以及农业加工废弃物等，废弃物处理不当对空气、河流造成了极大污染。沼气工程既可以解决污染问题，又能增加优质能源的供应，优化广大农村地区的能源消费结构，改进农村燃料结构，提高农民生活质量，促进农业结构调整，改善农村生态环境，因此在现代能源领域里开发潜力很大，具有不可替代的重要性（刘婷等，2005；董天峰等，2008；高文永，2010；张红丽，2011）。

（二）我国沼气及生物天然气发展情况

1. 我国沼气发展历程

我国最早关于生物天然气（沼气）利用的历史记载，可以追溯到公元前 1 世纪的西汉，当时钻凿了人类第一口天然气井——临邛火井（四川人民出版社，1993），继后又钻凿了自流井火井、合川火井等。战国时代的秦蜀郡守李冰就曾经督办过天然气。19 世纪80 年代，我国广东潮梅一带民间开始了人工制取瓦斯的试验，到 19 世纪末出现了简陋的瓦斯库，并初知瓦斯生产方法（王义超，2012）。20 世纪 20 年代，台湾省新竹县竹东镇人罗国瑞发明了水压式沼气池，并在 1921 年点亮中国第一盏沼气灯（孙永明等，2005），成为户用沼气首次在中国使用的标志（宋籽霖，2013），也是我国户用沼气发展的起始点。我国沼气发展大致可以分为早期起步发展期（1980 年前）、调整与重视科技期（1980～1990 年）、回升与效益凸显期（1991～2000 年）、全面提升与快速发展期（2001～2014 年）和农村沼气工程转型升级期（2015 年至今）五个发展时期（见表 1-4）。

表 1-4 我国沼气发展历程

发展时期	发展阶段	主要内容
早期起步发展期（1980 年前）	中国沼气早期的研究（1980 年前）	我国沼气发展的起始时期，经历了三次推广发展高潮，为我国沼气的发展奠定了基础和提供了技术经验，也对随后农村沼气发展造成了一些负面影响
	中国沼气的第一次推广（1929～1942 年）	
	中国沼气的第二次推广（1957～1961 年）	
	中国沼气的第三次推广（1967～1979 年）	
调整与重视科技期（1980～1990 年）	中国沼气发展回落期（1980～1983 年）	这一时期的沼气发展不再停留于解决燃料短缺的层面上，也放慢了发展速度，开始注重沼气技术系统的科研，对沼气技术有了更深层次的认识和更广泛的应用
	中国沼气发展调整期（1984～1990 年）	
回升与效益凸显期（1991～2000 年）	中国沼气回升发展期（1991～1998 年）	各地大力推进沼气建设，成功探索和总结多种以沼气为纽带的能源生态技术模式，"三沼"综合利用技术得到广泛推广，为沼气发展注入了新的生机与活力，为缓解农村薪柴短缺和水土流失压力发挥了积极的作用
	中国沼气推行模式期（1999～2000 年）	
全面提升与快速发展期（2001～2014 年）	小型公益农村沼气项目实施期（2001～2002 年）	进入 21 世纪，中央投资支持力度加大，特别是把沼气纳入国债项目进行扶持，使得沼气发展迈入了快车道。同时，养殖小区和联户沼气、大中型沼气工程和沼气服务体系建设进一步建设发展
	沼气国债项目实施期（2003～2014 年）	
农村沼气工程转型升级期（2015 年至今）	农村沼气工程转型升级期（2015～2017 年）	中央进一步优化投资结构，重点支持规模化大型沼气工程和生物天然气工程试点项目建设，农村沼气迈出了转型升级的新步伐，沼气工程发展进入新纪元。2018 年后单独的沼气项目被整合到畜牧部门畜禽粪污资源化利用整县推进
	农村沼气工程项目调整（2018 年以后）	

第一个时期（1980 年前）是我国沼气发展的起始时期，台湾省新竹县罗国瑞的研究和实践基本完善了沼气池结构的建造和应用技术，形成了实用价值较高的"中华国瑞天然瓦斯库"，并开办沼气技术推广机构，为我国沼气的发展提供了技术经验，奠定了基础。其中，1929～1942 年出现中国沼气第一次推广高潮，罗国瑞、田立方沼气技术得到推广应用，受益的农民遍及全国 14 个省份（高云超等，2006）；1957～1961 年出现中国沼气第二次推广高潮，策源地在武昌，发起人是姜子刚，全国各地纷纷到武昌学习办沼气的经验，特别是 1958 年 4 月 11 日毛泽东主席视察武汉应用沼气时指出"沼气又能点灯，又能做饭，又能做肥料，要大力发展，要好好推广"，进而掀起了沼气在全国范围内推广

的高潮；1967～1979 年，为解决农村生活燃料缺乏问题，河南、四川等农村再次掀起发展沼气的热潮，在"因地制宜，多能互补，综合利用，讲求效益"十六字方针的指导下，出现中国沼气第三次推广高潮。但由于技术水平有限、忽视建池质量、管理不到位、生物质资源使用不当（薪柴过度燃烧）以及乱砍滥伐等，后两次推广都以失败告终，也给随后沼气在农村的推广和利用造成了严重的负面影响（宋籽霖，2013）。

第二个时期（1980～1990 年）是我国沼气调整与重视科技的时期，这一时期的沼气发展不再停留于解决燃料短缺的层面上，人们对沼气技术有了更深层次的认识，沼气技术得到更广泛的应用。其中，1980～1983 年为我国沼气发展回落期，由于仓促上马、急于求成、缺乏坚实成熟的技术基础和支持，在数量上高速发展的户用沼气由 1976 年的 700多万户回落到 1982 年的 400 万户；1984～1990 年为我国沼气发展调整期，该时期注重沼气技术系统的科研，修理病态池，放慢发展速度，8 年间新增池减去报废池仅累计增加82.7 万户，平均每年增加 10 万多户。

第三个时期（1991～2000 年）是我国沼气回升与效益凸显时期。户用沼气技术模式日趋成熟完善，各地大力推进沼气建设，成功探索和总结多种以沼气为纽带的能源生态技术模式，广泛推广"三沼"综合利用技术，为沼气发展注入了新的生机与活力，为缓解农村薪柴短缺和水土流失压力发挥了积极的作用。其中，1991～1998 年为我国沼气回升发展期，户用高效沼气池技术、南方恭城模式、北方"四位一体"模式等沼气与生态建设有机结合的典型模式不断出现，沼气建设综合效益日益明显，每年建池在 50 万户左右；1999～2000 年为我国沼气推行模式期，农业部总结了北方"四位一体"、南方"猪—沼—果"、西北"五配套"等沼气能源生态建设经验，提出了"能源环保工程"和"生态家园富民工程"计划。

第四个时期（2001～2014 年）为全面提升与快速发展时期。这一时期，沼气被纳入到国债项目，每年国家投入数十亿元专项资金支持沼气建设，沼气发展迈入了快车道。中央财政在继续支持户用沼气建设的同时，扩大了支持范围，加大了对养殖小区和联户沼气、大中型沼气工程、沼气服务体系建设的投资力度。其中，2001～2002 年是小型公益农村沼气项目实施期，2001 年和 2002 年小型公益农村沼气项目每年可获得 1 亿元的资金补助，2002 年得到农村基建 2 亿元支持，用以建设沼气、微水电、太阳能等；2003～2014 年为沼气国债项目实施期，2003 年中央投入 10 亿元国债资金用于发展农村沼气，2006 年中央支持力度持续加大，财政资金投入高达 25 亿元，沼气建设进入快速发展的新阶段，使得我国农村沼气建设无论是技术水平还是建设规模，均处于世界领先地位。

第五个时期（2015 年以来）为农村沼气工程转型升级期，农村沼气发展面临新的形势。这一时期，中央进一步优化投资结构，重点支持规模化大型沼气工程和生物天然气工程试点项目建设，农村沼气迈出了转型升级的新步伐，沼气工程进入发展的新纪元。其中，2015～2017 年开始转型升级，中央不再支持户用沼气、大中型沼气工程和服务体系的建设，只支持建设规模化生物天然气项目（年产 1 万立方米生物天然气）、规模化沼气工程和特大型沼气工程；2018 年以后建设项目进一步调整，贯彻《国务院办公厅关于加快推进畜禽养殖废弃物资源化利用的意见》和《畜禽粪污资源化利用行动方案（2017—2020年)》精神，以沼气和生物天然气为主要处理方向，以就地就近用于农村能源和农用有机肥为主要使用方向，按照一年试点、两年推广、三年大见成效、五年全面完成的目标，整县推进畜禽粪污资源化利用工作，推广示范粪污全量化还田模式、粪污好氧堆肥模式、粪污厌氧处理模式、粪水肥料利用模式、生物质燃料利用模式、污水达标排放模式等九大模式。

2. 我国沼气工程发展现状

党中央、国务院始终高度重视我国沼气事业的发展，2004～2019年的中央一号文件都对发展沼气提出了明确要求，国家也制定了一系列法律法规、政策规划，推动了我国沼气行业的快速发展和产业队伍的不断壮大（李颖、孙永明等，2014）。2000年以来国家农业部为促进农村能源和生态文明建设，在全国开展了以村庄、农户为单位，以农村可再生能源建设为切入点，以改变农民传统的生产和生活方式为目标，建设生态家园，实施生态家园富民计划，开展了农村户用沼气，畜禽养殖场大中型及小型沼气工程等项目建设（李泉临等，2014）。2000～2017年，国家便投入420多亿元支持沼气行业的发展，并调整优化投资方向，从原来只支持户用沼气，逐步扩大到支持各种类型的沼气工程和村级沼气服务网点建设，沼气产业得到了较为均衡的发展。在此期间，户用沼气平均以每年200万户的速度增长，沼气工程的规模也从无到有、从小到大快速发展（国家发展和改革委员会，2017）。

截至2015年底，全国户用沼气达到4193万户，受益人口达2亿人；各类沼气工程超过11万处，生物天然气工程开始试点建设，在集中供气、发电上网及并入城镇天然气管网等方面取得了积极成效；乡村服务网点达到11万个，覆盖沼气用户74%以上。农村沼气的大发展带来了显著的经济、社会和生态效益，全国沼气年生产能力达到158亿立方米，约为天然气消费量的5%，每年可替代化石能源约1100万吨标准煤；年可生产沼肥7100万吨，按氮素折算可减施310万吨化肥，可为农民增收节支近500亿元；年处理畜禽养殖粪便、秸秆、有机生活垃圾近20亿吨，减排二氧化碳6300多万吨。可见，农村沼气在增强国家能源安全保障能力、推动农业发展方式转变、促进农村生态文明发展等方面都发挥了积极作用（国家发展和改革委员会，2017）。

具体来看，2003～2014年我国农村沼气建设项目下达计划分省投资共计364亿元，其中户用沼气投资238.86亿元，小区和联户沼气工程投资45.34亿元，网点投资34.12亿元，大中型沼气工程投资69.09亿元，县级服务站项目投资825万元，以及科技支撑项目投资3161万元。2003～2014年全国投资19280949个（户）沼气项目，其中户用沼气项目有19113192户，小区和联户项目47930个，网点项目114351个，大中型沼气工程项目5415个，县级服务站项目50个，科技支撑项目4个。同时，2003～2006年中央投资了55亿元建设573.4万户户用沼气，2007年开始投资网点和"小区和联户"，2008年开始投资大中型沼气工程，只有2009年投资了县级服务站项目和2010年投资了科技支撑项目。另外，中央每年投资资金在10亿～60亿元，每年建设规模均在40万个（户）

以上，最高达到 430 余万个（户），建设投资金额和规模均在 2008 年前后达到一个峰值（见表 1-5）。

表 1-5　2003~2014 年全国农村沼气建设项目下达计划分省投资及规模

项目　年份	合计		户用		小区和联户		网点		大中型	
	规模（个（户））	中央投资（万元）	规模（户）	中央投资（万元）	规模（户）	中央投资（万元）	规模（户）	中央投资（万元）	规模（户）	中央投资（万元）
2003	1033249	100000	1033249	100000						
2004	1044279	100000	1044279	100000						
2005	1046381	100000	1046381	100000						
2006	2610203	250000	2610203	250000						
2007	2501357	250000	2495907	239801.1	882	2696.6	4561	7502.3		
2008	4313624	600000	4263263	489591	9271	25009	40903	67400	187	18000
2009（新增）	1678978	500000	1656324	237888	2885	15504	18140	70299	1579	175484
2010	1849501	520000	1827258	264647	6844	264656	14052	54660	1343	171066
2011	1459998	430000	1441364	277625	4215	22238	13847	54430	572	75707
2012	841493	300000	826809	159256	5396	27655	8687	31817	601	81272
2013	494189	240000	477878	93695	8520	48398	7251	28512	540	69395
2014	407697	250000	390277	76141	9917	47278	6910	26581	593	100000
合计	19280949	3640000	19113192	2388644	47930	453435	114351	341201	5415	690924

注：另有 2009 年中央投资 825 万元补助 50 个县级服务站项目；2010 年投资 3161 万元补助 4 个科技支撑项目。

3. 沼气工程及生物天然气工程建设的必要性

我国能源供应主要依靠煤炭、石油和天然气等化石能源，但化石能源资源有限，其开发利用过程又会给生态环境造成巨大压力，严重制约着经济社会的可持续发展。与此同时，随着我国农村经济结构调整进程的加快，畜禽养殖业快速发展，农业生产过程中不合理的农药及化肥使用、畜禽粪便排放、农业废弃物处置、耕种措施以及工业废弃物农业利用等现象突出，对农村土壤、地下水、地表水、大气、生物及人类健康造成交叉复合污染。在农业污染的诸多引致因素中，畜禽养殖业已经成为农业面源污染的主要来源（孙家宾、彭朝晖，2017）。

沼气是可再生的清洁能源，既可以替代秸秆、薪柴等传统生物质能源，也可以替代煤炭等商品能源，而且能源效率明显要高于秸秆、薪柴、煤炭等（张红丽，2011）。生物质的实质是指直接或间接由光合作用产生的有机体（吴创之等，2003；翟秀梅等，2005；日本能源学会，2006；王海等，2006；姚向君等，2006），广义来看，生物质就是各种生命体产生或构成生命体的有机质的总称（袁振宏等，2005），生物质资源，不仅可以作为能源使用，也可以作为原料代替石油等来制造各种化学品和碳纤维材料等（Milbrandt A.，2005）。沼气工程和生物天然气具有可再生性与环境友好性，对其进行开发利用可以减少温室气体、硫氧化物、氮氧化物等污染物的排放，同时也可以资源化利用废弃物，减少环境公害（Wahlund B. 等，2004；袁振宏等，2005；白雪双等，2006；胡亚范等，2007；孙凤莲等，2007）。

沼气工程和生物天然气工程的建设与发展，可以开发利用新型清洁能源，并形成沼气及沼气发电、农林生物质发电、生物质固体成型燃料、生物质液体燃料、能源作物培育利用等相关产业链（曹湘洪，2007；石元春，2005，2006；王久臣等，2007；王应宽，2007；赵玉凤，2008）。既能够增加农村清洁能源供应，转变农村能源使用方式，提高农村能源利用效率，改善农村卫生状况和农民生产生活条件，改善农村生态环境（赵连有，2007；刘婷等，2005；董天峰等，2008）；又可以发展循环经济，提高农产品的产量与品质，提高农业效益，增加农民收入（邓启明，2006；王许涛等，2006；张国强等，2005）。

（三）沼气工程的发展

沼气作为一种取之不尽用之不竭的可再生能源，自新中国成立以来，就得到了党和国家的高度重视（国家发展改革委农村经济司等，2009）。21 世纪以来，沼气工程快速发展，其在改善能源结构、保护生态环境、转变农业发展方式等方面做出了突出的贡献，但也存在一些问题，主要表现在以下五个方面：①工程技术和工艺方面。工艺技术落后，工程化的关键技术问题仍未有经济成熟的解决方案，装备标准化不足（崔晋波，2012；杨茜，2018），工程设备化低，部分老化严重（李雪寒，2012）。②工程管理机制方面。管理机制不健全，存在多部门管理和重项目轻工程建管现象，缺乏监督与奖惩机制，市场鼓励机制也未健全（李泉临、詹晓锋，2014；钱开宏，2018；曾宪波、刘光美等，2011）。③工程运行方面。运行管理技术不规范，总体运行成本高，运行效率低，市场容量小，沼气发电、生物天然气进入市场受阻，综合效益不明显（赵凯、陈佶，2018；杨茜，2018；韦秀丽，2010），原料和产气率存在季节性波动问题（孙永明、李国学等，2005），难以产业化发展（张素青，2016）。④终端产品方面。沼液、沼渣综合利用率低，沼气、沼肥的商品化和应用受到很大限制，存在使用不规范的情况（杨茜，2018；陈明波，2014；徐庆贤、林斌等，2010；李雪寒，2012）。⑤政策方面。针对沼气工程的相关法律法规不健全，缺乏相关政策扶持，缺少具体的实施办法（张慧智、时朝等，2017；韩玮，2018；杨茜，2018），且后续服务模式不完善（张无敌、陈超等，2015）。

在经济下行压力不断加大、外部环境发生深刻变化的复杂形势下，伴随着农村社会经济的发展、农业产业结构调整和农民生产生活方式的转变，以及国家对清洁燃气的需求日益增加（李景明，2011），2015 年，为了在沼气建设过程中让市场真正成为配置资源的关键性因素（徐文勇、李景明，2016），在国务院领导的指示下，国家发展和改革委员会和农业部共同组织实施了沼气转型升级试点项目，明确提出重点支持建设日产沼气 500 立方米及以上的规模化大型沼气工程（不含规模化生物天然气工程），和日产生物天然气10000 立方米以上的试点工程（国家发展和改革委员会、农业部，2015）。对符合条件的规模化大型沼气工程和生物天然气试点工程分别给予每立方米沼气生产能力1500元和每立方米生物天然气生产能力2500元的投资补助。在3年的实施期中，中央先后共计投资60亿元，支持了65个生物天然气试点工程和1443个大型沼气工程（见表1-6）。

表1-6　2015~2017年中央投资规模化大型沼气和生物天然气试点

	三年合计		规模化大型沼气		生物天然气试点	
	规模	中央投资	规模	中央投资	规模	中央投资
单位	个	万元	个	万元	个	万元
合计	1508	600000	1443	340915	65	259085
2015年	431	200000	406	93191	25	106809
2016年	574	200000	552	115025	22	84975
2017年	503	200000	485	132699	18	67301

2016年12月，在中央财经领导小组第十四次会议上（新华社，2016），针对畜禽粪污处理及资源化利用等6项民生工程，习近平总书记强调：加快推进畜禽养殖废弃物处理和资源化，关系6亿多农村居民生产生活环境，关系农村能源革命，关系能不能不断改善土壤地力、治理好农业面源污染，是一件利国利民利长远的大好事。要坚持政府支持、企业主体、市场化运作的方针，以沼气和生物天然气为主要处理方向，以就地就近用于农村能源和农用有机肥为主要使用方向，力争在"十三五"时期，基本解决大规模畜禽养殖场粪污处理和资源化问题。2017年1月，国家发展和改革委员会和农业部印发了《全国农村沼气发展"十三五"规划》，明确量化了发展目标，并以专栏方式清晰地展现了这些目标。具体包括：新建规模化生物天然气工程172个、规模化大型沼气工程3150个，认定果（菜、茶）沼畜循环农业基地1000个，户用沼气和中小型沼气工程适度有序发展；新增池容2277万立方米，新增沼气生产能力49亿立方米，新增沼肥2651万吨，按氮素折算替代化肥114万吨；年新增秸秆处理能力864万吨、畜禽粪便处理能力7183万吨，替代化石能源349万吨标准煤，二氧化碳减排1762万吨，COD减排372万吨，农村地区沼气消费受益人口达2.3亿人以上。

2017年6月《关于加快推进畜禽养殖废弃物资源化利用的意见》（国办发〔2017〕48号）中提出：统筹推进"五位一体"总体布局和协调推进"四个全面"战略布局，牢固树立和贯彻落实创新、协调、绿色、开放、共享的发展理念，坚持保供给与保环境并重，坚持政府支持、企业主体、市场化运作的方针，坚持源头减量、过程控制、末端利用的治理路径，以畜牧大县和规模养殖场为重点，以沼气和生物天然气为主要处理方向，以农用有机肥和农村能源为主要利用方向，健全制度体系，强化责任落实，完善扶持政策，严格执法监管，加强科技支撑，强化装备保障，全面推进畜禽养殖废弃物资源化利用，加快构建种养结合、农牧循环的可持续发展新格局，为全面建成小康社会提供有力支撑。文件明确要求建立科学规范、权责清晰、约束有力的制度体系，完善以企业投入为主、政府适当支持、社会资本积极参与的运营机制，构建以地养畜、农牧结合、绿色种养的发展机制，为加快畜禽废弃物资源化利用提供了强有力的制度、政策和机制支撑。随后由国务院副总理汪洋参加的全国畜禽废弃物资源化利用工作会议，为健全制度体系、强化责任落实、完善扶持政策、严格执法监管、加强科技支撑和强化装备保障，成立了农业部畜禽粪污资源化利用领导小组，筹建了全国畜禽废弃物资源化利用科技创新联盟，推介了包括种养结合、清洁回用、达标排放和集中处理等能源化、肥料化和工业化处理的多项技术模式（畜禽粪便资源化利用技术编委会，2016；邓良伟、王文国，2017；李景明，2018）。

二、研究的意义

（一）有利于进一步推动我国沼气工程发展

目前，我国沼气工程的发展面临着诸多问题。随着乡村振兴战略的提出，农村沼气乃至农村能源建设的任务越来越重，涉及的建设范围和内容也逐步扩大。沼气工程涉及多部门、多学科，部分区县没有设立专门的农村能源主管部门，已设立农村能源部门的区县归属不一的情况。在日常管理中，与区县沟通和部署任务时，存在渠道不畅的问题，一定程度上影响了建设进展。同时，制度建设相对滞后，特别是针对大中型沼气工程的监督与跟踪评价制度、报废标准与报废程序等还没有建立；安全监管与安全使用制度、技工培训制度还需要进一步完善。另外，沼气工程设施的综合效益难以发挥，缺乏对沼渣、沼液生产有机肥的政策引导和技术支撑，有机肥产业化生产和销售链条不健全等。通过研究我国新时代沼气工程典型模式，总结出我国沼气工程建设发展的问题症结和相关经验做法，进而推动我国沼气工程快速发展。

（二）有利于促进我国能源结构优化调整

能源是国民经济的基础，能源结构的科学性和合理性直接关系着一国经济社会的发展和国家安全。近年来，我国经济持续快速发展，社会不断进步，能源的消耗总量不断增长，且毫无衰减的趋势，而主要能源的价格也在缓慢上升，局部地区甚至出现了能源供应紧张的情况，能源问题成为影响我国经济发展的重要因素。同时，我国能源生产和消费结构长期以煤炭为主，单一的能源消费既不利于保障能源安全，又对我国环境造成越来越大的压力。通过研究新时代我国沼气工程的典型模式，总结出典型模式的经验做法，进而加大生物质能源的开发力度，推动我国沼气工程建设再上一个台阶，不断增加沼气的生产量，缓解我国能源供应压力，最终促进我国能源结构调整，保障我国能源安全和经济社会稳定发展。

（三）有利于防治环境污染、改善人居环境

长期以来，我国许多地区养殖业排放的高浓度有机废水对环境造成重大污染，严重影响当地环境质量。随着养殖业的快速发展，我国畜禽粪便产生量很大，通过研究我国新时代沼气工程典型模式，推动各地区因地制宜地发展沼气工程，基本可以做到粪污进池、沼气入户、沼渣沼液进地。畜禽养殖场的排污中含有大量的污染物质，任由这些污水排入江河湖泊中，将造成严重的环境污染问题，但由于养殖场所排放的污水是一种高浓度有机废水，适合采用厌氧生物技术进行处理。通过沼气工程的建设，对养殖废弃物进行厌氧发酵处理，在产出清洁燃料沼气的同时，还可使养殖场粪污达标排放，从而显著改善当地的环境质量。与此同时，还可以将沼渣沼液加工为有机肥，进而减少种植业的化肥施用量。因此，通过研究我国沼气工程典型模式，有利于推进我国的沼气工程建设，进而防治环境污染、显著改善人民居住环境。

（四）有利于保护农业生态环境

沼气工程的良好运营对于保护森林资源，减少水土流失有重要意义。在我国广大农村地区，尤其是中西部地区，农村生活用能仍以林木、柴草和秸秆等生物质能源为主，因此每年会消耗和破坏大量植被，通过沼气工程建设，生产的清洁能源沼气可以代替薪柴，减少大量砍伐森林植被的状况。同时，沼气工程的沼渣和沼液还可以用于生产有机肥，进而减少化肥施用量，增加土壤肥力。另外，经过厌氧发酵可以有效消灭畜禽废弃物中大多数病虫卵，减少病虫害来源，进而减少农药的使用量。大力发展沼气工程，燃料问题得到解决，在有利于恢复森林生态平衡的同时，也为害虫天敌提供了适宜的生存环境，从而为害虫的生物防治提供了基础。最后，沼气工程还能无害化处理畜禽粪便和生活污水，防治农村面源污染，养殖粪便污水经过沼气发酵处理，显著降低了废水中有机质的含量，改善了排放废水的水质，如果再对其加以综合利用则会产生更好的环保效果。

（五）有利于推动生物天然气产业发展

生物天然气是沼气通过净化提纯后得到的，具有低成本、绿色、清洁、环保、可持续等优势的可再生燃气，与常规天然气成分、热值等基本一致。生物天然气能源是替代汽油、天然气、石油液化气和煤炭等最好的生物质可再生能源，具有广阔的市场前景（白红春、孙清等，2017；程序、崔宗均等，2013）。通过总结我国沼气工程典型模式的成功经验，推动沼气工程建设发展，将进一步拓展沼气集中供暖、发电上网、提纯车用生物天然气等领域，延伸生物天然气产业链条，有利于推进"蓝天保卫战"、"煤改气"、传统沼气产业升级、解决农村能源难题、温室气体减排以及雾霾治理等方面的工作，为生物天然气产业不断开拓新的市场，显著提高产业经济效益，促进生物天然气产业的发展。

（六）有利于推动生态循环农业发展

沼气工程以畜禽养殖废弃物、秸秆、生活有机废弃物为主要发酵原料，要求沼气工程运行业主与畜禽养殖业主、种植业主对接以获取原料。同时，原料经过沼气工程发酵处理，产出的沼气、沼渣和沼液，也需要对接销售各种养业主。沼气主要用于种养业的生产生活用能，包括养殖场/大棚增温保暖、发电自用、厨房用能等多种用途，可以减少对薪柴植被的破坏，在恢复森林生态平衡的同时，也能为害虫天敌提供适宜的生存环境，从而为害虫的生物防治提供基础（李典荣、曾小华等，2010），推动生态循环农业发展。沼渣和沼液用于生产有机肥，可减少化肥的施用量，改良土壤结构，增加土壤肥力。另外，沼气工程还能无害化处理生活污水，防治农村面源污染，改善农业生产环境，可以进一步推动生态循环农业发展，显著提高农业综合效益，促进我国农业发展方式转变。

三、研究对象与路径

本书涉及的沼气工程典型模式是在农业农村部沼气科学研究所、相关企业、沼气工程经营服务组织及各省农能、农委、环保等部门的大力支持下，持续跟踪调研取得的。笔者结合我国沼气工程发展历史进程和现状，根据我国沼气工程发展分布情况，在四川、河北调研"种—养—沼—肥—种"沼气循环生态农业模式、规模化生物天然气 PPP 合作模式和小型沼气集中供气盈利模式等的基础上，调整完善调研方案和内容，然后在全国范围内开展跟踪调研。在整个调查过程中，动态剔除和增加调研样本，最终将典型模式整理划分为八大类，共计53个（见第二章），由于样本梳理和持续跟踪工作量大，造成书中沼气工程典型模式的时间跨度较大，2012～2018 年均有涉及。所有调研的沼气工程典型模式主要来源于我国安徽、广西、贵州、河北、黑龙江、湖北、江西、辽宁、宁夏、山东、山西、陕西、四川、云南、浙江 15 个省份。调研的样本涵盖了我国东中西部地区，且均有一定数量的典型模式，其中东部地区 5 省 17 个典型模式，中部地区 4 省 22 个典型模式，西部地区 6 省 14 个典型模式，调研选取沼气工程典型模式最多的省份是河北和山西，其次是湖北、安徽、四川、江西。典型模式分布情况见表1-7。

表1-7　沼气工程典型模式分布情况　　　　　　　　　　单位：个

地区	东部					中部				西部					
省份	河北	安徽	辽宁	山东	浙江	山西	湖北	江西	黑龙江	四川	贵州	宁夏	陕西	广西	云南
典型模式数量	8	4	2	2	1	8	4	4	3	4	3	2	2	1	1

本书以对我国户用沼气与沼气工程的长期跟踪研究，和我国 15 省沼气工程典型模式

的实地调研资料为基础，按照研究路线（见图1-1），将研究思路总结如下：第一步，收集、整理已有关于沼气工程工艺、发展现状和面临的问题、典型模式、综合效益、政策法规等方面的文献、图书、专著资料，掌握已有研究进程，明确研究方向和范围。第二步，召开小型讨论会，邀请省农能主管部门、沼气工程相关专家、工程运行企业管理层及员工参与讨论，设计并确定最终调研方案。第三步，深度开展持续跟踪调研，全面了解相关模式形成的自然、社会、经济等背景，概况及简介，工程工艺流程和循环物流、能流的情况，并对沼气工程的经济、社会、生态等效益进行分析。第四步，总结归纳不同沼气工程运行模式的典型特征，并对调研的典型模式进行梳理归类，然后提炼出相关模式的经验启示，最后提出推动沼气工程发展的对策建议。

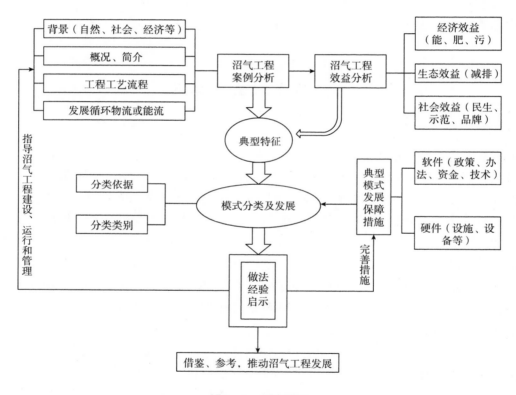

图1-1　研究路线

四、沼气工程效益、能值分析指标与方法

笔者通过查阅文献资料与调研相结合的方式，总结梳理了沼气工程经济效益、生态效益和社会效益的参考指标和计算方法。应用该指标与计算方法对本书涉及的53个沼气工程案例进行了经济效益、生态效益和社会效益的分析，由于案例采集的数据不统一，未对

能值进行分析,通过查阅文献资料,把能值分析的指标与方法列出,供读者参考。分析指标见附表2。

(一) 经济效益分析

(1) 计算总公式:年经济效益 = 营业收入 + 投资收益 + 营业外收入 - 成本 - 税金 - 费用 - 营业外支出。

(2) 根据调研结果和文献报道,沼气单价按每立方米2元计算(闵师界,2012;朱立志、叶晗等,2013;蒋山,2017;骆林平等,2017;涂国平等,2017;熊飞龙等,2011)。

(3) 沼肥售价:由于各文献报道沼肥售价在20~600元/吨,综合调研与文献报道,每吨沼肥按100元计算,沼肥加工成有机肥按每吨800元计算(朱立志、叶晗等,2013;孙森,2011)。

(4) 沼气发电单价按国家发展和改革委员会(发改价格〔2010〕1579号)规定:对农林生物质发电项目实行标杆上网电价政策。未采用招标确定投资人的新建农林生物质发电项目,统一执行标杆上网电价每千瓦时0.75元(含税)。

(5) 二氧化碳减排量可带来经济效益:国际市场价格每吨15欧元,国际市场上的温室气体减排权交易的价格为每吨二氧化碳当量3~5美元(段茂盛、王革华,2003;洪燕真等,2010;石建福等,2012)。

(6) 减少排污罚款:通过改善养殖场所排放污水的品质,养殖场可减少排污罚款,按水污染特殊行业收费标准2元/吨计。

(二) 生态效益分析

秸秆、薪柴和煤炭燃烧是农村生活 CO_2、SO_2 的主要排放源,沼气可作为燃料用于发电、供热或居民炊事用能,替代煤炭、薪柴和秸秆,减少 CO_2 排放,减轻温室效应,缓解全球气候变暖;沼气燃烧还能减少 SO_2、NO_x、CO 和烟尘的排放,改善厨房空气质量;沼液、沼渣作为优质有机肥,其富含植物生长必需的 N、P、K、腐殖酸和 B 族维生素,能够促进土壤改良,减少农药和化肥使用量,促进无公害农产品和生态农业的发展(杨甲锁,2011;吴树彪等,2017;王磊,2016;张培栋等,2008;叶旭君等,2000)。

(1) 若不计沼气燃烧时的热转换效率和沼气灶的热效率损失,根据中国农村生物质能源的消费情况,利用各种能源折标准煤的系数,即沼气、秸秆、薪柴和煤炭的折标准煤系数分别为标准煤0.714千克/立方米、0.429千克/千克、0.571千克/千克和0.714千克/千克(张培栋、王刚,2005)。

(2) 沼气替代其他燃料的二氧化碳排放量估算方法:燃烧煤炭、薪柴、秸秆以及沼气均排放二氧化碳,计算公式如下(王革华,1999):

1) 燃煤的二氧化碳排放量计算公式为:

$$C_{coal} = C \times (Cp - Cs) \times C_0 \times 44/12 \qquad (1-1)$$

其中，C_{coal}——燃煤的二氧化碳排放量。

C——燃煤消耗量。

Cp——含碳量。

Cs——产品固碳量。

C_0——碳氧化率。

44/12——二氧化碳相对分子质量与 C 原子质量之比。

所谓产品固碳量是指燃料作非能源用，碳分解进入产品而不排放碳或不立即排放碳的。在农村能源建设中，一般不考虑这部分能源。含碳量的计算为燃料的热值与碳排放系数之积。对于煤炭，热值为 0.0209TJ/t，碳排放系数为 24.26t/TJ，碳氧化率：民用80%，农业生产89.9%。燃煤的二氧化碳排放量计算公式为：

$$C_{coal民用} = C_{民用} \times 0.0209 \times 24.26 \times 0.8 \times 44/12 = 1.478C_{民用} \tag{1-2}$$

$$C_{coal生产} = C_{生产} \times 0.0209 \times 24.26 \times 0.899 \times 44/12 = 1.671C_{生产} \tag{1-3}$$

其中，$C_{coal民用}$、$C_{coal生产}$ 分别为民用燃煤、生产燃煤的二氧化碳排放量。$C_{民用}$、$C_{生产}$ 分别为民用煤炭、生产煤炭的消耗量。

2）生物质燃料的二氧化碳排放量计算公式为：

$$C_{BM} = BM \times C_{cont} \times O_{frac} \times 44/12 \tag{1-4}$$

其中，C_{BM}——生物质燃烧的二氧化碳排放量。

BM——生物质燃料的消耗量。

C_{cont}——生物质燃料的含碳量。

O_{frac}——生物质燃料的氧化率。

薪柴的含碳量为45%，氧化率为87%；秸秆的含碳系数为40%，氧化率为85%。生物质燃料的二氧化碳排放量分别采用下列公式计算：

$$C_W = W \times 0.45 \times 0.87 \times 44/12 = 1.436W \tag{1-5}$$

$$C_S = S \times 0.4 \times 0.85 \times 44/12 = 1.247S \tag{1-6}$$

其中，C_W 和 C_S 分别为薪柴和秸秆燃烧的二氧化碳排放量。W 和 S 分别为薪柴和秸秆的消耗量。

3）沼气燃烧的二氧化碳排放量为：

$$C_{BG} = BG \times 0.209 \times 15.3 \times 44/12 = 11.725BG \tag{1-7}$$

其中，C_{BG}——沼气燃烧的二氧化碳排放量。

BG——沼气消耗量。

4）沼气利用替代传统燃料的二氧化碳排放量为：

$$C = C_i - C_{BG} \tag{1-8}$$

其中，C——沼气替代传统燃料的二氧化碳减排量。

C_i——沼气替代传统燃料的二氧化碳排放量。

（三）社会效益分析

沼气工程建设除经济效益和生态效益外，还有显著的社会效益，本书所指的社会效益指狭义的社会效益，主要体现在民生改善和技术进步两个方面。

（1）农村居民居住环境改善，主要有减少蚊蝇、血吸虫，宜居系数提高，村容村貌改善等。

（2）农村居民的基本生活条件改善，主要有节约劳动力，提供就业岗位，改变原有的生活习惯，民众满意度提高等。

（3）农村居民素质提高，环保意识提高，对沼气工程工艺技术有一定的了解。

（4）技术进步性体现在技术先进性、技术配套性和技术带动性，沼气工程采用先进的技术和装备，促进相关产业发展。

（5）其他方面的社会效益，如改善了养殖场和周边农户的关系，增强了基层党组织的凝聚力和号召力，密切了干群关系，促进了农村精神文明建设，加快了农业产业结构调整，促进了农村经济向高效农业生态农业方向发展。

（四）能值分析

能值核算方法是一种基于热力学理论的环境核算方法，最先由 Odum 创立，可将生态经济系统内流动和储存的不同类别的物质和能量转换为相同的基准进行定量的分析研究。能值核算方法作为能够综合反映系统生态与经济过程的理论和方法，已经广泛应用于农业系统的定性定量解析和综合评价，包括单一的农业生态系统（如香蕉种植系统，猪场沼气工程等），复杂的综合系统（如"三位一体"沼气农业复合生态系统，"四位一体"生态经济系统，小型农场综合生产系统，以沼气为纽带的复合生态农业系统等）；与此同时，能值方法也可用于对不同的农业技术进行比较。利用能值核算方法对该系统进行能值投入产出的结构分析与综合评价，从资源利用、环境安全与可持续性、经济效益以及自组织能力 4 个方面研究系统的运行效率和可持续性（席运官、钦佩，2005）。

1. 能值分析的基本步骤

（1）资料收集：收集研究对象相关的自然环境、地理和社会经济各种资料数据，整理分类及处理。

（2）能量系统图的绘制：应用 HTOdum 的"能量系统语言"图例，绘制能量系统图，以组织收集的资料，形成包括系统主要组分及相互关系的系统图解。

（3）编制各种能值分析表：计算系统的主要能量流、物质流和经济流，根据各种资源的相应能值转换率，将不同度量单位（J、g 或 $）的生态流或经济流转换为能值单位（sej），编制能值分析评价表，评价它们在系统中的地位和贡献。

（4）构建系统的能值综合结构图：构建体现系统资源能值基础的能值综合结构图，对总系统和各子系统生态流进行集结和综合。

（5）建立能值指标体系：由能值分析表及系统能值综合结构图，进一步建立和计算出一系列反映生态与经济效率的能值指标体系，诸如人均能值量、能值/货币比率、能值投入率、净能值产出率、能值交换率、环境承载率、能值密度等。

（6）系统模拟：可采用能量系统动态模拟进行模拟。

（7）系统的发展评价和策略分析：通过能值指标比较分析，系统结构与功能的能值评价和模拟，为制定正确可行的系统管理措施和经济发展策略提供科学依据，指导生态经济系统良性循环和可持续发展。

2. 资料收集与数据处理方法

通过实地调查和资料收集的方式获得×××年研究区完整年度生产记录数据及当地气象部门的气象数据，根据式（1-9）计算太阳能值（钟珍梅、黄勤楼、翁伯琦等，2012）。

$$EM = OD \times UEV \tag{1-9}$$

其中，EM——太阳能值。

OD——原始数据。

UEV——能值转换率。

3. 能值核算方法

系统投入的能值主要包括四个部分，第一部分是本地的可更新资源（Renewable Environment Resources，RR），包括太阳能、风能、河流势能、雨水化学能、雨水势能和地球旋转能；第二部分是本地的不可更新资源（Non-renewable Environment Resources，NR），主要指表土层净损失；第三部分是购买的更新资源（Renewable Purchased Resources，RP），包括人力、种子等；第四部分是购买的不可更新资源（Non-renewable Purchased Resources，NP），包括电、煤和药剂等。系统的产出包括各子系统的最终产出，如沼气、猪肉、花卉、水果、特色农产品等。所有类型的能值都是当年的投入产出值，通过原始数据与能值转换系数相乘得到太阳能值，所有能值均基于 15.83×10^{24} sej/a 全球能值基准进行计算（段娜、林聪、刘晓东等，2012）（见表1-8）。

表1-8 能值指标表达式

项目	能值指标	计算表达式	代表意义
资源利用指标	系统可更新率（Renewable Ratio，%R）	系统可更新能值总量/系统能值投入总量（不含系统内部反馈投入能值）	
	能值自给率（Emergy Self-support Ratio，ESR）	系统自然环境投入能值/系统能值投入总量	值越大，表明系统的自我维持能力越高，自然资源的支持能力越强
经济生产效益指标	能值产出率（Emergy Yield Ratio，EYR）	系统产出能值/经济的反馈能值	用以衡量系统产出对经济贡献大小的指标，可反映系统的生产效率。值越大，表明系统可通过较少的投入获得较大的能值输出量，经济效益较高
	能值投资率（Emergy Investment Ratio，EIR）	来自系统外投入的可更新能值与不可更新能值之和除以来自环境的无偿输入能值	

项目	能值指标	计算表达式	代表意义
自组织能力指标	能值反馈率（Feedback of Yield Emergy，FYE）	系统自身反馈能值/经济的反馈能值	值越大，表明系统的自我组织能力越强
环境安全与可持续性指标	环境负载率（Environmental Load Ratio，ELR）	系统不可更新能值总量/可更新能值总量	值越小，表明系统对环境的压力越小
	能值可持续指标（Environmental Sustainability Index，ESI）	能值产出率/环境负载率	值越大，表明系统的可持续发展能力越好
	能值/环境可持续指标（Emergy/Environment Sustainable Index，E/ESI）		表征系统能值效益、对环境压力和系统自组织能力的一个综合指标。值越大，说明系统的自组织能力越强、能值效益越高、对环境的压力越小，进而说明系统的可持续发展能力越强

（1）能值自给率（Energy Self-support Ratio，ESR）＝环境的无偿能值（R＋N）/总投入能值（T）。

（2）能值投资率（EIR）＝经济的反馈能值（F＋R_1）/环境的无偿能值（R＋N）。

（3）净能值产出率（NEY）＝系统产出能值（Y）/经济的反馈能值（F＋R_1）。

（4）环境负载率（ELR）＝系统不可更新能值总量（F＋N）/可更新能值总量（R＋R_1＋R_2）。

（5）能值可持续指标（ESI）＝净能值产出率（NEY）/环境负载率（ELR）。

（6）基于能值的产品安全性指标（EIPS）＝－（化肥、农药能值（C）÷经济的反馈能值（F＋R_1）），用于评估系统产品的安全性，即基于能值的产品安全性指标（Emergy Index of Product Safety，EIPS），定义为农业生产系统施用化肥、农药的能值（C）和经济的反馈能值之比的负值，0为最安全，负值越大则说明产品的安全性越差，－1为最不安全。

（7）系统产出能值反馈率（FYE）＝系统产出能值反馈量（R_2）÷经济的反馈能值（F＋R_1），用来评估系统自组织能力指标，即系统产出能值反馈率（Feedback Ratio of Yield Emergy，FYE），定义为系统产出能值反馈量（R_2）和经济的反馈能值（F＋R_1）之比，比值越大则系统的自组织能力就越强（席运官、钦佩，2005）。

第二章　沼气工程典型模式类别划分

20世纪80年代以来，随着生态工程在中国的兴起和发展，不同的生态农业模式在不同的地域及生态条件下应运而生，户用沼气与大中型沼气工程分别形成了适合自己的生态农业模式（宋籽霖，2013）。我国沼气工程经过快速发展，各个地区涌现出了一大批沼气工程成功模式，这些模式贴合当地实际，能够创造较好的经济、生态和社会效益，其经验做法值得在全国范围内进行推广，对规划建设、正在建设以及建设完成的沼气工程的建设运营都有极大的参考价值。基于此，本章借鉴前人研究，从沼气工程的业主类型、工程规模大小、"三沼"综合利用情况、盈利能力以及工程需求侧重点等多个方面对我国15个省的沼气工程典型模式的类别进行划分，并简要总结不同类别典型模式的内涵和特点，以为其他沼气工程提供借鉴参考。

一、沼气工程典型模式的相关研究

目前我国有二十多种沼气服务模式，如村级沼气服务队、沼气物业服务站、农村物业综合服务站、农村沼气协会、专业/股份合作社管理模式、沼气物业服务公司、产业化管理模式、托管运行模式、超市服务、一站式服务、流动服务、农户自我服务等（林涛等，2012；张艳丽等，2007；孙赫等，2015；林妮娜等，2011；李金怀等，2010）。国内外学者围绕沼气工程典型模式进行了大量研究，研究内容也较为丰富，为本书提供了重要参考。已有研究主要集中在以下几个方面：

（1）国外沼气工程发展模式。朱颢、胡启春等（2016）研究了丹麦政策法规变化对集中式沼气工程发展的影响，并量化分析了1984～2001年集中式沼气工程累计数量变化和沼气生产成本变化，指出原料多元化和稳定供给、热电联产和区域供热联动与沼液还田可作为中国农村沼气工程发展模式的启示。另外，欧美很多国家都分别形成独特的沼气工程发展模式，如意大利、荷兰、法国的管道天然气模式，具有前期投入大、收益慢的特点；德国、英国、丹麦、美国的热电联产模式，具有使用范围广、收益快的特点；瑞典、瑞士的车用燃气模式，具有技术纯熟、收益快的特点（韩玮，2018）。

（2）沼气工程典型模式类别。张慧智、时朝（2017）将北京市大中型沼气工程典型商业模式分为村委会管理模式、村级专业化管理模式、村企合作管理模式、企业商业化管理模式 4 种；王朝勇、谢春燕（2014）探索了大型养殖场气—热—电—肥联产模式、集中型模式沼气直供农户模式、集中型沼气纯化入网模式、集中型沼气车载供气模式和餐厨垃圾沼气发电模式 5 种集中型沼气发展模式；于万里、司马义江（2016）把新疆大型沼气工程项目运行管理模式划分为养殖企业管理模式、村委会管理模式、合作社管理模式、专业化管理模式和政府管理模式；陈明波、汪玉璋（2019）分析了家庭养殖—户用沼气—家庭种植模式、小型养殖场—沼气工程—种植业模式、农作物秸秆—沼气工程—种植业模式、大型养殖场—沼气工程—有机肥—种植业模式和区域整体大循环模式等以沼气技术为纽带的循环农业模式；刘科、唐宁（2017）结合重庆市现代农业综合示范工程集中居住点建设，提出养殖场集中型沼气工程——集中供气模式、联户沼气工程——集中供气模式和联户沼气结合户用沼气工程——集中供气模式三种农村集中供气典型模式。另外，还有针对"中小型沼气工程分散沼气源集中利用模式""养殖场沼气工程智能化运行管理模式""蔬菜废弃物规模化沼气工程资源化综合利用模式""农林废弃物大型沼气工程干简联动模式"等单一沼气工程模式的研究（韩瑞萍、尚伟，2015；郝春梅、任绳凤等，2018；谷伟楠、兰艳艳，2019；张永北等，2016）。

（3）户用沼气生态模式。户用沼气生态模式主要是"三位一体""四位一体"和"五位一体"生态模式（Qi，2003；Qi 等，2005；邱凌等，2001）。其中，"三位一体"模式的推广和应用，可以在获得绿色蔬果的同时，有效利用农业废弃物，进而改善农村环境（陈豫等，2009；Chen，1997），中国南方地区多采用这种生态模式；"四位一体"生态模式常见于中国北方地区，温室是该模式的重要组成部分，将太阳能转化为热能，促进沼气发酵变得至关重要，温室内蔬菜和牲畜也可以更好地生长（Zeng 等，2007）；"五位一体"是为中国西北干旱、半干旱地区设计的一种沼气生态模式，实现了能源的再利用、节水灌溉和环境保护等多种生态功能，进而提高了农村生活环境质量（白义奎等，2002）。

（4）沼气工程生态模式。大中型沼气工程生态模式分为能源生态型模式和能源环保型模式（中国农业部，2007b）。能源生态型模式最常见的形式是"牛—沼—草"（潘文智2011；钟珍梅等，2009），畜禽粪便被用来进行沼气发酵，生产的沼气用作给发酵装置加热，以确保发酵装置维持适宜的发酵温度，剩余的沼液沼渣则可以用来生产有机肥料（中国农业部，2007b），沼气还可以提供给周边农户使用或者用来发电，但这一模式的运作，对畜禽养殖场周边环境要求非常高，需要有足够大的农田或者鱼塘作为发酵后处理的场地（蒲小东等，2010）；能源环保型沼气工程一般都会对畜禽粪便进行干湿分离（华永新、朱剑平，2004），固体部分经过干燥后被用来当作有机肥料，液体部分投入发酵装置中进行厌氧发酵，接着再进行发酵后处理，该模式基本实现零污染，但建设运行费用较高（宋籽霖，2013）。

（5）沼气工程典型模式效益评价及其方法。戴林、李子奈（2001）指出农村能源项目效益评价分为综合经济效果评价、能源效果评价和环境效果评价等，并认为农村能源的效益具有分散性、社会性、对社会经济综合指标影响不显著性等特征；单会忠（2009）

利用项目决策和分析中的重要手段，研究发现户用沼气池无论是在项目层次还是在经济资源配置层次都具有很高的推广价值。郑建宇等（2004）采用成本效益法对北京市农村生态能源工程模式进行了技术经济分析，发现该项目的财务内部收益率远大于社会折现率、在经济上可行、社会和环境效益良好。吴坚、利锋（2009）对"一户建池，多户使用，统一收费，统一管理"的沼气商品化发展新模式的分析结果表明，建池户 2 ~ 3 年可收回成本，收益期至少为 15 年，新模式不仅降低了市场风险，还提高了沼气池的使用效能。刘科、唐宁等（2017）通过对重庆市丘林山区沼气集中供应管理模式的探讨，认为养殖场沼气在新农村生态文明建设、解决沼气发酵原料不足、解决农村剩余劳动力资源不足和完善农村沼气工程体制等方面具有重要作用。林赛男等（2017）对邛崃市沼肥还田的公共私营合作制（PPP）模式进行分析探讨，指出通过在沼肥还田环节引入 PPP 模式，取得了畜禽粪污处理水平提高、沼肥利用更高效、农业生态环境明显改善、土壤肥力显著提升、农村基础设施完善、产业节本增效等成效。

（6）沼气工程典型模式现状及发展建议。以沼气为纽带的生态循环农业，能抵御各种农业风险、增加农民收入，但是宣传的力度不够、群众认识不足、政府服务不到位、工程用地审批困难、建设资金不足、沼气后续服务模式不完善等因素制约了沼气工程发展（王晓华、姚田英，2006；张无敌、陈超等，2015；刘科、唐宁，2017）。另外，还存在沼液沼渣重金属、抗生素超标（冯灵芝，2017；辛格、高亚茹等，2018；葛振、魏源送等，2014）、种养失衡、沼液沼渣量大且难以就近还田利用、管理体制不顺、季节温度影响较大等问题（陈明波、汪玉璋，2019；李砚飞、厚汝丽，2018；王治方、冯亚杰，2015）。因此，学者从科学规划种养业、拓宽筹资渠道、引入第三方专业化运营机构、培育多产品开发体系和完善监管机制等多个方面提出对策建议（王晓华等，2006；于万里等，2016；张慧智、时朝等，2017；林赛男、李冬梅等，2017）。

二、沼气工程典型模式类别划分依据

国内外学者针对沼气工程典型模式的类别、效益评价、现状及建议等方面进行了大量研究，但是只有少数研究涉及沼气工程典型模式类别的划分依据，如冉毅等（2010）从承办方、运行费用补贴方式和费用收取方式三个方面对沼气服务网点模式进行了综合分类，但总体来看目前关于沼气工程典型模式类别划分依据的研究比较少见，特别是同时以我国 15 个省的沼气工程成功模式为对象的研究几乎没有。本书在借鉴已有研究的基础上，参考沼气服务体系分类的研究，主要以沼气工程业主类型、"三沼"利用形式和工程规模大小三个指标来划分沼气工程典型模式的类别，并考虑沼气工程盈利水平、建设的需求侧重点等因素来区别各个模式（见表 2 - 1）。

表 2-1 沼气工程典型模式类别划分指标

沼气工程业主	"三沼"利用形式	工程规模大小
养殖场	集中供气	特大
种植基地	直接或发电自用	大
第三方	发电上网、提纯天然气、加工有机肥等高值化利用形式	中
	沼肥需求	小

（一）按沼气工程的业主类型进行划分

沼气工程的业主类型粗放地可以分为三大类，即养殖场业主、种植基地业主和第三方主体。其中养殖场业主是指从事畜禽、水产等规模化养殖，利用沼气工程处理畜禽粪污、水产废弃物等的养殖场经营者；种植基地业主是指综合利用沼气工程产品的农业产业园区主要经营者、规模化种植的种养大户及其他从事规模化种植的农业生产经营主体；第三方是指利用沼气工程连接养殖场业主和种植基地业主，或者与其中一方连接的、独立于养殖场业主和种植基地业主的第三方，包括企业、协会、合作组织、家庭农场及政府部门等主体。

（二）按沼气工程的规模大小进行划分

沼气工程按照规模大小可划分为四个等级：特大型、大型、中型和小型。参照中华人民共和国农业行业标准 NY/T667—2011 "沼气工程规模分类"，具体划分标准如表 2-2 所示。其中，20 世纪 20~80 年代为我国沼气发展起步阶段，主要发展户用沼气池，小型沼气工程建设也在摸索中缓慢发展；20 世纪 80 年代至 2000 年，大中型沼气工程建设开始起步；2001~2006 年大中小型沼气工程进入快速发展阶段，各类沼气工程建设达 5000 多处；2007 年至今，大中型沼气工程建设质量和水平不断提高，特大型沼气工程逐步发展起来，我国沼气建设进入建管并重阶段（曾伟民、曹馨予等，2013）。

表 2-2 沼气工程规模分类指标和配套系统

工程规模	日产沼气量 Q （立方米/天）	厌氧消化装置单体容积 V_1 （立方米）	厌氧消化装置总体容积 V_2 （立方米）	配套系统
特大型	Q≥5000	V_1≥2500	V_2≥5000	发酵原料完整的预处理系统；进出料系统；增温保温、搅拌系统；沼气净化、储存、输配和利用系统；计量设备；安全保护系统；监控系统；沼渣沼液综合利用或后处理系统
大型	5000>Q≥500	2500>V_1≥500	5000>V_2≥500	发酵原料完整的预处理系统；进出料系统；增温保温、搅拌系统；沼气净化、储存、输配和利用系统；计量设备；安全保护系统；沼渣沼液综合利用或后处理系统

续表

工程规模	日产沼气量 Q（立方米/天）	厌氧消化装置单体容积 V_1（立方米）	厌氧消化装置总体容积 V_2（立方米）	配套系统
中型	$500 > Q \geq 150$	$500 > V_1 \geq 300$	$1000 > V_2 \geq 300$	发酵原料的预处理系统；进出料系统；增温保温、回流、搅拌系统；沼气的净化、储存、输配和利用系统；计量设备；安全保护系统；沼渣沼液综合利用或后处理系统
小型	$150 > Q \geq 5$	$300 > V_1 \geq 20$	$600 > V_2 \geq 20$	发酵原料的计量、进出料系统；增温保温、沼气的净化、储存、输配和利用系统；计量设备；安全保护系统；沼渣沼液的综合利用系统

（三）按"三沼"综合利用的情况进行划分

沼气工程的产品主要为"三沼"：沼气、沼液和沼渣，沼气主要用作生活能源、发电上网或自用、提纯车用天然气等；沼液可用于养殖场回流使用、作物种植或达标排放；沼渣可以堆肥还田、制作有机肥、直接出售或赠送。其中，沼液和沼渣含有微量元素和 17 种氨基酸以及多种微生物和酶类，对促进作物和畜、禽、鱼的新陈代谢，以及防治某些作物病虫害有显著积极作用，有浸种、叶面施肥、防虫、喂猪、种植盆栽、种柑橘、种梨、种西瓜、种蔬菜、种水稻、种烤烟、种花生、养鱼、栽培蘑菇、养殖蚯蚓等多种用途。另外，通过吸收法、变压吸附法、低温冷凝法和膜分离方法对沼气提纯，去除沼气中的杂质组分，使甲烷含量提纯到 90% 以上，成为甲烷含量高、热值和杂质气体组分品质符合天然气标准要求的高品质燃气，可作为罐装天然气和车用天然气；通过装配综合发电装置，沼气燃烧作用于发动机上，以产生电能和热能，发电机组的余热用于沼气发酵装置增温保温，所产电力可自用，也可并入电网。因此依据"三沼"的利用情况划分沼气工程的类型为：沼肥需求型、沼气集中供气、沼气（发电）自用、沼气发电上网或提纯出售等。

（四）按沼气工程盈利水平进行划分

沼气工程的模式按照盈利情况主要分为三类：盈利模式、基本持平模式和亏损模式。盈利模式是指该沼气工程模式在工程主体建设完成并运营后能够独立、不由其他主体扶持而实现经济指标上的盈利，并且具有较好的生态效益和社会效益，具体来看，该模式的沼气工程项目投资回报期为 3 年以内；基本持平模式是指该沼气工程模式在工程主体建设完成并运营后能够勉强维持工程的正常运行，具体来看，该模式的沼气工程项目投资回报期大致为 3～6 年；亏损模式是指该沼气工程模式难以全部完成工程的建设，或建设完成后存在入不敷出的情况，具体来看，该模式的沼气工程项目投资回报期超过了 6 年（刘畅、王军，2014）。

（五）按工程建设需求侧重点进行划分

借鉴中华人民共和国农业行业标准 NY/T1220.5—2006 "沼气工程技术规范第 5 部分：质量评价"中沼气工程功能质量分类划分依据，从污染物去除能力、产气能力和物料综合利用能力等方面，将沼气工程模式按照其建设需求的侧重点可划分为：能源型、生态型和环保型，同时部分模式兼顾多种功能，也有能源生态型、能源环保型等。具体来看：能源型沼气工程主要是以生产沼气为主，同时兼顾沼液和沼渣的综合利用；生态型沼气工程是以用肥为目的，着重于沼气工程生产有机肥，实现种养循环的目的；环保型沼气工程主要是处理畜禽、水产养殖和区域生活废弃物，以达标排放、保护环境为目的。能源生态型则是兼顾沼气工程的产气和生态功能，能源环保型兼顾沼气工程的产气和环保功能。

（六）新时代沼气工程新模式

近年来，我国还涌现了一批独具特色的沼气工程成功模式，这类沼气工程典型模式符合国家重大战略需要，紧跟时代潮流，适应新形势，不断与脱贫攻坚、生态文明建设、乡村振兴战略、新型城镇化这些国家核心战略和政策相融合，具有显著时代特征和时代烙印，如沼气工程与扶贫攻坚结合，沼气工程采用公私合营 PPP 模式进行建设与运营，沼气工程与厕所革命结合起来等，形成了"沼气＋PPP""沼气＋扶贫""沼气＋三产融合""沼气＋家庭农场""沼气＋互联网""沼气＋公厕"等多种"沼气＋"新业态、新模式，这类模式不一定具有典型性和普遍性，但各有特色，且在防治农业面源污染和大气污染、促进生态循环农业发展、提高农产品质量和品质、增加农民收入、改善农村人居环境、巩固生态环境建设成果等方面发挥了重要作用。同时，这些新兴模式不仅反映了我国沼气工程建设发展的迅猛势头和蓬勃生机，也为研究发展沼气工程典型模式提供了大量素材，对于加快推动我国沼气工程转型升级具有重大意义。

三、沼气工程典型模式类别划分

当前我国沼气工程发展环境、发展动力发生了很大变化，如何把握沼气工程发展方向，改革创新发展模式，推动沼气事业持续健康发展，是摆在我们面前的一项紧迫任务。我国各省经济发展存在一定差异且地理环境多样，不同地区沼气工程的建设需要考虑多种不同的因素，使得东西部、南北方之间的省市发展沼气工程存在巨大差异，进而形成了多种多样的沼气工程运行模式。对沼气工程典型模式进行分门别类，可以进一步梳理我国沼气事业发展状况，指导已有、在建及未建的沼气工程的运维，推动我国沼气产业转型升级。因此，本书根据前文沼气工程典型模式类别划分依据，综合划分排列组合模式的种类共计 48 种，但是多数模式并没有实例对照或不具有代表性和典型性，最终根据实际调查的 53 个具体模式的工艺、工程建设、实际运行和效益等方面的情况，总结归纳了目前实际存在、运行较好、具有典型性和特色的八种模式，并对八种模式的主要特征进行了对比（见表 2-3）。

表 2-3　沼气工程典型模式特征对比

特点模式	业主	"三沼"利用形式	规模	盈利情况	建设需求重点	其他特色
"果—沼—畜"沼肥需求模式	以种植基地为主，少数为第三方	沼气自用；沼肥还田	中型、小型	非盈利	以沼肥自用为主	"果—沼—畜""猪—沼—果""牛—沼—茶（草）"
种养结合生态自循环模式	业主建有养殖场和种植基地	沼气自用，沼肥自用	大型、中型、小型	非盈利	种养结合；生态循环农业	种养结合；种养平衡；生态循环
养殖场粪污沼气化处理模式	养殖场	沼气发电自用或作为其他自用能源；沼渣出售，沼液还田或排放处理	特大型、大型、中型为主	非盈利或微利	粪污处理	节能减排；低碳环保
养殖场沼气高值化利用模式	养殖场	沼气发电上网或提纯生物天然气出售；沼肥深加工成有机肥出售	特大型、大型	以盈利为目的	沼气用能，粪污处理	清洁能源；技术先进
沼气工程集中供气供暖模式	养殖场、第三方	沼气集中供气用于生产生活用能，沼肥出售或加工后出售	中型、小型为主，少数为大型	非盈利、盈利均有	集中供气	可与扶贫攻坚工作结合，民生项目，社会效益显著
第三方运营规模化沼气模式	第三方	沼气发电上网或提纯生物天然气；沼肥深加工后出售或还田利用	特大型、大型	以盈利为目的	沼气和沼肥	原料多元化，盈利点多（治污，气，肥）
农村生活垃圾污水沼气化处理模式	第三方	沼气较少，沼渣少，沼液还田或处理排放	中小型	非盈利	处理农村垃圾	乡村振兴中人居环境治理
"沼气+"新业态、新模式	养殖场、种植基地、第三方	沼气（用能）自用或高值化利用；沼肥还田自用或（加工后）出售	特大型、大型、中型、小型	非盈利、盈利均有		沼气+PPP；沼气+扶贫；沼气+三产融合；沼气+互联网；沼气+公厕；沼气+家庭农场

（一）"果—沼—畜"沼肥需求模式

"果—沼—畜"沼肥需求模式的业主主要是种植基地业主，也有第三方主体。该模式的沼气工程主要用作发酵生产沼肥，不过于追求沼气产气量，所产沼气也主要用作种植基地用能。另外，该模式以种植规模来确定沼气工程的建设规模，进而再确定建设与沼气工程匹配的养殖畜禽规模。整个模式的侧重点是种植（水果、蔬菜、茶叶和牧草等），沼气工程发酵处理自建养殖场粪污、秸秆和其他养殖场的粪污来获取沼肥，以沼肥自用为主，以沼气用能为辅。沼气工程发酵规模多为中小型，发酵原料多为自建养殖场、其他养殖场畜禽粪污和种植基地的秸秆，沼渣沼液全部由种植基地消纳。

典型案例：

（1）农业农村部梁家河沼气示范工程"果—沼—畜"沼肥需求模式。

（2）河北景县"种—养—沼—肥—种"沼气循环生态农业模式。

（3）贵州凤冈县"牛—沼—茶（草）"生态循环模式。

（4）河北正定县以沼气为纽带的生态循环农业模式——"正定模式"。

（二）种养结合生态自循环模式

种养结合生态自循环模式的基本特点是：业主同时建有养殖场和种植基地，养殖产生的粪污经过沼气工程发酵处理，为种植基地提供灌溉用水和有机肥，种植基地的农作物又为养殖场提供青饲料，进而实现养殖和种植的生态循环。将处理畜禽粪污和沼肥综合利用结合起来，种养平衡，生态循环，沼气自用、发电自用（未上网）或集中供气，沼气工程发酵规模大中小型均有，沼渣沼液种植基地全部消纳，整个模式可以节约养殖环节的饲料成本，并提高畜禽产品的品质，种植环节可以节省化肥和农药购买的开支。

典型案例：

（1）安徽焦岗湖农场"猪—沼液—稻（麦、菜、果）"模式。

（2）安徽安庆市龙泉生态农林开发有限公司"农林废弃物—猪—沼—果（林、菜）"模式。

（3）贵州兴义市鸿鑫"猪—沼—菜—猪"循环农业模式。

（4）山西高平市玮源养殖专业合作社"猪—沼—鱼、菜、菇"生态循环农业模式。

（5）安徽濉溪县五铺农场沼气工程综合利用模式。

（6）山西沁县海洲有机农业循环产业园"畜—沼—肥"生态循环模式。

（7）山西永济市超人奶业有限责任公司"牛—沼—蓿"热电联产生态循环模式。

（三）养殖场粪污沼气化处理模式

养殖场粪污沼气化处理模式的沼气工程业主为养殖场，沼气工程以大中型为主，沼气主要用于养殖场发电、供热和生活用能等自用，沼渣出售或加工为有机肥出售，沼液用于周边农田或者处理后进入养殖场再循环，或者进行达标排放。

典型案例：

（1）安徽歙县连大生态农业科技有限公司"猪—沼—果（花、菜、茶、粮）"模式。

（2）黑龙江伊春格润公司寒地沼气综合利用模式——"场口气站模式"。

（3）山西五丰养殖种植育种有限公司养殖种植沼气生态循环模式。

（4）山西永济市联农猪业有限公司种养循环生态模式。

（5）山西高平市华康猪业有限公司大型沼气站粪污处理及循环综合利用模式。

（6）辽宁辽阳安康种猪繁育有限公司沼气生态循环农业利用模式。

（7）陕西泾阳县强飞畜牧业有限公司沼气生态循环农业模式。

（四）养殖场沼气高值化利用模式

养殖场沼气高值化利用模式的业主主要为养殖场，沼气工程规模为大中型或特大型，沼气产气量大且稳定，该模式产生的沼气通常进行商业化、高值化利用，如发电上网（浙江养殖场民用电 0.5 元/度，发电上网加上补贴最高可定价为 1.1 元/度）、提纯生物天然气出售等。沼渣出售或加工成有机肥出售，沼液出售或加工为液肥出售。沼气工程成为养殖场的一个盈利点。

典型案例：

（1）山东民和牧业股份有限公司畜禽粪污资源化综合利用生态循环农业模式。

（2）河北邢台乐源君邦牧业威县有限公司规模化生物天然气工程模式。

（五）沼气工程集中供气供暖模式

沼气工程集中供气供暖模式的业主为养殖场、村委会、沼气技工或者第三方的公司等。发酵原料为养殖场粪污、秸秆等，规模以中小型为主，也有极少的大型沼气工程，如江西新余罗坊镇集中供气 5000 户。沼气工程以产气为主要目的，且沼气大部分集中供气用于生产生活用能，沼渣、沼液被周边农户种植消纳。

典型案例：

（1）贵州三穗县台烈镇颇洞村集中供气模式。

（2）江西新余沼气工程集中供气技术模式。

（3）宁夏青铜峡市广武地区农村新型能源村镇建设模式。

（4）山西长治县庄子河村集中供气供暖模式。

（5）山西长子县绿野新能源产业园沼气清洁取暖循环利用模式。

（6）浙江开化县沼气工程村级集中供气模式。

（7）宁夏利通区五里坡生态移民区大型沼气集中供气模式。

（8）湖北松滋市区域高效循环利用模式。

（9）四川德阳市小沼集中供气盈利模式。

（六）第三方运营规模化沼气模式

第三方运营规模化沼气模式的业主是独立于养殖场和种植基地的第三方单位，包括企业、协会、合作组织、家庭农场及政府部门等主体。第三方相当于一个媒介，通过沼气工程联系多方利益主体，沼气工程的发酵原料有畜禽粪污、城市有机垃圾、工业有机废弃物或废水等。从发酵原料来看，第三方需要联系处理畜禽粪污的养殖场、处理秸秆的种植基地等以获取发酵原料，而沼气工程发酵后，生产的"三沼"产品又需要第三方与种植基地业主、能源需求主体等进行对接消纳，这就要求建立沼气化处理有机废弃物运行机制，产生的沼气出售、发电上网或提纯生物天然气出售，沼渣制成有机肥出售，沼液回用或者加工成液肥出售，极少数工程沼液经过处理达标排放。沼气工程发酵规模为大型或特大型。

典型案例：

（1）辽宁昊晟沼气发电有限公司沼气发电工程生产模式。

（2）湖北宜城市湖北绿鑫生态科技有限公司生物天然气循环利用模式。

（3）江西新余市渝水区南英垦殖场规模化沼气发电上网模式。

（4）河北塞北管理区牛场粪污沼气化处理模式。

（5）江西"3D"区域沼气生态循环农业模式。

（6）河北安平县京安生物能源科技股份有限公司"热、电、气、肥"联产循环模式。

（7）河北青县"秸—沼—肥"秸秆沼气产业化综合利用模式。

（8）黑龙江甘南蓝天能源发展有限公司生物质天然气、肥联产模式。

（9）湖北公安县湖北前锋科技能源有限公司分布式高质利用模式。

（10）黑龙江龙能伟业环境科技股份有限公司"龙能模式"。

（11）云南洱海流域农业废弃物污染治理与资源化利用的顺丰模式。

（12）河北三河市车用生物天然气高值化利用模式。

（七）农村生活垃圾污水沼气化处理模式

农村生活垃圾污水沼气化处理模式的业主（管理维护人员）大多为村委会、沼气技工等，建设的沼气工程是以处理农村有机垃圾和污水为主的环保工程，清洁乡村，环境宜居，是乡村振兴环境治理的抓手，沼气的产气量较少，所产沼气就近供应周边农户生活用能。沼渣沼液由周边农田土地消纳。

典型案例：

（1）广西灵山县"农村生活垃圾＋农作物秸秆＋农村生活污水＋养殖小区"沼气化处理综合建设模式。

（2）湖北天门市"高效循环新村"模式。

（八）"沼气+"新业态、新模式

近年来，我国沼气工程建设紧跟国家战略政策，不断与时代热点相融合，形成了"沼气+扶贫""沼气+PPP""沼气+三产融合""沼气+家庭农场""沼气+互联网""沼气+公厕"等多种"沼气+"新业态、新模式，这些新兴模式因地制宜，建设侧重点不尽相同，各有特色，是研究我国沼气工程典型模式不可多得的重要素材，总结其经验启示对推动我国沼气工程建设具有重大意义。

典型案例：

（1）"沼气+PPP"模式。

案例1：河北定州市规模化生物天然气PPP合作模式。

案例2：四川邛崃沼肥还田的公共私营合作制（PPP）模式。

（2）"沼气+扶贫"模式。

案例1：江西吉安市沼气扶贫工程模式。

案例2：山东沂南县和平扶贫产业园"五位一体"新能源循环利用模式。

（3）"沼气+三产融合"模式。

案例1：四川德昌县德州镇角办村沼气工程及太阳能提灌站模式。

案例2：湖北老河口市桂园家庭农场循环农业模式。

（4）"沼气+家庭农场"模式。

案例1：四川梓潼县三泉乡泉源家庭农场沼气工程小循环模式。

案例2：湖北京山县湖北金农谷农牧科技有限公司家庭农场循环模式。

（5）"沼气+互联网"模式。

案例：湖北南漳县"智慧运营"模式。

（6）"沼气+公厕"模式。

案例：广西鹿寨县农村"沼气+公厕"模式。

第三章 "果—沼—畜"沼肥需求模式

一、模式介绍

我国存在大量土地肥力贫瘠的地区，如何科学、可持续地提高土壤肥力，并高效地推动这些地区种养结合，进而推进区域农业生态良性循环发展，实现农业提质增效、农民节本增收，一直都是学者研究的热点问题。沼气工程在我国的快速发展为解决上述问题找到了一个突破口，沼气工程可以高效连接种植和养殖两端主体，可以起到催化剂的作用，真正实现多方受益。农业农村部部长韩长赋两次到梁家河调研时强调，应通过沼气将苹果种植和畜牧养殖相结合。提出了"以果定沼，以沼定畜，以畜促果"的"果—沼—畜"生态循环发展理念，针对一些地区对土壤肥力提升和有机肥使用的特殊需求，以沼气工程建设为纽带的"果—沼—畜"沼肥需求模式应运而生。

"果—沼—畜"沼肥需求模式秉承"以果定沼、以沼定畜、以畜促果"的精神，全面促进生态循环农业发展。尤其是在沼气点灯做饭需求减弱、沼肥需求增强的部分农村地区，需要对沼气发展进行转型升级，转变沼气工程的发力点，重点生产沼肥，实现果—沼—畜良性循环，进而提高农作物品质、节本增效、促进农民增收。同时，要大力促进果—沼—畜循环、产储销融合、畜林农协调，突出创新、绿色、可持续，通过农民、企业、政府多方发力，积极探索农牧交错带结构调整、农业特色产业竞争力提升和贫困地区农民脱贫致富新路径。

具体来看，"果—沼—畜"沼肥需求模式多以种植基地业主主导，该模式下的沼气工程规模主要为中小型，整个沼气工程以沼肥自用为主，以沼气用能为辅。沼气工程的发酵原料来自配套养殖场的畜禽粪污和种植基地的有机废弃物，也适当使用其他养殖场的粪污，沼气工程所产的"三沼"则全部由种植基地消纳。该模式的典型之一是农业农村部梁家河沼气示范工程"果—沼—畜"沼肥需求模式，整个模式通过种植规模来确定沼气工程的建设规模，进而再确定建设与沼气工程相匹配的养殖畜禽规模。在该模式中，沼气工程和畜禽养殖场是配套工程，整个模式的侧重点是种植（水果、蔬菜、茶叶和牧草等），养殖场作为沼气工程发酵原料的配备设施，沼气工程则主要用作发酵生产有机肥，不过于追求沼气产气量，所产沼气也主要用作种植基地用能。

二、典型案例及其效益分析

案例 1　农业农村部梁家河沼气示范工程"果—沼—畜"沼肥需求模式

一、模式特征

该模式的业主大多是以种植基地为主的企业，少数为独立于养殖场和种植基地的第三方运营，整个模式以沼肥需求为导向，周边种植多少水果蔬菜，需要多少沼肥，建设与之匹配的沼气工程，进而建设与沼气工程匹配的养殖场。沼气工程发酵规模多为中小型，发酵原料以周边养殖场的畜禽粪污为主，部分以秸秆为补充，建设有完备的沼肥利用设施，如灌溉管网、提灌站、抽排车、泵和田间储肥池等，沼渣沼液能被周边种植基地全部消纳。

二、工程基本情况

工程总投资 220 万元，发酵原料来自周边 10 公里以内养殖场的猪粪，以每吨 50 元的价格购买，用沼渣抽排车输送，发酵容积 280 立方米发酵罐 1 个（见图 3 – 1、图 3 – 2），双膜储气柜 200 立方米 1 个。沼气用于发电，沼渣通过固液分离机分离出来，沼渣和沼液全部用于周边苹果种植园，苹果园区建设有完备的沼肥储存池和沼液滴灌管网。

图 3 – 1　梁家河沼气示范工程俯瞰

热电联产和模块组装建设，占地 4 亩。发酵工艺为 CSTR，有完备的增温保温和搅拌系统，加热用发电余热和沼气锅炉。

图3-2 梁家河沼气示范工程设施设备

该沼气工程建在黄土塬上,塬上有2000亩苹果园,苹果园建有水肥一体化调配站20个,用于存储沼肥,根据苹果不同用肥时间进行调配施用,每个池覆盖100亩左右的苹果园(见图3-3)。

图3-3 梁家河水肥一体化示范工程

苹果园还建有雨水收集池,沼液与收集的雨水按1:1进行调配,经过沉淀,两级过滤后,通过机电泵和滴灌管网将水肥输送到苹果树的根部,既能满足苹果生长水肥需求,又能节水节肥，在干旱地区具有较好的推广价值（见图3-4）。

图3-4　梁家河沼气示范工程滴灌系统

三、效益分析

（一）生态效益

该工程能处理周边10公里范围内的畜禽粪污1800吨，年产沼气7万立方米，相当于年减排温室气体800吨CO_2，年产沼渣100吨、沼液1500吨，全部用于周边苹果园。

（二）经济效益

该沼气工程年成本如下：人工费用，每人每月5000元，一共3人，一年合计18万元；原料费，每个月1千元，每年1.2万元；水电费，每月0.12万元，每年1.44万元；租地费，0.4万元。收入：截至调研结束，沼渣、沼液免费提供给周边苹果园，沼气发电未上网，没有产生效益。

（三）社会效益

该沼气工程将苹果种植和畜禽养殖相结合。处理周边养殖场畜禽粪污，养殖场和农户相处较为融洽，无纠纷，治安较好，社会较为稳定和谐，符合"以果定沼，以沼定畜，以畜促果"的"果—沼—畜"生态循环发展理念。沼渣、沼液免费提供给周边苹果种植户，周边农户普遍反映党和政府的政策好，政府支持建成的沼气工程不但是环保工程、能源工程，更是民心工程。

案例2　河北景县"种—养—沼—肥—种"沼气循环生态农业模式

一、模式概况

（一）实施基础

景县沼气循环生态农业模式依托景县津龙现代农业园区现有大型沼气工程，延伸产业链条，形成"种—养—沼—肥—种"全循环链条模式。按照县委、县政府"整合资金优先用于园区建设"的要求，景县沼气循环生态农业模式试点项目由津龙现代农业科技有限公司实施。

景县津龙现代农业园区核心区面积2.2万亩，主要种植小麦、玉米1.4万亩，杂粮1500亩，牧草4000亩，蔬菜1700亩，果树300亩；长期存栏生猪6万头，奶牛1500头，肉牛4500头，肉驴1200头，肉羊1.8万只；水产养殖水面100亩。

园区内共建有沼气工程3座，总计1万立方米，配套了脱硫集水、沼气发电、沼气增温、余热回收、沼液回流等设施设备，实现全年正常运行。并已建成有机肥车间4800平方米，购置了翻抛机1台、吸污车1台、抛肥机1台等沼肥应用设备，目前年可生产有机肥1万吨（见图3-5）。

图3-5 有机肥发酵车间

（二）实施内容

根据《2016年农业资源及生态保护补助项目实施指导意见》（冀农能发〔2016〕10号）文件要求，结合项目单位有机肥生产实际，按照"填平补齐"的总体思路，完善固态有机肥生产中设施设备，新增液肥生产线，配套有机肥输配设施设备，进行对比试验分析，总结推广模式成果，项目年新增生产颗粒有机肥1万吨，沼液有机肥3000吨，肥料输配设施得到完善，完成田间对比试验和模式总结推广。项目有机肥施用种植面积2万亩，沼渣、沼液利用率达到90%以上，施用后果蔬品质产量有明显提升，树立沼肥品牌、形成一套可推广的模式成果。

试点项目总投资 670 万元，其中，建筑工程投资 316.11 万元，设备购置安装投资 311 万元，对比试验费用 31.04 万元，成果总结费用 4 万元，其他费用 7.85 万元。主要建设内容包括：

（1）沼液有机肥生产：建设沼液肥料车间 540 平方米，购置安装沼液有机肥成套设备 1 套（包括固液分离机、育菌机、反应釜、各类罐体、泵类及灌装设备）。

（2）沼渣有机固肥生产：新建固体有机肥发酵间 2 座共 3672 平方米，购置履带式翻堆机 1 台、装载机 2 台、造粒系统（含粉碎机、混合机、造粒机、烘干机、冷却筛分机、热风炉、输送机、包装机等设备。

（3）沼肥田间输配环节：铺设沼液灌溉管网 2550 米；购置 10 吨自吸沼液罐车 1 台，自卸式固体肥运输车 3 台。

（4）对比试验环节：按照《沼渣、沼液施用技术规范》（NY/T2065—2011）有关要求，在园区内建立试验基地，抽调技术骨干，选取 3~5 个蔬菜作物进行田间对比试验，购置试验器材，做好数据记录，包括施用时间、面积、方式、施用量、作物产量、品质情况、节约农药化肥情况等，进行品牌宣传。

（5）模式成果总结环节：继续加强与河北省科学院生物研究所、河北省农林科学院农业环境资源研究所的合作，作为项目技术支撑单位，加快沼肥应用技术研发和成果转化，推广沼肥应用技术模式，形成管理制度、技术标准、规程规范、录制有机肥施用视频等。

（三）建设进展

试点项目按照相关法律法规进行了土建工程招投标，于 2016 年 10 月底全部竣工；机械设备实行政府采购，并已安装调试完毕进入试运行，在 2017 年 9 月底进行县级验收。

二、效果分析

（一）经济效益

项目建成后，固态有机肥生产进一步规范，产品质量进一步提升，施用范围更加广泛，年新增固体有机肥产量 1 万吨，新增生产沼液有机肥 3000 吨，年新增产值 900 万元，新增利润 200 万元。

（二）社会效益

项目建成后，新增就业岗位 20 个，年人均增加收入 3 万元；项目建设促进有机肥开发利用、促进农业园区建设、促进高端农产品生产，实现沼气、沼渣、沼液的全价值链开发与循环利用，带动周边有机耕种发展，辐射面积达到 2 万亩；项目建设将大幅提高农产品产量和质量，尤其是质量将得到明显提升，进而提升农产品附加值，带动农民增收；同时，还可带动基建、运输等相关产业发展。

（三）生态效益

项目建设完善了种植养殖的循环产业链条，优化了农牧业生产环境、实现了种养协同发展，减少了化肥、农药的使用，提高了土壤肥力，改善了农村生态环境和农民生活质量。

三、下一步设想

（一）密切技术合作，搞好技术创新

加强与河北省科学院生物研究所、河北省农林科学院农业环境资源研究所的合作，作为项目技术支撑单位，签订技术依托协议，搞好有机肥生产，以及后续的土壤养分管理计划研究，形成"沼气工程—有机肥生产—施肥管理"全产业链条技术创新，发挥项目最大效益。

（二）创新运行机制，确保项目效益

打破自建、自产、自营的封闭模式，引入肥料营销企业，依托它们健全的生产和营销体系，快速拓宽产品销售渠道，确保项目经济效益。

（三）搞好模式总结，进行宣传推广

对试点模式进行总结，尤其是循环产业链条的建立和关键技术的研究转化，在县域内有条件的养殖场进行推广，资源化利用农业废弃物，推动种养一体化，实现农业可持续发展。

案例3 贵州凤冈县"牛—沼—茶（草）"生态循环模式

一、模式简介

凤冈县朝阳茶业有限公司以养殖粪污处理、能源利用为核心，结合"三沼"综合利用项目研发的关键技术，生物生态协同措施以及集成技术，运用厌氧消化（CSTR）工艺生物反应器，对生化需氧量（BOD）、化学需氧量（COD）进行充分降解和消化，将厌氧发酵所产生的沼气用于企业茶叶生产加工及生活用能，将厌氧发酵产生的沼液沼渣做进一步生物转化，科学施用于茶园、牧草基地等，实现养殖粪污零排放，从而形成了"养殖—沼气—水肥—茶叶（牧草）"的立体生态循环农业模式。

二、模式形成背景

（一）自然条件与社会经济状况

凤冈县位于贵州东北部，地处大娄山南麓、乌江北岸，东邻德江、思南，南抵余庆、石阡，西与湄潭接壤，北连务川、正安，系革命老区遵义的东大门，占地面积1885.09平方公里，辖13镇1乡86个村（社区），总人口44万人。冬无严寒，夏无酷暑，生态优美，气候宜人，平均海拔720米，年均气温15.2℃，森林覆盖率65%。区位优势明显，距省会贵阳220公里，距名城遵义86公里，距新舟机场72公里，326国道、杭瑞高速和即将建设的昭黔铁路横贯县境，乌江四级黄金水道（河闪渡码头）即将建成。

凤冈全县年生产总值60.15亿元，全县完成财政总收入6.17亿元，人均GDP达到19399元，农村居民人均可支配收入8551元。

（二）农业生产特点与作物种植结构

凤冈是一个农业大县，主要农作物有茶叶、水稻、玉米、烤烟、辣椒、花生等，全县茶园面积达50万亩，投产茶园27万亩，其中获得有机认证面积4.47万亩，通过无公害认证面积27.56万亩。烤烟产业实现"两头工厂化、全程机械化、烟农职业化"发展。粮食总产量稳定在22万吨以上，重获全国产粮大县称号。蔬菜、莲藕、花卉苗木、畜禽水产等特色种养业初具规模。锌硒茶是凤冈重点产业之一，也是贵州三大名茶之一，先后荣获45个国家级金奖，并出口欧盟、美国、加拿大等国家和地区。近年来，相继荣获了"中国富锌富硒有机茶之乡""中国生态旅游百强县""全国商品粮基地县""全国造林绿化百佳县""中国有机食品生产示范基地""中国名茶之乡""全国农业综合开发县""全国无公害生猪养殖示范县""全国农村能源建设先进县""全国生态建设示范县"等国家级荣誉和称号。

（三）南方"四位一体"模式的形成

2003年，我国第一个"猪—沼—厕—菜"四位一体南方模式诞生，得到了时任国务院副总理回良玉的高度评价和赞赏。随着茶叶产业的发展和市场的需求，以沼气为纽带的"畜—沼—茶"生态循环农业模式得到了广泛推广应用，先后建成了生态农业循环模式示范点38个，示范面积达12万亩，辐射带动面积40余万亩；重点培育了以朝阳茶业有限公司为样板的生态循环农业模式核心示范基地10个，全面开展了沼肥在粮食、茶叶、蔬菜、水果生产上的推广运用试验课题研究46个，探索出了"畜—沼—茶（粮、蔬、果）"生态农业循环模式新经验、新方法，为有机农产品生产，打造优质有机茶品牌，开辟了一条适合山区生产的独特经验。

朝阳茶业有限公司自从2009年建成沼气工程以后，在茶树种植中，用沼肥进行一系列试验示范，取得了丰富的经验，特别是2014年以来，更加充分利用自身茶园自然生态环境优势，打造出了高标准的具有贵州山区特色的"牛—沼—茶"生态循环农业模式示范点，取得了较好的经济、社会、生态效益。

（四）生态循环农业模式发展典范

贵州省凤冈县朝阳茶业有限公司始建于2007年10月，位于花坪镇鱼跳村上石门组，离县城十公里，距杭瑞高速6公里，所在位置交通方便，公司资产总额4800万元，在职职工52人，公司建筑面积3900平方米，建有500立方米、300立方米、200立方米沼气池各一座，养殖场圈舍面积8000平方米，养殖牛存栏1000余头，有茶园面积1097亩，其中有机茶园认证747亩，在茶园中安装了沼液喷灌管网设施300多亩，淋灌管网设施600多亩，沼液输送管网覆盖了整个茶园，形成了"牛—沼—茶"生态循环农业模式（见图3-6）。

图3-6 "牛—沼—茶"生态循环模式实物

三、"牛—沼—茶"循环模式示意图

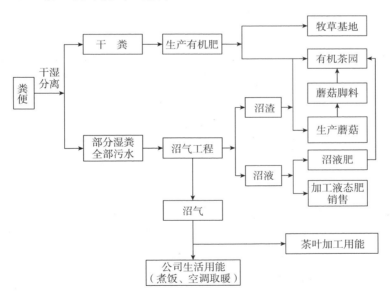

图3-7 "牛—沼—茶"生态循环模式

四、配套措施

(一)"牛—沼—茶"生态循环农业模式主体技术体系

1. 牛养殖技术要点

(1)建场:按牛场建设要求及标准选择在茶园最高处,使沼气工程所产生的沼液能自流入茶园中,降低运行成本。

（2）配套沼气工程选址：选建在养牛场附近较低于牛场又高于茶园处，以便牛场粪污能直接冲洗进入沼气发酵主池，发酵后的沼液又能自动流入沼液储存池。沼液储存池中沼液通过地埋管道自动输送到每块茶园中，供茶园在适宜的季节施用。

（3）青储、氨化池选建：选建在牛场附近，易于牛场用料，又易于秸秆运输、进料。

（4）牛品种选定。选择适合于山地、耐寒、生长较快、肉质较好、抗性相对较强的品种。

（5）饲养及防疫按有关规定、标准、规范操作实施即可。

（6）保证牛肉产品品质。不用任何化学添加剂，确保生态、环保、无害化产品。

2. 有机茶种植技术要点

（1）加强茶树修剪。采用轻剪、深剪与边剪相结合的方式。轻修剪每年 1 次，深修剪 3~5 年 1 次，边修剪视实际情况而定。

（2）严格施肥管理。要重视追肥、基肥施用。基肥主要用沼渣或养殖场充分发酵的有机肥，每亩淋施 1500~2000 千克，追肥全面施用沼液肥，每亩淋施沼液 6000~8000 千克，其次是配合沼液叶面喷施，补充肥效。

（3）加强茶园病虫害防治。以太阳杀虫灯，黄板诱杀绿色防控为主，结合生物防治，控制病虫危害。

3. 沼气工程运行管理技术

（1）运行管理。建立沼气管理站，明确专人负责，负责制定管理措施和运行机制。管理人员必须熟练掌握相关知识，安全操作，安全使用，定期巡查，保持工程各种设施、设备清洁，避免漏水、漏气，发现运行异常，采取相应措施处理。

（2）安全操作。在明显位置配备消防器材和防护救生器具及用品，醒目位置设立禁火标志，严禁烟火。制定火警、沼气泄漏、爆炸、自然灾害等意外突发事件的紧急预案。

（二）政策措施

茶叶是凤冈 2003 年以来的主要产业，县委县政府出台若干扶持政策和措施，成功申请"凤冈锌硒茶"为中国驰名商标，并制定地方标准。2007 年出台《凤冈县人民政府关于调整茶叶产业发展政策的意见》、2008 年出台《凤冈县人民政府关于 2008 年度茶叶产业发展政策的若干意见》、2016 年出台《县人民政府办公室关于印发凤冈县 2016 年茶产业发展奖励和补助办法的通知》（凤府办发〔2016〕25 号）。

（三）运行机制

1. 加强组织领导

生态循环农业模式是一个系统工程，为了保证此工程的顺利开展，组建由县长为组长，分管农业的副县长为副组长，县政府办、农牧、环保、财政、水利、科技等部门工作领导小组，制定周密的实施方案，配备精干的工作人员，按照方案有序推进，确保工作顺利开展。

2. 加强人才培养

强化技术支撑，完善人才培养机制，是推进生态循环农业发展的技术保障，因此要向技术模式的研究与开发倾斜，促进技术进步与科技成果的转化。

3. 做好生态循环农业发展与农业废弃物利用的结合

充分运用"养殖+沼气+种植"生态循环农业模式，全面推进农业废弃物循环利用工作，扩大产业发展的辐射效应，要运用多种方式，让广大农民和社会民众感受农业废弃物循环利用及产业发展的利益，促使其尽快树立农业废弃物循环利用意识，更加积极主动地参与到农业废弃物循环利用及产业发展过程中。

五、效益分析

（一）经济效益

该公司形成的"牛—沼—茶"生态循环农业模式，经测算：每年总计节本增收1016万元。其中利用沼气加工茶叶（见图3-8）、生活用节约用电支出8万多元，充分利用沼肥节约用肥支出60万元以上，运用自动喷灌设施节约施肥工资8万多元（见图3-9、图3-10），利用沼肥施茶增产增收550多万元，促进养殖业的发展，增加养牛收入200万元，沼肥进入市场化销售获得销售收入100万元，茶行中套种蘑菇获得收入90万元。

图3-8 沼气茶叶加工设施车间

（二）社会效益

通过推广以沼气为纽带的生态循环模式，激发了农民学科学、用科学的积极性，增强了农民的科技意识，加快了实用技术向现实生产力转化的步伐，使农业生产高效化、无害化，提高了农产品产量和质量，有效地解决了剩余劳动力的转移和消化问题，为当地农民致富提供了一个就业平台，促进了养牛业与茶叶产业的科学发展，以及养殖废弃物的利用，促进了农业可持续发展，通过有机生态现代农业品牌的打造，实现了区域性的共同致富。

图 3 - 9　沼液喷灌装置

图 3 - 10　沼液施茶效果

（三）生态效益

　　切断了养殖粪便有毒有害病菌的生长周期，解决了养殖场粪便带来的环境污染问题，实现了粪污各项指标达标排放或零排放，有效地保护了周边生态环境；有效地改善了茶园土壤环境，增加了土壤有机质含量，提高了土壤肥力，杜绝了化肥农药的使用，保障了茶叶品质安全；有力地促进了茶叶产业、养殖业的发展，推动了社会主义新农村建设。

案例4　河北正定县以沼气为纽带的生态循环农业模式——"正定模式"

一、模式形成背景

　　正定县农牧局从 2010 年 3 月开始就与北京天极视讯科技发展有限公司（以下简称

"北京天极")合作,从寻找沼气产业健康发展的路径出发,依托"北京天极"的IT技术和高科技人才资源优势,在河北省新能源办、石家庄市新能源办的帮助指导下,在农业部规划院能源与环保研究所、中国标准化院、中国农科院、天津农科院的技术支撑下,在正定县开展了以沼气为纽带的农业循环经济的研发与实践。经过7年的不断摸索、优化和完善,走出了一条集户用沼气池与大中型沼气工程智能服务管理、沼渣沼液运用专利生物技术生产有机沼肥于一体,促进有机农业全面发展的生态循环发展之路,形成了在河北省乃至全国独树一帜的以沼气为纽带的生态循环农业发展的"正定模式"(见图3-11)。为实现节能减排、减除面源污染、构建美丽乡村、发展有机农业发挥了积极作用。

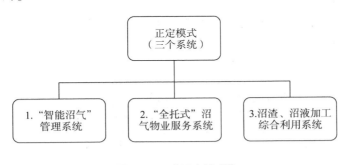

图3-11 "正定模式"

二、"正定模式"概述

着眼于提高户用沼气池、大中型沼气工程使用率这一核心问题,形成了"以现代信息化管理手段为支撑,以气补拉动沼气户用气需求,以延伸产业链条提高沼气物业服务供给"的解决思路,提出了"以现有存量户用沼气池、大中型沼气工程为基础,以现代信息化管理手段为支撑,以第三方托管公司为平台,以'以肥养气'发展循环农业为主要方式"的"正定模式"。

该模式包括三个系统,一是"智能沼气"管理系统。对沼气用量实现可计量、可监控、可核查,并以此为依据实现政府(或清洁发展机制(CDM))对物业站进行用气补贴。二是"全托式"沼气物业服务系统。沼气用户以入会的形式缴纳一定的费用享受全托式服务,托管公司全年对用户提供综合服务保证户用沼气的正常使用,在年终以农户的用气计量统计为依据进行补贴。三是沼渣、沼液加工综合利用系统。托管公司以400~1500个户用沼气用户或1000立方米左右大中型沼气工程为基础单元,建设供应户用沼气发酵原料并回收沼渣、沼液进行有机肥料加工和销售的沼肥加工厂,就近供应当地开展有机农业生产,增加托管公司的收益。

三、运行机制

(一)户用沼气池

由沼气物业托管公司为沼气户进行全托式服务,收集的沼渣、沼液加工成沼肥供应市场(见图3-12)。

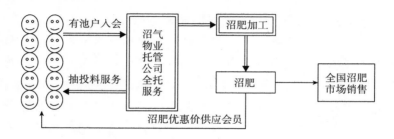

图 3 - 12   户用沼气运行路线

（二）大中型沼气工程

沼气物业托管公司托管大中型沼气工程，沼气发电自用，沼渣、沼液加工成沼肥供应市场（见图 3 - 13）。

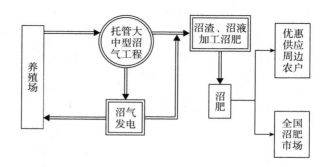

图 3 - 13   大中型沼气工程运行路线

四、发展趋势

在模式发展初期，政府购买占主导，需要政府的政策及资金支持作引导，为沼气服务提供有力的支撑；发展中期，政府引导的作用逐渐显露，托管公司的积极性被极大地调动起来；发展的成熟期，政府扶持力度持续减弱，市场活力被激活，托管公司的核心作用凸显，进入完全市场化（见图 3 - 14）。

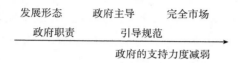

图 3 - 14   沼气服务模式

"正定模式"发展趋势的立足点是服务链条产业化延伸增强物业服务站自身造血机能，通过该模式核心托管公司的主观能动性，该模式以种植业为基础，以养殖业为龙头，以再生沼气能源开发为纽带，以有机复合肥料生产为驱动，建立完善的"气、肥共生体系",形成肥料、生物质再生能源相生、互补的生态环境良性循环,实现在良性循环链条中相互依赖、以肥养气、增加收益、稳定队伍、协调发展,最终达到提高户用沼气池使用率的目的。

五、"正定模式"运行简介

(一)开发"智能沼气"管理系统

2012 年开始,"北京天极"按"正定模式"的思路会同中国标准化研究院、中国农业科学研究院,相继开发了基于 CDM 核查标准的"智能沼气表"和农村沼气信息化管理系统。"智能沼气表"与"400"电话报修系统和管理系统相结合,具有一键报修、实时用气流量监控,无线传输核查等非常实用的功能。试点实践证明,该系统拥有分布式信息监测、集中式信息管理的强大能力,并拥有可计量、可监控、可核查的实际能力(见图 3 - 15)。

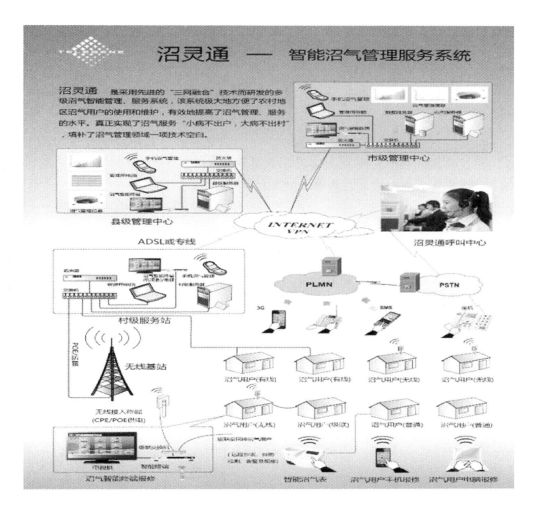

图 3 - 15 智能沼气管理服务系统

（二）开展试点示范

1. 新城铺村建立户用沼气池试点

以石家庄市正定县新城铺镇新城铺村200户为示范样板。一是财政出资每户200元为农户安装了智能沼气表，通过"智能沼气"管理系统实现对农村户用沼气池用气计量、信息管理、运营维护。二是引入政府财政采购社会化服务的机制，财政出资每年每户150元服务补贴，由天极（河北）生物科技有限公司为农户免费开展户用沼气"全托式"服务，沼气使用率由实施前不足30%提高现在的90%，户均每月用气量达到20立方米。三是由天极（河北）生物科技有限公司投资300万元建设了年产5000吨中高端沼液肥的加工厂，利用回收的沼渣、沼液加工有机肥料，结合当地水肥一体化设施，就近销售给种植户施用。

2. 高平村建立大中型沼气工程试点

在正定县曲阳桥乡高平村，天极（河北）生物科技有限公司托管石家庄市正定县正先肉鸡养殖合作社现有1000立方米大中型沼气工程，并由天极（河北）生物科技有限公司投资500万元建设了年产10000吨中高端沼液肥的加工厂。所产沼气进行发电自用，沼液肥结合当地水肥一体化设施，重点供应当地农业公司和种植大户施用。目前，该试点畜禽粪污处理范围已经扩大到10公里以内的5个养殖场。

（三）自主研发配方沼肥

"北京天极"从2012年开始研发沼肥配方，一是依照国家标准，创新研制了以沼液为母液的腐殖酸系列水溶肥。二是开发出有自主知识产权生产固体有机肥、低端沼液肥的生产工艺（见图3-16）。目前，已研发出3个自有的符合国家标准的沼肥知识产权，并在20种粮食、蔬菜、果树等作物上进行了肥效试验示范。两家现代化的沼液肥加工厂已经成为农业部农规院工程技术研究中心和农业部农规院科研试验基地。

图3-16 沼液综合利用

六、效益分析

（一）经济效益

截止到2017年5月，已生产沼液肥2000吨，服务农田20000亩（次）以上。年产

5000 吨中高端沼液肥，按每吨沼液肥 600 元计算，沼液肥收入 300 万元。"北京天极"沼肥进入了正定县政府采购目录（固体有机肥按每吨 800~1000 元计算），并为种植户增产 10% 以上，增效 20% 以上。通过户用沼气"全托式"服务，沼气使用率提高到 90%，每户年均用气量达到 240 立方米，节约标准煤 171.36 千克。按 1500 户用户计算，年节约标准煤 257.04 吨。

（二）社会效益

"正定模式"的实施，有效盘活了国家投资沼气的国有资产，促进国家惠农政策的进一步落实。通过成立天极（河北）生物科技有限公司本土化运作，创新并发展农村沼气服务运营模式，促进当地劳动就业，增加当地税收。通过有机沼肥的施用，实现有机生态农业发展，为社会提供优质农产品，实现低碳经济与生态循环农业的可持续发展。助力美丽乡村建设，提高农民健康水平和生活质量。这些试点的成功实施，为加快京津冀区域畜禽粪污资源化利用的步伐提供了可复制的经验。

（三）环境效益

首先，发展以沼气为纽带的生态循环农业，全面发挥农村沼气工程的用气功能，减少煤炭等常规能源使用量，真正实现农村节能减排。按 1500 户用户计算，年用气量达到 36 万立方米，节约标准煤 257.04 吨，年减排 $CO_2$648.54 吨，减排 $SO_2$9648 千克。其次，实现沼渣沼液综合利用，既解决了农业面源污染的问题，减少了化肥农药施用，又改良了土壤、增加地力，提高了农作物产量、改善了农作物品质，提高了农民收入。

三、"果—沼—畜"沼肥需求模式的经验启示

（一）推动无公害化生产，保障农业供给侧结构性改革

农业供给侧结构性改革的关键是"提质增效转方式、稳粮增收可持续"。为市场提供更多优质安全的"米袋子""菜篮子"等农产品，是农业供给侧结构性改革的重要任务。化肥的过量使用，增加了生产成本，导致了土壤板结、地力下降、土壤和水体污染等问题。沼肥富含氮磷钾、微量元素、氨基酸等，可以替代或部分替代大田作物和蔬菜化肥施用，能够显著改善产地生态环境，生产包括大田作物、水果蔬菜茶叶在内的优质农产品，提升产品品质，有效满足人们对优质农产品日益增长的旺盛需求。发展沼气能够实现化肥、农药减量，推动优质绿色农产品生产，保障食品安全。同时，沼气的生产主要是利用各种有机废弃物，规避了影响粮食安全的担忧。沼气作为生物质能源产品，和其他基于粮食原料的生物质能源有着本质的区别，它不但不会竞争农地和粮食，而且是循环经济的一个重要手段。特别是沼气的产业化近年逐步兴起，高品质的沼气完全可以替代部分天然气。

（二）研究制定"三沼"应用标准

沼气工程的产品主要是沼气、沼渣和沼液这"三沼"。这些产品对促进国家经济建设和农业内部产业循环，实现人与自然和谐发展具有重要意义。沼气是生物质能源的重要组成部分，在未来多种能源互补发展中必将发挥越来越重要的作用，我国在这方面已有一系列扶持政策。而对沼渣和沼液来说，国家及各级地方政府的扶持政策则相对较少且不够具体，更多的是实施严格的监管措施。沼渣和沼液作为有机肥的重要组成部分，如何针对不同区域、不同养殖方式产生的沼渣和沼液做好处理、加工和分类使用，实现资源的最优配置，还需相关部门和单位认真研究。因此，各省市可结合本省不同区域的实际情况，与企业、大学、科研院所合作研究制定沼肥和沼液施用配方和施用标准，特别是长期施用后对农产品及土壤、水资源等的安全风险评估工作，以尽快建立健全"三沼"应用标准。

（三）推进农村能源综合试点示范建设

选择试点自然村开展农村沼肥综合利用试点创建工作，对每个试点自然村进行补贴，在试点、示范村内均高度集成农村沼肥综合利用技术，建设各试点间信息共享和工作交流平台。通过平台培养技术人才的同时，做好项目储备工作，打造一批可学习、可复制、可推广的典型模式，在条件适宜时进行规模化推广。总结推广以沼气为纽带的生态循环农业技术模式，使沼气工程有效连接畜禽养殖和高效种植，实现沼肥高效充分利用，促进优质农产品生产。

第四章　种养结合生态自循环模式

一、模式介绍

当前，实现社会经济与生态环境协调发展，已成为我国全面发展的当务之急。我国农业正处于转型升级关键期，社会对农业可持续发展的关注度不断提高，同时，我国农牧分离越走越远，在农业园区建设、养殖小区建设、固体有机废弃物循环利用、尾水生态净化循环利用、病虫害控制等方面的生态循环技术不断取得新突破。种养结合生态自循环模式可实现农业资源充分、合理和可持续利用，对保护农业生产环境、稳定粮食生产、提供第二生产力以及实现农业和环境的可持续发展具有重要意义，对资源的节约、高效利用，以及对经济发展也有较强的积极作用（欧艳萍，2014；高深、马国胜等，2014）。

传统畜牧养殖业的粪污进行直接还田是一种传统的、粗放的、便捷的粪污处置方法，适用于土地宽广的乡村地区，需要大量的土地消纳畜禽粪污，且养殖户的规模普遍较小。粪污直接还田，大量有机质很容易造成水体污染、甚至传播病虫害，特别是大规模养殖场粪污排放量大，直接排放将对环境造成严重污染，必须对其粪污进行妥善处理。同时，随着我国环保工作和农产品质量安全工作的有序推进，传统种植业逐步转型升级，种植业对有机肥、绿色农药的需求量不断增加。建设沼气工程厌氧发酵处理畜禽粪污，既消除了养殖业粪污的环境污染，又生产了清洁能源，更重要的是可以为种植业提供沼肥。另外，在厌氧发酵过程当中，病原菌、寄生虫卵等一些病菌可被杀死，切断了养殖中传染病和寄生虫病的传播。

种养结合生态自循环模式的沼气工程发酵规模大中小型均有，该模式的业主同时建设有养殖场和种植基地，以沼气工程作为纽带，高效连接种和养。从养殖方面来看，畜禽养殖所产生的粪便和污水是沼气工程主要的发酵原料，经过沼气工程发酵处理，为种植基地提供有机肥；从种植方面来看，种植基地的农作物可以为养殖场提供青饲料，同时农作物秸秆等有机废弃物也可以作为沼气工程的发酵原料；从沼气工程的功能来看，可以处理畜禽养殖废弃物和种植产生的有机废弃物，同时为种植基地提供沼肥和生产用能。该模式的沼气工程将处理畜禽养殖粪污和综合利用"三沼"结合起来，实现种养平衡，生态循环。沼气自用、发电自用（未上网）或集中供气，沼渣、沼液制作有机肥用于种植基地全部消纳，整个模式可以节约养殖环节的饲料成本，并提高畜禽产品的品质，同时种植环节可以节省化肥和农药购买的开支，真正实现养殖和种植的生态高效循环。

二、典型案例及其效益分析

案例1　安徽焦岗湖农场"猪—沼液—稻（麦、菜、果）"模式

一、模式形成背景

焦岗湖农场位于安徽省阜阳市颍上县，隶属于安徽省农垦集团公司，属国有企业。耕地面积6000亩，以种植业和养殖业为主。种植业以种水稻、小麦、大豆、瓜果蔬菜为主。养殖业以养猪为主，年出栏生猪37000头，年产粪污62000吨。为发展生态农业，循环农业，开展生产环境治理，从2014年起，农场围绕转变养殖业生产方式，按照"养殖集中化、规模适度化、技术标准化、粪便资源化、治理生态化"的思路，立足大农业、大生态发展战略，坚持以沼气工程为核心，以区域匹配、综合利用为原则，积极探索种养结合生态循环模式："猪—沼液—稻（麦）"模式，"猪—沼液—菜（果）"模式，实现区域配套、循环共生。已取得较好成效。

二、沼气工程系统建设及运行情况

（一）沼气工程系统组成

1. 沼气发酵存储系统

由于养殖场所在地水源丰富，因此生猪养殖采取"水厕所"工艺，在减少人工成本的同时改善了猪舍环境，提高了猪肉品质。但产生的废水量大，每天大约产生粪及污水160吨。经考察调研，养猪场2015年自行投资240万元选择建设了一座1.3万立方米的"盖泄壶"式沼气发酵池（见图4-1），配套建设了4万立方米沼液储存池，一座250千瓦沼气发电站及沼气净化设施等。沼气发酵池采用进口柔性耐腐蚀、耐老化膜材料建造，为产气和储气一体化结构。养猪场粪污水通过建设在猪场的地下管网汇聚到提升井，经提升泵站每天按时提升到沼气发酵池。正常沼气发酵浓度1%左右，原料滞留期40天左右。池上方是沼气，中间为沼液，底部为沼渣。沼气经脱水、脱硫净化后进入发电系统发电。发酵后的沼液流入沼液储存池待用；沼渣流入漏粪板式晒渣台晒干收集制成生物肥。沼气池自建成后除每年冬季最寒冷时不用，一直在运行发电。

2. 沼气发电系统

猪场投资80多万元，安装1台250千瓦发电机组及配套设施。2016年沼气池生产沼气10个月，总产气量40万立方米，发电30万度以上，平均每天发电10小时。夏季可保证猪场70%的用电需要。

图4-1 焦岗湖农场1.3万立方米"盖泄壶"沼气工程一角

(二) 沼液肥利用系统

1. 输送沼液的地下管网系统

农场和猪场共同投资60多万元，建设通达全场输送沼液的地下管网，并和农场农作物灌溉系统并网，以便于在农作物需要施用沼肥时将沼液和清水按一定比例混合。同时农场将原有的清水泵站进行改造，增加变频调速，使泵站出水可调可控（见图4-2）。

图4-2 沼液灌溉渠

2. 肥水一体化调配系统

目前，焦岗湖农场主要在水稻、小麦、南瓜种植上使用沼液浇灌。农场每年对将要使用沼液的地块土壤进行检测，主要是观测土壤有机质、重金属、氮磷钾等含量的变化；沼液使用前也要经过检测，主要检测沼液中各种重金属、COD、BOD等的含量，在防止重金属对土壤造成污染的同时，确定化肥减量范围。沼液和清水按一定比例配比混合后，通过铺设在农场田间地头的管道输送到每个需要灌溉的地块，实现全覆盖灌溉（见图4-3）。

图4-3 沼肥种植的水稻

2016年该农场已将60000吨沼液施用于2200亩水稻、500亩小麦、200亩瓜果蔬菜基地。水稻一季施用4次，小麦和南瓜施用1次，施用效果良好。

（三）沼渣的利用

2016年，沼气站共产生沼渣约2300吨，除部分用作农场瓜果蔬菜基肥外，主要以每吨200元的价格出售给农场周边西瓜、葡萄种植大户，每吨沼渣有机肥可施用于2亩瓜果基地。2016年共向周边农户提供了2000吨沼渣生物肥（见图4-4）。

图4-4 沼渣暂存池

三、效益分析

（一）社会效益

焦岗湖农场养猪场以沼气工程为纽带的生态农业建设，为社会提供了大量绿色有机农产品。仅 2016 年，该猪场共出售优质肉猪 37000 头，有机肥料 2000 吨。农场生产出售生态大米 1000 吨，小麦 350 吨，蔬菜若干吨。猪场基本解决了因养殖规模扩大带来的环境污染问题，生产规模显著上升。2016 年，沼气工程共生产应用沼气 40 万立方米，除部分供应猪场职工食堂做燃料外，共发电 30 万千瓦时。据测算，全年节约生产生活用煤 15 吨，减少购电 30 万千瓦时。沼液、沼渣作为有机肥料种植粮食、瓜果蔬菜等，每年为农场节约化肥总计约 60 吨。沼气工程的建设为发展生态农业，治理环境污染，促进节能减排起到了积极作用。另外，随着养殖生产规模的扩大，解决了部分社会劳动力的就业问题。同时，向农场周边瓜果菜种植农户提供沼肥，提高了农产品品质和经济收益，受到农民的普遍欢迎。

（二）经济效益

据统计，2016 年底焦岗湖农场全年增收节支总收益为 155.5 万元。其中：①猪场每年节约沼液处理费用 55.5 万元（每出栏一头生猪污水处理费按 15 元计算）。②猪场每年节约用电 30 万度，减少开支 15 万元。③猪场生物肥销售每年实现收益 40 万元。④施用沼肥，2200 亩水稻节约使用化肥 6 万元；2016 年利用沼液种植的 2200 亩"南粳 9108"水稻单产 700 公斤/亩，单产提高 100 公斤，每公斤较周边同样品种水稻多卖 0.20 元，合计 30.81 万元。⑤2016 年秋季在 300 亩小麦种植上开始尝试使用沼液，种植时每亩减少化肥 10 公斤，种子 5 公斤，长势较好，成熟时子粒饱满，色泽鲜亮，产量较周边地块每亩高 50 公斤。共节约化肥 3 吨，种子 1.5 吨，增收小麦 15 吨，总计增收节支约 4 万元。⑥农场种植的瓜果蔬菜以沼渣做底肥、浇灌沼液，完全不上化肥、不打农药，品质佳、口感好，如种植的葡萄价格是周边同品种葡萄的 1 倍，且供不应求。2016 年 200 亩果蔬减少化肥、农药使用节约 1.2 万元，增收 3 万元以上。

（三）生态效益

焦岗湖农场以养猪场为平台，以沼气工程为纽带，以绿色生态农业发展为先导，开展资源多层次循环利用，不仅改善了农场养殖业生产环境，更改善了农场整体生态环境，取得了显著的生态效益，并有力地促进了农场现代生态农业产业化的建设步伐。

养殖场沼气工程每年可生产沼肥 62000 吨，它不仅能满足本农场 6000 余亩可耕地基本用肥，还能够为周边瓜果农户提供沼肥；通过使用沼肥减少了化肥、农药和水的使用量。据测算，年节约灌溉用水 60000 吨以上，减少污水 COD 排放 60 吨左右。另外，农场一年两季产生 6000 吨秸秆，目前除了少量秸秆做生物肥和养殖使用外，剩下全部用于粉碎深翻还田。实践表明，沼液浸泡土壤可以加速促进秸秆分解，解决了秸秆还田难腐烂问题。同时由于沼肥自身经过了厌氧发酵的过程，杀灭了内含的病原菌，含有丰富氨基酸、维生素、多种微量元素等，因此使用它安全多效。从土壤现状看，通过施用沼肥改善了土壤团粒结构，增加了土壤有机质含量，为生产绿色、有机食品打下了基础。通过施用沼肥减少了化肥、农药的施（使）用量，大大减轻了农业面源污染问题。

同时，沼气工程每年可生产沼气 40 万立方米左右，可折合 280 吨标准煤，可减少 CO_2 排放 728 吨，减少 SO_2 排放 10.72 吨。

2016 年焦岗湖农场养殖业产值是种植业产值的 3 倍，通过沼气工程建设，目前没有因为养殖业的发展造成空气、水体、土壤等方面的任何污染。沼气站产生的沼渣、沼液不仅促进了农场生态农业发展，而且还深受农场周边瓜果种植户的欢迎。

案例 2　安徽安庆市龙泉生态农林开发有限公司
"农林废弃物—猪—沼—果（林、菜）"模式

一、模式形成背景

安庆市龙泉生态农林开发有限公司位于安徽省安庆市宜秀区杨桥镇鲍冲湖村境内，属半山区地貌；生产基地自然风景资源得天独厚，有着山水结合十分优美的自然景观。

该公司于 2010 年创办，公司先后与安徽农业大学、安徽省农科院、安徽省循环经济研究院等建立产学研共同体。按照现代循环经济的理念，积极探索实施"农林废弃物—猪—沼—果（林、菜）"的生态循环农业模式。主要是以发展种植业、养殖业为主，辅以农林产品深加工，并打造生态循环模式的科技型现代农业公司。基地占地总面积 1200 亩，现已开发 600 亩，其中，蓝莓占地 300 亩，桑葚、柑橘、核桃、杨梅、银杏树、红豆杉等占地 260 亩。计划总投资 1.2 亿元，现已投资 4000 多万元，已建设猪舍 1200 平方米，现常年存栏生猪 500 余头（育肥猪），建设大型沼气站一座；各种沟渠管道及道路 5000 米，综合用房 800 平方米，管理房 300 平方米，休闲观光餐厅 800 平方米，公司成立 6 年来，已初具规模，现有职工 12 人，季节性临时工 30 余人，2012 年被安徽省政府主管部门批准为"安徽省林业产业化龙头企业""安庆市农业产业化龙头企业"。2013 年获安徽省循环经济研究会"先进单位"称号（见图 4-5）。

图 4-5　沼气站全貌

二、沼气工程建设、运行情况

在生产基地的建设中，按照"减量化、再利用、再循环"的原则，基于"节能减排、发展循环农业、实现生产无害化"的现代农业产业化发展理念，2012 年自行投资 280 万元建设了 1 座 600 立方米玻璃钢结构大型沼气发酵装置，配 1 座 200 立方米湿式储气柜（全玻璃钢结构），并配套建设安装储肥池（罐）18 个和水肥一体化滴灌系统，通过沼气工程厌氧处理将畜牧粪污与林业废弃物，产生沼肥及沼气，使污染达到零排放。

多年来沼气工程一直连续运行，常年日均产沼气 200 立方米左右，沼气主要用于养殖场、基地生产和职工食堂及对外休闲旅游餐厅用能；日均产沼肥 13 吨，采取固液分离，沼渣用作基肥，沼液全部用于基地经果林地和农业种植物。以沼气工程为纽带的"种—养—加"生态产业链已初步形成，实现绿色种植、生态养殖、清洁能源生产和高品质农产品生产加工一体化。达到了农林废弃物资源化循环利用的目的，使养殖、种植、休闲观光三大生态产业形成了互为资源、互相促进、互为支撑的良性循环，取得了显著的社会效益、生态效益和经济效益（见图 4-6）。

图 4-6　种植基地

三、沼气与生态循环农业结合情况

目前，公司基地内养殖业主要有生猪、放养鸡及各种水产品。种植业主要有蓝莓、桑葚、柑橘、核桃、杨梅、银杏树、红豆杉等名、特、优、精农林品种 20 余种。公司根据基地的自然地貌条件，因地制宜进行科学规划。一是园内扩建有一座 50 亩水库及 3 座小水塘，确保了农作物的用水需要，也为养鱼和发展休闲观光业奠定了基础；二是建设了生态养猪场，并在树林里放养土鸡，把大量的猪粪、鸡粪及枯枝废叶通过沼气站转化成优质沼肥，再把沼肥全部还原于山林、果园、菜园、苗圃、鱼塘。目前，沼肥的利用主要采取以下方法：沼气工程产生的沼肥经固液分离后，沼渣做基肥，沼液用机泵定期打入在植物园区高丘不同位置建设的若干个沼液储罐内，需要施肥时打开闸阀，利用管道网络自然落差进行施灌。整个园区初步形成了"长短结合，优势互补，和谐共生，循环利用"的种植养殖新格局，实现了农业生产废弃物资源化利用，无污染"零排放"，促进了园区农林作物绿色有机生产（见图4-7、图4-8）。

图4-7　沼液施肥管网

图4-8　蓝莓、猕猴桃种植基地

为确保有机产品的品质，延长产业链，实现效益最大化，2016年新建了一条蓝莓果酒生产线，以解决蓝莓果等难存放的难题，提高了资源产出率。另外，利用蓝莓和红豆杉的良好观赏性和净化空气的作用，种植了蓝莓和红豆杉盆景供游客观赏和出售；同时，为生猪、林下养鸡和果品积极争创名牌农产品，并申报绿色、有机认证，注册了"步泉"商标。

此外，公司在发展种植、养殖业的同时大力开发生态农林旅游，在公司基地内打造了五大功能区，分别为优质林果花卉区、现代农林服务区、养殖区、循环经济示范区、度假休闲旅游区（见图4-9）。

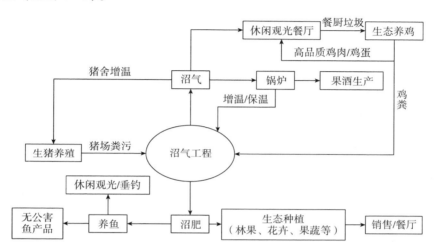

图4-9 以沼气工程为纽带的生态农业循环系统

四、效益分析

公司基地通过发展以沼气工程为纽带的生态农业循环模式，实现了各种功能资源间的互补和对废弃物的多层利用，促进了生态农林业的循环发展。已取得了较好的综合效益。

（一）社会效益

该公司基地的建立，为周边地区提供了新鲜、绿色的健康果蔬、禽畜产品。据2016年统计，全年共向周边市场提供了优质肉猪1000余头，生态草鸡5000余只，鲜鱼300千克，蓝莓鲜果及深加工产品100吨，景观树苗及盆景3000余棵。此外，在时令季节还开展了各种水果采摘体验观光活动，这些都丰富了周围城市百姓的精神生活，同时也带动了当地农民就业和周边经济的发展。

（二）经济效益

据2016年统计，全年生猪销售实现收益160万元；蓝莓鲜果产值500万元；花卉苗木产值50万元；开展休闲观光收益100万元；1200亩经果林节约用化肥、农药3万元；同时，猪场每年可节约污水达标处理费用2万元（每出栏1头生猪污水处理费按20元计算）；每年所产沼气用于园区生产和生活可节约用能折6万元。合计获直接经济收入821万元。

（三）生态效益

该公司基地沼气工程每年可生产沼肥4800吨，不仅能满足1200余亩经果林和蔬菜地用肥，还能够为鱼塘鲜鱼和莲藕提供充足的养料；通过使用沼肥减少了化肥、农药和水的使用量，年节约灌溉用水4000吨以上，减少污水COD排放4.5吨。同时由于沼肥自身经过了厌氧发酵的过程，杀灭了内含的病原菌，含有丰富氨基酸、维生素、多种微量元素等，施用更加安全多效，可有效保护生态环境，促进有机农业发展，保障农产品生产安全。另外，从土壤现状看，连续多年施用沼肥土壤团粒结构疏松，土壤有机质含量增加。同时沼气工程每年可生产沼气6万立方米左右，折合42吨标准煤，全部有效使用可减少排放109吨CO_2、1608千克SO_2。

案例3　贵州兴义市鸿鑫"猪—沼—菜—猪"循环农业模式

一、模式形成背景

兴义市鸿鑫"猪—沼—菜—猪"循环农业模式是兴义市鸿鑫农业发展有限责任公司利用生猪养殖场产生的粪污，在发酵罐加入生物酶和微生物，通过高温发酵处理，所产沼渣沼液制成沼肥，且全部用于公司蔬菜基地的蔬菜种植，蔬菜种植产生的废菜叶等废弃物用于生猪养殖，形成"猪—沼—菜—猪"生态循环农业模式（见图4-10）。

图4-10　公司基地现状

兴义市鸿鑫"猪—沼—菜—猪"循环农业模式项目位于黔西南州兴义市敬南镇，离市区 18 公里，是典型的喀斯特地貌，海拔在 1120～2028.5 米，是传统的农业大镇，全省一类重点贫困乡镇，有一类贫困村 3 个，二类贫困村 8 个，三类贫困村 1 个。全镇人口 36832 人，占地面积 156.01 平方公里，耕地 31590 亩，林业地 45495 亩，牧草地 20.9 公顷，以玉米、水稻、蔬菜、经果林、畜牧业为主，是全州玉米高产种植示范基地。

项目区具有发展无公害绿色精品蔬菜生产的有利资源条件，项目地平均海拔 1280 米，年均气温 16℃左右，年降雨量 1500～1600 毫米，基地距水源点 0.8 公里，地势平坦、土壤肥沃，适宜蔬菜生长，距兴义市区 10 公里，交通便利，蔬菜能够及时上市；周边无工矿企业，森林覆盖率高，生态环境较好，保证产品质量，也可以做到蔬菜周年生产；而且项目区由于城市的快速发展，当地的蔬菜种植不能满足市场需要，70% 的蔬菜要靠云南和广西等地运进，该项目发展具有很大的市场潜力。

项目实施企业贵州省兴义市鸿鑫农业发展有限责任公司位于兴义市敬南镇新坪村十里坪，属于兴义市现代高效农业示范园区，公司建有年出栏 5 万头的生猪养殖场，配套建设有 1000 立方米的沼气池和有机肥加工车间；蔬菜种植基地 3000 亩，配套建有育苗中心、检测培训中心、加工分拣中心、部分冷链设施、6 万平方米的蔬菜连体大棚；养殖产生的粪污通过沼气池和有机肥加工处理后，全部用于蔬菜种植，种植产生的废菜叶等用于生态黑猪养殖，不能用于养殖部分用于加工有机肥，实现种植和养殖的有机结合，达到养殖生产零排放的目的（见图 4－11、图 4－12）。

图 4－11 公司生猪养殖场

二、"猪—沼—菜—猪"模式示意图

"猪—沼—菜—猪"模式（见图 4－13）：以生猪养殖和蔬菜种植有机结合为主，将项目建设产生的废弃物（猪粪和生产污水）作为沼气发酵原料，经充分发酵后，生产高效有机肥和沼液，并作为生物肥料就近投入蔬菜种植基地，产生的沼气和电供周边农户和

图 4 – 12   有机肥发酵处理车间

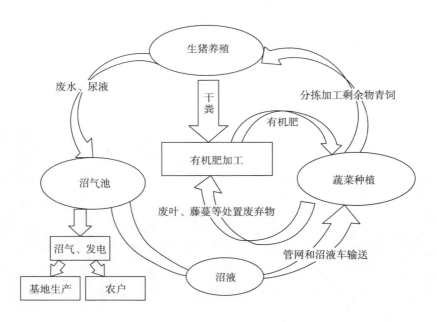

图 4 – 13   "猪—沼—菜—猪"种养殖循环模式

基地生产使用，同时分拣后的蔬菜残次品又可以作为养猪的青饲料，形成"猪—沼—菜—猪"的循环产业链，实现了污染物的"全消纳、零排放"。养殖废弃物 100% 再利用，有效保护和改善生态环境，实现农业经济可持续循环发展，既符合园区产业规划，又能真正实现高效、循环的产业模式，有利于兴义市高效农业示范园区建设，促进了农村经济发展。

三、配套措施

"猪—沼—菜—猪"种养殖循环模式配套技术体系：①生猪养殖环节的技术，尤其是无抗养殖，核心点是在生猪养殖过程中要控制抗生素、生长激素等药品和猪场烧碱消毒液的使用量，保证生猪养殖粪污微生物的正常生长。②沼气池的沼液处理技术工艺，与专业团队合作在沼气池的沼液处理上加入生物酶和微生物，加速沼液处理，降低沼液的COD浓度和氨氮浓度，确保沼液可以用于蔬菜生产（见图4-14）。③在有机肥加工技术方面的工艺，控制流程的水分控制、升温、翻堆及发酵剂的应用，确保腐熟充分，与专业团队合作加入生物酶、秸秆、木屑等辅料，水分控制在55%左右，升温发酵15~20天，腐熟彻底后才能用于蔬菜种植。④蔬菜种植管理技术上，企业经过三年多培育，已形成自有种植技术管理团队，管理层年轻化、行业经验丰富，并且还与台湾农渔会联合资讯中心形成长期的技术合作，对园区进行"规模化种植、标准化生产、商品化处理、品牌化销售、产业化经营"的现代化管理，在兴义市乃至黔西南州具有较强的竞争优势。⑤销售管理，公司采用创新的商业模式来运行"现代高效农业"，即立足80万~100万人口的区域城市市场，建设"能够提供无公害绿色蔬菜、自养殖肉类产品，以及农事体验与康养休闲旅游"的规模基地，借助信息化技术"实现智慧农业生产及创建OTO会员直接营销体系"以增加利润水平、保持适度扩张、促进持续发展。公司在以上5个方面已形成企业控制标准流程。

图4-14 养殖场沼气池处理（加生物酶）粪污

该项目在政策措施方面：项目运行中的大型沼气池由国家财政补助实施，其他基础设施部分由政府资金投入，运营资金主要由企业投入，种植和养殖规模配套运行，形成"猪—沼—菜—猪"种养殖循环模式的适度规模发展（见图4-15）。

图 4-15 蔬菜基地沼液喷施

该项目在运行模式方面：沼气池产生的沼气由公司免费提供给企业所在地村委，居民在使用沼气时由村委收取一定的管理费用，以确保项目运行；在废弃物的良性循环利用上，主要以种养殖规模的配套，生态农产品生产和农产品销售正常为有效保证；扶持企业在销售终端方面的体系建设，以农产品质量安全为保障，第一、第二、第三产业融合发展，从生产到加工、到服务融合，形成新农业产业服务生态体系，真正实现种养殖与"农事体验及康养休闲旅游"一体化的"种、养、加、销、旅"，实现第一、第二、第三产业的融合发展（见图 4-16）。

四、推广情况

鸿鑫农业"猪—沼—菜—猪"种养殖循环模式已推广种植区域涉及兴义市敬南镇和木贾办事处，推广面积 4000 亩，在木贾办的枫塘基地主要以沼液车和货车运输满足田间用肥（见图 4-17）。

图 4-16　蔬菜基地施用有机肥

图 4-17　西红柿喷施沼液 15 天前后比照试验

五、效益分析

（一）经济效益

鸿鑫农业"猪—沼—菜—猪"种养殖循环模式主要为公司内部生产循环利用，解决好公司生猪养殖产生的粪污，产生的沼气部分发电来满足沼气处理用电，部分提供给当地 93 户农户使用和基地冬季育苗升温用。沼液全部用于蔬菜基地生产，每亩土地节约化肥 1000 元，在种植上年节约成本 400 万元，取得了良好的经济效益。

（二）生态效益

该模式利用公司生猪养殖场产生的粪污，通过大型沼气工程和加入生物酶与微生物进行有机肥高温发酵处理，生产沼液和有机肥，全部用于公司蔬菜基地，蔬菜种植产生的废菜叶等废弃物用于生猪养殖。养殖粪污的综合利用，保护了生态环境，为市场提供了安全生态的农产品，取得了良好的生态效益。

（三）社会效益

由于黔西南典型的喀斯特地貌，山多平地少，企业又在敬南镇的海子村建设了年出栏1000头的生猪养殖和2万羽林下土鸡与精品蔬菜的小型循环发展模式，主要带动全村50余户建档精准贫困户和村委参与项目运行，利用公司的销售平台优势，解决空壳村和贫困户增收难题，并且通过示范带动，打造可复制的"鸿鑫循环产业模式"，在全市各乡镇推广，这样的模式既可依托独有的自然环境来生产安全绿色农产品，又能带动老百姓脱贫致富。

案例4 山西高平市玮源养殖专业合作社
"猪—沼—鱼、菜、菇"生态循环农业模式

一、项目概况

高平市玮源养殖专业合作社位于高平市野川镇东沟村，是集生猪养殖、沼气生产、鲶鱼养殖、蔬菜种植、蘑菇栽培等产业为一体的全循环生态种养基地。现有年出栏3000头的生猪养殖场，150立方米的小型沼气工程，日光温室5栋，春秋大棚10栋，保温鱼池600立方米，蘑菇生产车间250平方米。2016年，4个产品通过农业农村部无公害农产品认证。2017年，蔬菜、蘑菇实现农超对接。该社以沼气为中心，通过配套保温鱼池、沼气入棚管网、沼渣沼液输灌管网、沼液冲圈管网等设施，以及各种泵的遥控控制，实现了"三沼"在蔬菜、蘑菇生产上的综合利用和沼渣沼液养鱼、沼液喂猪、沼液冲圈、粪污产沼气的闭合循环，达到养殖粪污零排放，农业废弃物全利用的目的（见图4-18、图4-19）。

图4-18 沼气站外围

二、技术模式

（一）"三沼"综合利用技术

沼气主要用于供农户使用，以及用于饲料炒制和冬季温室大棚增温增肥（二氧化碳肥）。沼渣、沼液通过保温鱼池自然增温用于蔬菜浇灌和蘑菇培养料配制。沼液也用于猪舍冲圈，既杀灭蚊蝇，又节约养殖用水，冲圈水富含沼气发酵接种物，可以提高沼气产气率（见图4-20）。

图 4 - 19　合作社全貌

图 4 - 20　大棚沼气灯

（二）保温鱼池应用技术

用沼渣沼液喂养对生存水质要求很低、耐低氧的鲶鱼，就不需要另外投喂鱼食。增设1台增氧泵，既可以给鲶鱼增氧，又可以提高水中的溶氧量，避免了沼渣沼液曝氧过程与蔬菜根系生长争夺氧气，还可以起到搅拌的作用。通过保温，冬季池水温度可达14～15℃，夏季可达22℃以上。高温水浇菜特别是在冬季有利于蔬菜根系发育。高温水冲圈可以避免凉水刺激诱发猪感冒（见图4－21）。

图4－21　保温鱼池

（三）蘑菇生产技术

利用蘑菇培养料的适宜碳氮比（（30～33）∶1）与沼液的碳氮比（（20～30）∶1）十分接近的特性，利用沼液、沼渣浸泡配制秸秆原料制作菌棒，可以节省调配投入，而且操作简单，容易把控。冷风机的使用在夏季可以拉大昼夜温差，缩短蘑菇休眠期提高出菇率。生产后的废弃菌棒直接粉碎还田，为蔬菜种植提供了优质有机肥或用作冬季蘑菇生产的热源加以利用（见图4－22）。

图4－22　蘑菇温室

（四）饲料炒制技术

用沼液拌熟料（经过炒制）喂猪可以有效预防猪拉痢，减少抗生素的使用，改善适口性，生猪爱吃，增重快，毛色好，降低养殖成本，减少添加剂使用，提高猪肉品质。据测算，沼液熟料喂猪每头猪可节约 40 元兽药开支，节约饲料成本 150 元。

三、模式工艺流程图

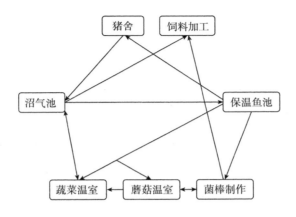

图 4－23　模式工艺流程

四、效益分析

（一）经济效益

高平市玮源养殖专业合作社沼气站年产沼气约 4.5 万立方米，沼气主要供农户使用以及用于饲料炒制和冬季温室大棚增温增肥，每立方米沼气 1.5 元，可获效益 6.75 万元，每年可以节约标准煤约 32 吨。每年仅节约肥料、农药、兽药、饲料、燃料就达 10 多万元，加上改善产品品质、增加产量所带来的收益约 5 万元，每年可增加收入 15 万元以上（见图 4－24）。

（二）生态效益

高平市玮源养殖专业合作社沼气站每年可以节约标准煤约 32 吨，减排 CO_2 约为 80 吨，减排 SO_2 为 1206 千克。沼气站生产的沼液可以用于冲圈，使生产用水实现了循环利用，大大节约了宝贵的水资源。通过循环利用，实现了猪场污染物的零排放，保护了生态环境。通过有机肥的大量施用，提高了土壤有机质含量，培肥了地力，实现了农田的持续利用。实现了"三沼"在蔬菜、蘑菇生产上的综合利用和沼渣沼液养鱼、沼液喂猪、沼液冲圈、粪污产沼气的闭合循环，达到了养殖粪污零排放，农业废弃物全利用的目的。

（三）社会效益

高平市玮源养殖专业合作社以沼气为纽带的种养结合模式，可以增加产品种类，延长产业链，降低生产成本，提高经营收入，有效规避了单一产品市场价格波动带来的市场风险，极大增强了企业抵御风险的能力和盈利的能力。通过为农户免费供气，提高了村民的生活水平，增进了猪场和村民的关系。

图 4-24　蔬菜大棚

案例 5　安徽濉溪县五铺农场沼气工程综合利用模式

一、模式形成背景

安徽省濉溪县五铺农场建于 1960 年，1999 年经县政府批准，以农场为母体组建安徽省大地种业集团，主要从事农作物种子引进、培育、试验示范和繁殖推广，现为省级农业产业化龙头企业。农场下设 8 个农业分场、农科所、种苗公司、检验室、科技园、沼气站、机防队等十余个单位。五铺农场拥有种子研发和原种繁殖田 5000 亩，生态循环农业科技园 2000 亩。总员工 700 人，其中在职职工 260 人。收入来源主要为小麦原种、大田作物、种猪、蔬菜、水果等农产品，年收入 6500 万元。

二、安徽濉溪县五铺农场沼气综合利用项目简介

养殖猪场属于濉溪县五铺农场，年出栏生猪5000头，猪饲料主要为农产品加工剩下的瘪碎麦豆和残次果蔬。五铺农场沼气工程属于农业部新增拉动内需项目，建于2009年，2010年投入使用。总投资390万元，其中央财政补助资金130万元，省财政配套15万元，县财政配套45万元，企业自筹200万元。

工艺流程：猪粪尿及冲洗水通过预处理后进入厌氧发酵罐（800立方米），日排粪尿及冲洗水30立方米，发酵工艺为CSTR，厌氧发酵后产生沼气进入储气柜（300立方米），沼气经脱硫脱水等净化处理后使用，五铺农场沼气工程内设沼液储存池。为保证沼气全年正常使用，每年12月到次年2月冬季锅炉加温。

濉溪县五铺农场沼气工程设计单位为安徽省农业工程设计院，施工单位为安徽永志环能科技有限公司（见图4-25）。

图4-25 五铺农场沼气站

沼气和沼肥用途：沼气主要用于农场职工和食堂炊事用能，集中供气320户；沼液用途：一是通过管道输入生态循环农业科技园，有蔬菜大棚、果园、藕池、鱼塘等（见图4-26）；二是采用管道或罐车运输喷浇到良繁田（见图4-27、图4-28）；三是采用沼液喷洒车给小麦叶面喷肥，有时再加入必要的杀虫防病药剂。沼渣烘干制作有机肥，供应小麦原种生产田、设施大棚、采摘园、鱼塘、中药田。本沼气工程自2010年10月投入使用以来，一直正常使用。

图 4 - 26   沼液输送管道

图 4 - 27   沼液浇灌车

图 4 - 28   浇灌沼液的良繁田

沼气工程运行管理情况：五铺农场沼气工程由 3 位专人负责，每年初，农场与管理人员签订工作目标责任书，年终进行考核，工作业绩与薪酬挂钩，平均年薪 5 万元，属当地中上水平，高于一般从事种养殖人员，有利于稳定沼气人员队伍和调动其工作积极性。

三、效益分析

（一）环境效益

该养殖场未建设沼气工程前，养殖粪污直接排入河塘，造成水质发黑变臭，蚊蝇滋生，污染了水源，也严重影响了职工及周围群众的身心健康，建设沼气工程后，通过加强管理，不但处理了猪场粪污，也改善了环境，年产1万余吨沼肥，实现了零排放。

（二）生态效益

五铺农场以沼气为纽带，积极推广"猪—沼—菜""猪—沼—果""猪—沼—粮"等多种生态循环农业模式，大力发展生态循环农业。土地施用沼肥后，土壤有机质大量增加，改善了土壤的团粒结构，土质明显松软，不但提高了抗旱保苗的能力，增强了土地肥力，而且有效减少了由于大量施用化肥农药残留在农产品中的有害物质，产出的农产品实现有机绿色认证。初步调查施用沼肥后土壤保水率提高0.7%、有机质提高0.5%、蚯蚓单位体积（立方米）增加1条（见图4-29）。

图4-29 生态循环农业示范区

（三）经济效益

该沼气工程年产沼气36万立方米，按1.5元/立方米计，年收入54万元；年产有机肥1万余吨，按80元/吨计，年收入80万元。另外，可节约化肥费用，同时沼肥对农产品品质明显提高，农产品销售总收入可提高20%~30%。

（四）社会效益

五铺农场沼气站产的沼气大部分免费提供职工使用，既提高了职工福利待遇，又增进了职工与农场关系，促进了社会和谐。另外，职工利用沼气，改变了原来做饭烟熏火燎的环境，干净卫生，提高了生活质量。

五铺农场生态循环经济圈建设，实现了"九节一减二增"，即节地、节水、节肥、节药、节种、节电、节油、节煤、节粮、减少从事一线的职工、增加第二、第三产业工作岗位。从单一农业生产功能向经济、文化、旅游等功能转变，全面提高农业和农村经济整体素质和效益，走可持续发展的道路，提高农业的竞争力。

四、安徽濉溪县五铺农场沼气工程生态循环模式评价

（一）优势

1. 促进生态循环农业可持续发展

五铺农场养猪场产生的粪污及冲洗水进入厌氧发酵池，厌氧发酵后产生的沼气用于猪舍保温、集体食堂及职工生活用能，沼液通过管道或抽渣车用于蔬菜、果树及大田作物。沼渣作为有机肥施用麦田、果园等，实现沼肥零排放，其生态循环路线见图4-30。

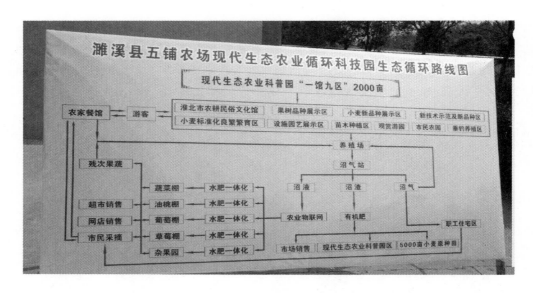

图4-30　安徽濉溪县五铺农场现代生态农业循环科技园生态循环路线

传统养殖场饲养方式以配方饲料为主，而本养殖场饲养以水果残渣或次品为主，沼肥中重金属往往来源于饲料中的各种添加剂，因此，五铺农场沼气工程为种植农产品提供了更优质的沼肥，为生态循环农业发展发挥了积极促进作用。

2. 增加五铺农场职工收入

五铺农场沼气工程因沼气免费提供农场职工使用（见图4-31），沼肥免费提供种植果蔬的农场职工使用，因此，沼气工程直接经济效益没有明显体现，间接经济效益是为职工增加福利和增加收入，提高职工工作积极性。

3. 提升农产品品质

过多施用化肥会造成土壤板结，导致土壤中有机质活性降低、肥力下降，同时，在制造化肥的矿物原料及化工原料中，含有多种重金属放射性物质和其他有害成分，它们随施肥入农田，给土壤造成污染。由此造成农产品硝酸盐和重金属污染，严重影响农产品质量与安全。

图4-31　沼气集中供气到农场职工住处

底施沼渣、浇灌沼液，满足蔬菜、果木生长发育的各种营养需要，实现了健康栽培、少得病、少用药、绿色防控，果蔬产量高、品质优。产品个头大、色泽艳、口味醇厚，成为安全放心食品。五铺农场施用沼肥的蔬菜水果，不少品种已经通过无公害农产品认证，其品质得到社会认可（见图4-32）。

因此，施用沼肥可以有效改善土壤结构，实现农业无公害生产，提升农产品品质，确保农产品质量与安全。

图4-32　沼肥综合利用

（二）该模式推广必备条件

1. 具备足够消纳沼肥的土地

根据《畜禽粪便还田技术规范》（GB/T25246—2010）、《畜禽粪便安全使用准则》（NY/T1334—2007）规定，畜禽粪便还田限量以生产需要为基础，以地定产，以产定肥。根据猪的氮排放量估算，每亩农作物（小麦、水稻、玉米）每茬可以承受两三头猪的沼渣沼液，每亩果园、菜地分别可承载2～5头猪的沼渣沼液。由此估算，年出栏5000头的猪场，其沼肥全部采用还田模式处理，需要1000～2500亩消纳。而五铺农场有原种繁殖田5000亩，生态循环农业科技园2000亩，足以消纳五铺农场沼气工程产生的沼肥。

2. 拥有较强的沼气工程管理团队

"三分建、七分管"，重视建后管理是保持沼气工程正常运行的前提，而沼气工程管理团队是沼气工程正常运行的重要保障。沼气工程管理团队包括领导小组和技术管理人员。沼气工程的技术管理人员必须具备较强的业务素质和较高的技术服务水平，能根据故障判断出原因，提出解决措施，并具备一定的实践经验和操作技能。

3. 落实沼气工程运行的资金

沼气工程正常运行需要经费支持，目前中央资金主要用于建设补助，后续运行尚无资金补助，就沼气工程本身而言，很难维持正常运行。因此，需要多方落实沼气工程运行费用，一方面争取终端产品列入财政补助，另一方面通过施用沼肥提升农产品品质，增加农产品销售收入，获得部分沼气工程运行的资金。

案例6 山西沁县海洲有机农业循环产业园"畜—沼—肥"生态循环模式

一、项目概况

沁县海洲有机农业循环产业园位于山西省沁县段柳乡段柳村，园区建成了集牛羊养殖、蔬菜种植、林木育苗、饲料加工、有机肥生产销售、农副产品加工销售为一体的有机农业循环产业园。产业园养殖区主要以养殖育肥肉牛、羊为主，年出栏500余头；产业园种植区玉米种植350亩、林木育苗120亩、蔬菜大棚120亩、联动育苗棚7000平方米（见图4-33）。

图4-33 联动温室大棚、育苗棚

为有效解决养殖场对周围环境的污染问题，发展清洁能源，满足段柳村民做饭、照明用气，公司于 2012 年投资 300 余万元建成了 800 立方米大型沼气工程，主要采用 CSTR 工艺，以牛羊粪、尾菜、秸秆等为原料，产出的沼液、沼渣用作基肥和生产有机肥销售，形成了以沼气为纽带的"畜—沼—肥"生态循环模式（见图 4 - 34、图 4 - 35）。

图 4 - 34　沼气站及设施设备

图 4 - 35　养殖区全景

二、技术模式

（一）原料预处理和秸秆利用技术

粪污收集后存放于透光密闭的阳光板棚内，用沼液统一喷洒，经高温发酵15天后方可进入沼气发酵罐。原料进入发酵罐时，要以5:2的比例将粪污与秸秆、尾菜混合，在发酵罐内正常发酵3~5个月后更换（见图4-36）。

图4-36　太阳能增温

（二）"三沼"综合利用技术

沼气主要用于农户、园区生活用能；沼液存放于沼液储存池，通过输送管道7天浇一次大棚菜，有效预防作物病害，延长生长期，增加蔬菜产量；沼渣清出发酵罐后，运送到有机肥生产车间，待脱水后按照沼渣与配料3:7的比例制成有机肥。

（三）推广沼渣有机肥育苗技术

公司在精选苗种基础上，利用沼渣所生产的有机肥，采用一料一容器和立体育苗技术培育出优质的苗种，主要供应沁县的蔬菜种植户。

三、模式工艺流程图

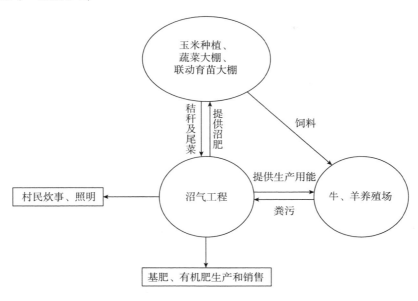

图 4 - 37　模式工艺流程

四、效益分析

（一）经济效益

海洲有机农业循环产业园大型沼气站收入主要以沼气、沼液、沼渣的使用和销售为主，沼气产出后主供园区锅炉用气、有机肥烘干、冷暖棚照明、职工食堂用气，园区内部免费使用，周边农户沼气零售价为 1.85 元/立方米，年均销售收益 15 万元；沼液每年生产约 1.26 万吨，主要供园区内部大棚和承包地等的使用，对外销售为 10 元/吨，年收益约 12.6 万元；沼渣每年生产约 240 吨，沼渣产出后全部用于生产有机肥，年生产有机肥约 750 吨，年收益约 20.4 万元，沼气站年收益约 48 万元。

（二）生态效益

该工程以畜禽粪便、尾菜和农作物秸秆等为原料，通过厌氧发酵产生沼气、沼渣、沼液，一方面为集中供气户提供了可再生清洁能源，每年节约标准煤 57 吨，减排 CO_2 145 吨，减排 SO_2 2170 千克。

（三）社会效益

沁县海洲有机农业循环产业园以牛羊粪、尾菜、秸秆等为原料，产出的沼液、沼渣用作基肥和生产有机肥销售，形成了以沼气为纽带的"畜—沼—肥"生态循环模式。不仅有效解决了养殖场对周围环境的污染问题，发展了清洁能源，满足了段柳村民做饭、照明用气，还带动了园区联动大棚育苗发展和周边区域农户种植无公害农产品，提高了农产品的质量，增强了市场竞争力，加快了农业增效、农民增收的步伐。

案例 7　山西永济市超人奶业有限责任公司"牛—沼—蓿"热电联产生态循环模式

一、项目概况

山西永济市超人奶业有限责任公司位于永济市城西街道任阳村南,成立于 2001 年,公司以奶牛养殖为核心,建设了"牛—沼—蓿"热电联产生态循环模式产业链(见图 4 - 38 ~ 图 4 - 41)。

图 4 - 38　养殖示范基地牛舍

图 4 - 39　养殖基地外景

图 4 – 40　沼气发电机

图 4 – 41　沼气站全景

（一）建设标准化生态养殖基地

养殖示范基地存栏荷斯坦奶牛1450头，成年母牛750头，坚持奶牛标准化养殖，通过优质安全饲料、精细化饲养管理、参加DHI测试、严格疫病防控、程序化的质量检测等措施，对自产和收购的饲草料在使用前进行黄曲霉素、三聚氰胺和营养成分检测，对库存产品10天进行一次检测，确保饲草料质量，有效保证了牛群健康和产品质量，所生产的生鲜牛乳超过欧盟国家收购标准，泌乳牛年单产10吨，牛奶乳脂率达4.0%、乳蛋白3.2%以上，体细胞10万左右，细菌总数2万以下。

（二）实现养殖场粪污无害化处理

粪污综合利用是以养殖业为核心的农业循环经济的关键环节，公司养殖场配套建设了600立方米厌氧发酵塔、300立方米储气柜的大型沼气工程，工程总投资371万元（见图4–42），其中：中央预算内投资资金130万元；省煤炭可持续发展基金37万元；省级其他资金37万元；市级配套投资12万元；单位自筹155万元。

图4-42　沼气锅炉

（三）建设优质饲草料基地

将养殖业与种植业有机地连接在一起，利用牛粪、沼渣、沼液生产高效有机肥，培肥地力。有优质的饲料才能保证奶牛生产出优质健康的牛奶，从2007年开始种植饲草料，目前建立苜蓿饲草料种植基地3000亩，实现了播种、施肥、除草、灌溉、收获全程机械化作业。运用收割压扁、摊晒使苜蓿田间快速脱水、茎叶同步干燥、快速打捆等关键设备和技术，提高苜蓿的生产效益及产品质量，亩产苜蓿干草达1吨以上。同时，带动周边农户发展饲草料种植8000亩，利用机械化青贮机收割，提高了生产效率，缓解了劳动力匮乏的问题，把农民从高强度的体力劳动中解放了出来。

二、技术模式

该沼气工程将牛舍所有粪污经机械清粪后，再通过管道经二次水冲流入厌氧发酵池，通过沼气发酵对牛场清洗的污水及部分粪尿进行处理，杀灭了粪污中存留的有害病原物，减少了对环境的污染。沼气经过脱硫净化后用于发电、生活用能、挤奶厅等取暖及热水供应，节约了生产能耗，降低了生产成本。厌氧发酵产生的沼渣、沼液是优质的肥料，是生产无公害饲料及其他农作物的基础肥源，供应周边农户及公司饲草料、大棚蔬菜基地。该模式做到了牛场粪污减量化排放、无害化处理、资源化利用，将养殖场打造成为资源节约、生产高效、质量安全的健康养殖场（见图4-43）。

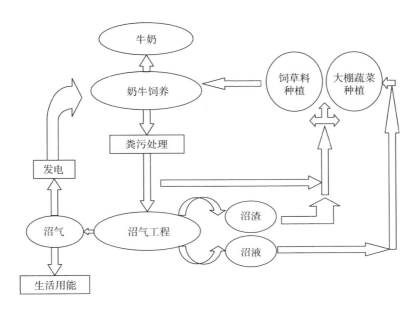

图4-43　工艺流程

三、效益分析

该沼气工程日处理粪污30吨，日产气量600～800立方米，日发电600余度，发电主要用于养殖场照明、牛舍空调、电扇、挤奶设备等使用，用电按每度0.5元计算，每天节约电费300元，年可节约电费10万多元；另一部分用于沼气热水锅炉清洗设备、挤奶厅冬季取暖，每天用量约200立方米，每立方米按1元计算，每天节约200元，年可节约7.2万元，沼气发电、热水锅炉的使用每年共计节约费用17.2万元。

沼气站每年可以节约标准煤约150吨，减排CO_2约375吨，减排$SO_2$5628千克。年产沼肥1万多吨，1/3免费供应周边农户；2/3用于公司3000亩首蓿种植基地（见图4-44），平均亩产由原来的900千克干草增加到现在的1000千克，增产100千克，每吨按2000元计算，每亩增加销售收入200元，3000亩增加收入60万元。通过沼肥利用，可减少化肥施用量30吨（尿素1660元/吨；磷酸二铵2460元/吨），年可节约肥料费用达6万元，通过沼气粪污发酵综合利用，建设"牛—沼—首蓿"热电联产生态循环模式，实现了经济、生态、社会效益的统一，达到了生产、生活、生态和谐共赢的目的。

图4-44 施用沼肥的苜蓿种植基地

三、种养结合生态自循环模式各地的经验启示

（一）发挥沼气纽带功能，助推生态循环农业发展

沼气在种养结合生态循环经济模式中起着十分重要的纽带作用，上联养殖业，下促种植业，提供优质沼渣、沼液，提高种植业和养殖业的产出效益。在我国各地不断涌现类似于"安徽焦岗湖农场猪—沼液—稻（麦、菜、果）模式"的生态农业自循环模式，这逐渐成为我国农村经济发展的突出亮点。此类模式将规模养殖场牲畜粪便作为沼气原料，既保证沼气发酵原料的充足供应，又解决养殖场环境污染问题，还可提升规模种植的农产品质量，促进增产增收，形成三方互动的产业协调发展态势。因此，应当大力鼓励条件适宜的养殖场、种植场业主建设沼气工程，助推生态农业发展。

（二）加强宣传培训，夯实发展基础

充分发挥宣传机构和新闻媒体的舆论导向作用，加大对沼气工程建设新技术、新模式和新经验的宣传力度，扩大影响范围，调动广大基层干部和农民的积极性。在新闻媒体刊发播放沼气工程连接生态循环农业建设的宣传报道和技术讲座，努力使基层干部群众掌握政策、了解技术，不断提高广大农民群众参与生态循环农业建设的主动性和积极性。开展不同形式、不同层次、不同内容的技术培训，强化技术队伍的培训和管理，不断提高设计、施工和管理操作人员的整体素质，促进生态循环农业持续、健康发展。

第五章　养殖场粪污沼气化处理模式

一、模式介绍

据统计，2017 年我国大牲畜年底头数是 9796.61，年底饲养有 9038.75 万头牛，30231.67 万只羊，44158.92 万头猪，如此庞大的畜禽规模，其饲养过程必然会产生大量的畜禽排泄物，这些畜禽粪污如果得不到有效的处理，势必对我国生态环境造成严重的破坏。因此需要对规模养殖场周边的养殖场粪便和污水进行收集，通过建设适宜规模的沼气工程，对畜禽粪污进行高浓度厌氧发酵，并综合利用"三沼"产品。所产沼气可以供养殖场自身用能，也可以供应周边农户，或者发电上网、提纯生物天然气；沼渣可用于生产有机肥出售或无偿提供给种植业主；沼液可用于种植土地的水肥一体化系统，也可以深度处理达标排放和养殖场循环利用。

随着我国畜禽规模养殖环评制度的逐步完善和畜禽养殖污染监管力度的不断加大，将进一步依法对畜禽规模养殖场进行环境影响评价，加强畜禽养殖信息化管理，完善监督监管体系，建立健全畜禽规模养殖场直联直报信息系统，对畜禽养殖中产生的废弃物种类、数量、综合利用、无害化处理以及向环境直接排放的情况实行登记备案。在监管治理的同时，加快畜禽粪污能源化、资源化利用显得尤为重要，特别是深入推进畜禽粪污沼气转化利用，科学规划、布局建设各类沼气工程，推进畜禽养殖沼气工程建设，不断提高养殖场（小区）沼气工程配套率，综合考虑沼气工程中沼渣、沼液产量和种植业基地消纳能力，做到养殖场粪污厌氧—好氧化处理，生产消纳平衡。

养殖场粪污沼气化处理模式下的沼气工程的建设主体主要为养殖场经营者，该沼气工程的规模以大中型为主，因为这类养殖场的规模普遍不小，每天都会产生大量的畜禽粪便和污水，处理工作量和难度相对较大，同时养殖场业主建设沼气工程不以追求沼气和沼肥的产量为主要目的，沼气工程的重点是解决粪污达标排放问题。该模式下的沼气工程所产的"三沼"主要被养殖场自身或周边消纳，沼气主要用于养殖场自用，或者供应周边农户；沼渣自用，或者加工为有机肥出售；沼液用于周边农田或者处理后进入养殖场再循环利用，也有进行污水处理达标排放的情况。

二、典型案例及效益分析

案例1　安徽歙县连大生态农业科技有限公司"猪—沼—果（花、菜、茶、粮）"模式

一、模式形成背景

歙县连大生态农业科技有限公司位于安徽黄山市歙县郑村镇，20世纪90年代初创建，公司养殖区占地60亩，猪舍建筑面积2.8万平方米，采用现代化养殖技术和设备，从饲料生产到投喂全程自动化，是一家集"智能化生猪养殖，饲料加工，沼气发电，猕猴桃、花卉种植"为一体的现代农业科技示范园，年出栏育肥猪1万头。固定资产总投资5000万元，现有职工20余人。近年来，公司以"低能耗、低污染、低排放、高品质、高效益"为主攻方向，以沼气为纽带，以生态种养结合为手段，基本建成"猪—沼—果（花、菜、茶、粮）"绿色低碳循环体系。

二、沼气工程项目简介

（一）沼气工程建设、运行情况

该公司于2009年、2015年先后两期投资685万元，建成沼气厌氧发酵罐2200立方米、湿式储气柜1000立方米及沼气净化设施（见图5-1），购置180千瓦全燃沼气发电

图5-1　歙县连大沼气工程主体

机3台（套），总装机540千瓦；配套建设了一座5500立方米柔性黑膜"盖泄壶"式沼气池，作为二级发酵兼储肥；一座污水净化处理设施，处理多余污水；正在建设一座以秸秆和沼渣液为主要原料的大型有机肥发酵生产车间，设备已安装，即将投入试生产（见图5-2）；并在全省率先配备沼气智能化监控系统的大型沼气发电工程。猪舍采用全封闭雨污分离，日处理粪污60吨，年产沼气54万立方米，主要用于发电，日发电1200度左右。2016年全年发电达100万千瓦时（见图5-3），产沼液肥15500吨，沼渣2000吨。沼气工程自建成后多年来一直保持着正常运行。

图5-2 秸秆沼肥混合有机肥发酵生产车间

图5-3 沼气发电机房

（二）沼肥的应用

为消纳沼气液肥，猪场现有400多亩猕猴桃园和园林花卉苗木等，全部采用地下主管道和地上管网进行沼液滴灌及水肥一体化施肥，效果良好。多余的沼肥免费提供给周边地区1400亩茶菊园和葡萄基地及附近的蔬菜基地。沼渣液从大型沼气厌氧发酵罐排出经固液分离沼液进入后续的黑膜"盖泄壶"式沼气池进行二次发酵并存储，进一步降解剩余有机污染物；为了确保"零污染排放"，2016年公司又投资437万元新建一套污水深度处理设施，以在用肥淡季对多余的沼液和污水进行深度净化处理。沼液出水进入调节池，用泵提升至气浮进行渣水分离，气浮上清液出水流入曝气池好氧曝气，通过活性菌种降解污染物，处理后的水可以达到灌溉水排放标准用于冲洗猪舍等（见图5-4）。经固液分离的沼渣进入叠螺机压片后做基肥还田利用。

图5-4 污水净化系统

（三）创立产品品牌

该公司在强化农畜产品产前、产中和产后质量安全管理的基础上，对生猪、猕猴桃申报无公害农产品和绿色食品认证，注册了"星大"（畜产品、饲料）、"徽翠"（猕猴桃）两个商标。产品畅销省内外，与浙江华统肉制品股份有限公司签订了长期购销协议，产品质量好，供不应求。

三、效益分析

（一）社会效益

连大生态农业科技有限公司养殖、种植基地的建设，多年来为社会提供了大量农副产品，丰富了城乡居民的菜篮子。仅2016年，该基地就出栏优质肉猪1万头，猕猴桃280吨。在直接向市场提供畜产品的同时，每年生产饲料200吨，为周边地区的养殖业发展提供了良好的服务。

在2009年沼气工程建成之前，仅养殖肉猪，且生产规模较小。沼气工程建成后，养猪数量和质量逐年提高。尤其是2015年第二期沼气工程建成运行后，解决了因养殖规模扩大带来的环境污染问题，生产规模显著上升。据2016年统计，沼气工程年产沼气54万立方米，可折合378吨标准煤，发电100万度。据测算，全年节约生产生活用煤20吨，节约购电100万度。沼液、沼渣作为有机肥料种植猕猴桃（见图5-5）、花卉等，每年节约化肥总计约10吨。同时，随着养殖、种植生产规模的不断扩大，公司吸纳本村的劳动力逐年增加，解决了部分社会劳动力的就业问题。另外，每年还无偿向周围茶、菊、菜、粮种植户提供大量沼肥，减少了化肥、农药施（使）用，带动了周边生态农业的发展，得到了当地农民的普遍称赞和欢迎（见图5-6）。

图5-5　采取管道自动施用沼液的猕猴桃园

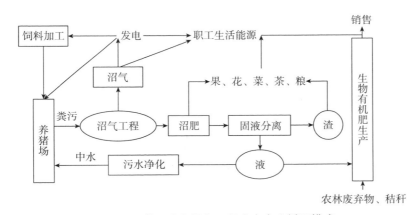

图5-6　歙县连大沼气工程生态农业循环模式

（二）经济效益

沼气工程的经济效益主要体现在它对公司养殖业、种植业、加工业等经济效益的带动上。自2010年沼气工程建成以来，该公司经济效益逐年增长，2016年增收节支总收益为926万元。其中：①养猪场每年节约污水处理费用14万元（每出栏一头生猪污水处理费按14元计算）；②现代化养猪场每年节约用电100万度，减少开支50万元；

③施用沼肥，种植 400 亩猕猴桃，节约化肥、农药费用 1 万元；④猕猴桃总产达到 280 吨，每公斤平均售价 12 元，合计 337 万元；⑤年生产销售生物质肥可实现收益 525 万元（17500 吨×300 元/吨）。2016 年比 2010 年的产值和利润分别增长 200% 和 60%。

（三）生态效益

该公司每年沼气工程可产生沼肥 17500 吨，它不仅能满足本公司 400 余亩经果林和蔬菜地用肥，还能够为周边农户 1400 亩蔬菜基地、茶菊园等免费提供沼液肥；通过使用沼肥减少了化肥、农药和水的使用量，据测算，年节约灌溉用水 15500 吨以上，减少污水 COD 排放 16 吨左右，可减少 CO_2 排放 990 吨、SO_2 排放 14.5 吨。

该公司以养殖业为基础，以沼气工程为纽带，以种植名优农副产品为抓手，开展资源多层次循环利用，不仅改善了本公司养殖业生产环境，也改善了周边农村生态环境，取得了显著的生态效益，有力地促进了歙县郑村镇现代生态农业产业的发展。

案例 2　黑龙江伊春格润公司寒地沼气综合利用模式——"场口气站模式"

一、伊春格润公司寒地沼气综合利用模式（场口气站模式）

（一）沼气工程简介

伊春市格润生态养殖有限公司大型沼气工程采用芬兰 Metener 公司先进的全混式机械搅拌、高浓度厌氧发酵工艺，此工艺的使用可极大提高高寒地区沼气产气率。同时，为提高沼气的使用效率，公司从芬兰引进了沼气提纯罐装设备，对沼气进行提纯罐装，可为交通工具和周边农户提供用气。项目主要建设 400 立方米 CSTR 厌氧反应器 2 座，1500 立方米二次厌氧反应器 1 座，温室 2 座，4000 立方米氧化塘（兼做鱼池），沼气提纯罐装车间，1100 立方米储气柜，配套脱硫、脱水、污水处理、控制、换热、增温、进出料、输配、包装等设施。

项目于 2010 年 6 月底竣工，投产后，日产沼气 2000 立方米、日产沼渣 3.5 吨、日产沼液 66.5 吨。沼渣、沼液主要供果园和菜地作为固体和液体有机肥使用。通过该沼气工程的建设，不仅处理了猪场的粪污，净化了周边环境，同时通过沼渣的施用，生产绿色有机食品，降低化肥施用量，使生态养殖走上能源、生态和环境保护的良性循环轨道，废弃资源的梯级利用、无害化处理、绿色能源、有机肥生产，进一步促进农村循环经济的可持续发展，并最终达到区域内畜禽场粪污的"零排放"。

（二）建设背景

伊春市格润生态养殖有限公司是进行原种猪及商品猪生产经营的现代化企业，于 2004 年秋建设，2005 年建成。猪场占地 3.4 万平方米，建有标准化猪舍 1.2 万平方米，现存栏"英系长白"、"加系大白"、美国纯种"杜洛克"等各品种基础母猪 500 头，建有种猪群繁育体系和商品猪繁育体系，年向社会提供优质种猪 3000 头，商品猪出栏 1.2 万头。同时，为重视品种改良，建有猪人工授精技术站，每年提供采精 3 万头份。带动全市的生猪养殖业发展。

近些年来，随着农业产业结构调整的深入和区域经济主导产业的形成，格润生态养殖有限公司有了较大的发展，然而，随着企业的发展，环境卫生越来越成为困扰企业发展的突出问题，尤其是污水和粪便对周边土壤、空气和水体的污染越来越严重，严重影响了企业形象和企业进一步发展、建设大型沼气工程，改善周边生态环境，形成以沼气为核心的循环经济已势在必行。

二、项目建设的必要性

（一）保护生态环境，促进生态文明建设

随着黑龙江省"两牛一猪"政策的大力实施，黑龙江省养殖业的规模逐年扩大，并将持续发展。养殖业每年产生的粪污超过 3 亿吨，这些粪污并未得到有效的处理，长期污染环境、危害人类健康。同时，黑龙江省作为农业大省，农作物秸秆资源十分丰富，每年总量超过 7000 万吨，超过 25% 的秸秆资源在田间地头直接焚烧，造成环境、大气污染严重，影响人民生活和健康水平。养殖业和种植业的废弃物的处理问题日益凸显，对黑龙江省的能源安全、环境质量、人民生活和健康水平等多方面造成了严重影响，作为衡量全面建成小康社会的显著标志，实现广大农村地区用能的清洁化及可持续化发展意义重大，受到了黑龙江省高度重视。据测算，建设 1 处 5000 立方米池容的规模化大型沼气工程，每年可消纳 3 万吨粪便或 0.6 万吨干秸秆，可减少 COD 排放 1500 吨或颗粒物排放 90 吨。因此，发展沼气产业，能够有效处理农业农村废弃物、减少温室气体排放和雾霾产生、改善农村环境"脏、乱、差"状况等，留住绿水青山。

该项目以猪场粪污和周边秸秆为原料，利用高效厌氧发酵技术制备沼气能源，彻底地解决了养殖场粪便和周边废弃秸秆对环境污染的问题，把粪便和废弃秸秆进行科学合理的处理，有效地控制了格润生态养殖场的污染源及附近种植基地的废弃秸秆的资源浪费，实现了以沼气工程为纽带的能源、肥料、环境、碳排的一体化解决方案，促进了地区生态文明建设。

（二）推动无公害化生产，保障农业供给侧改革

农业供给侧结构性改革的关键是"提质增效转方式、稳粮增收可持续"。为市场提供更多优质安全的"米袋子""菜篮子"等农产品，是农业供给侧结构性改革的重要抓手。目前黑龙江省大田作物播种面积 24.82 亿亩，亩均化肥施用量 21.9 千克，远高于世界平均水平（每亩 8 千克），是美国的 2.6 倍，是欧盟的 2.5 倍。蔬菜亩均化肥施用量 46.7 千克，比美国高 29.7 千克、比欧盟高 31.4 千克。化肥的过量施用，增加了生产成本，导致了土壤板结、地力下降、土壤和水体污染等问题。沼肥富含氮磷钾、微量元素、氨基酸等，可以替代或部分替代大田作物和蔬菜化肥施用，能够显著改善产地生态环境，生产包括大田作物、水果蔬菜茶叶在内的优质农产品，提升产品品质，有效满足人们对优质农产品日益增长的旺盛需求。据测算，建设 1 处日产 5000 立方米沼气的规模化沼气工程，每年可生产沼肥 10000 吨，按氮素折算可减施 430 吨化肥，沼液作为生物农药长期施用可减施化学农药 20% 以上。因此，发展沼气能够实现化肥、农药减量，推动优质绿色农产品生产，保障食品安全。同时，沼气的生产主要是利用各种有机废弃物，规避了影响粮食安

全的担忧。沼气作为生物质能源产品，和其他基于粮食原料的生物质能源有着本质的区别，它不但不会竞争农地和粮食，而且是循环经济的一个重要手段。特别是沼气的产业化水平近年逐步提高，高品质的沼气完全可以替代部分天然气。

（三）推动清洁能源发展，拉动区域经济发展

据统计和测算，黑龙江省每年可用于沼气生产的农业和养殖业废弃物资源总量超过2亿吨，可产生物天然气104.8亿立方米，可替代约1247万吨标准煤，产生3275万吨生物肥料，生物天然气直接收益可达393亿元，肥料直接收益327.5亿元，可显著带动黑龙江省经济发展。黑龙江省天然气价格维持高位，随着技术发展，未来沼气的价格优势将得到凸显，一旦沼气的商业利益得到广泛关注，那么会有越来越多的企业进入到这个行业，沼气的产业化会被主动推进，高品质的沼气将会更受青睐，会拥有更广大的市场。因此，发展沼气产业，可降低黑龙江省煤炭消费比重、填补天然气缺口，进一步优化能源供应结构。

三、工程建设规模及内容

伊春格润沼气项目建设用地1923平方米，预混池10立方米，厌氧发酵罐800立方米，平板滤池50立方米，储液池1000立方米，控制室100平方米，锅炉房25平方米，提纯罐装车间150平方米，储气柜池200立方米，以及沼液利用系统及相应的配套室外工程。

该项目达产后日生产沼气约750立方米，日处理鲜粪和污水约30吨。该项目以沼气为核心，通过利用猪场污水和固体粪便生产沼气和有机肥，并利用沼气提纯罐装；沼渣、沼液用于有机种植，达到猪场废弃物的无害化、资源化、减量化的目标；通过生产可再生能源缓解农村能源供需矛盾，降低不可再生能源的消耗；使项目区走上能源生态可持续发展的良性循环轨道，极大地促进了农村经济的可持续发展。沼气工程从根本上改变传统的粪便利用方式，促进物质高效转化和能源高效循环，提高资源利用率。并使其上连养殖业、下承种植业，促进农业种养一体化。通过沼气工程的建设，形成以沼气为纽带发展循环经济，建立节约型社会的有效途径。

四、工艺选择

根据伊春市格润生态养殖有限公司的基础资料以及能源环保型与能源生态型工艺要求和特点，确定沼气工程选择能源生态型工艺技术方案。选择能源生态型的生产工艺的原因，是由于其具备以下优势：

（1）该建设项目产生的沼气提纯后罐装，用于周边农户用气，因此，沼气不存在市场问题。

（2）沼气工程建设点位于黑龙江省伊春市上甘岭区，有2.2万亩有机种植基地，同时建设沼液储存池800立方米，保证了沼液能够完全被消纳。

（3）选择该工艺技术方案经济合理，有利于节约项目投资金额，降低运行费用，提高综合经济效益。

（4）该项目采用的沼气提纯罐装设施，全部采用芬兰进口设备，设备性能稳定，实

现分级提纯，且回收率高。

五、技术路线

猪场粪污通过排水沟自流汇集到集水池，集水池前设置两道格栅，用来清除粪污中较大的杂物。集水池内设一潜水泵，定时按照工艺要求将粪污输送到厌氧发酵罐。公司鲜粪经装卸车运至厂区，通过上料系统投入沼气池内，为使厌氧发酵罐的温度保持在35℃，在厌氧发酵罐内设置温度传感器，可通过传感器的温度变化控制厌氧发酵罐的换热量。厌氧发酵罐内沼液自流入平板滤池，其滤液流入调节池后进入储液池。干化的沼渣直接作为基肥用于蔬菜生产。厌氧发酵罐产生的沼气经脱硫、脱水等设备净化后储存于储气柜，沼气罐装供周边农户用气（见图5-7）。

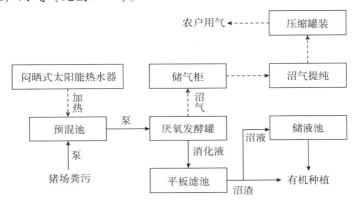

图5-7　伊春市格润生态养殖有限公司沼气工程工艺流程

六、分系统概述

（一）原料预处理/进料间

根据寒区环境特点，预处理/进料间采用全封闭房屋模式，砖混结构，墙体保温，循环供热，冬季温度维持在零上4℃。预处理池位于房屋中心，全地下设计，内置搅拌、进料、传输系统单元，可实现原料的预混、前期均质、原料预加热灯功能；同时，进料路线完全自动化，通过使用PLC自动控制系统实现，对于固定的进料模式通过开始、正常运行、停机进行系统编排。该自动控制系统适于连续进料过程中的间歇控制操作，控制进料固含量和控制进料速度等（见图5-8）。

图5-8　进料间

（二）厌氧消化系统

厌氧消化系统由厌氧消化器及附属设备组成，放置在厌氧消化车间内，厌氧消化车间采用砖混结构形式，全封闭，墙体保温，循环供热，冬季温度维持在零上20℃。厌氧消化器CSTR工艺，钢结构形式，内壁附增温保温系统，厌氧消化温度在35℃至55℃可调。厌氧消化器内设有立式搅拌系统，温度、压力、pH值传感器，进行物料状态监测，厌氧消化器旁配有沼气流量检测系统，记录沼气产生量（见图5-9）。

图5-9　厌氧消化器

（三）沼气净化提纯系统

沼气净化提纯系统全部采用芬兰进口设备，可根据实际市场需求实现沼气分级净化提纯，即提纯到甲烷含量95%，用于车用天然气和民用产品；提纯到甲烷含量75%，用于居民炊事供气；甲烷含量60%，用于供热和发电（见图5-10）。

图5-10　净化提纯系统

（四）沼气罐装和加气系统

分级提纯后的沼气经压缩罐装，采用移动气站模式，输送至用户所在地（见图5-11）。

图5-11　罐装加气系统

（五）自控系统

对沼气工程进行自控的目的是通过控制沼气发酵反应过程中重要参数的变化，使发酵反应正常进行，以便提高沼气反应速度，得到较高的沼气产量及质量。按其作用，可分为三个方面的控制：沼气发酵状态的控制、液体的控制、气体的控制（见图5-12）。

图5-12　自控系统

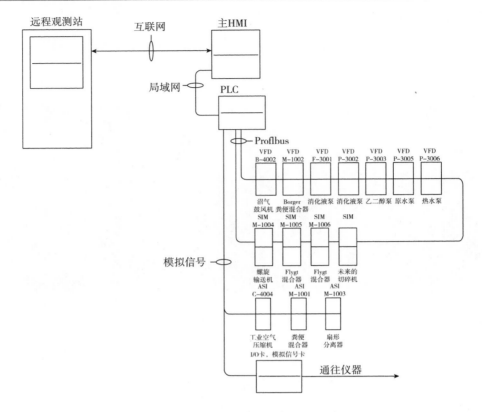

图 5－12　自控系统（续图）

（1）沼气发酵状态的控制部分，其目的是要确保沼气发酵微生物不流失及不断扩增，使沼气产量不断增加。主要包括固含量的控制、pH 值的控制、温度的控制。

（2）液体控制部分，其作用是使产气菌群在液体中能够充分工作、并且有效扩增。在沼气发酵过程中，产气菌需要良好的工作环境，最主要的是控制发酵温度，发酵温度主要由水循环系统和乙二醇循环系统保持，这两部分是液体控制的主要部分，主要包括流量控制。

（3）气体控制，主要控制产气量、分级提纯浓度和硫化氢脱除效果。

本系统设计主要针对沼气发酵状态部分、液体部分和气体部分进行控制。通过对这三部分中的主要参数进行具体控制，保障沼气发酵反应的正常进行。

七、运行情况

该沼气工程于 2016 年 12 月 9 日投料试运行，目前一直保持稳定运行状态，日产沼气达 1200 立方米，用于周边溪水经营所、锦绣村、平川村三处居民的炊事和取暖供气。沼液、沼渣用于两栋温室大棚的蔬菜种植和周边的土壤改良。

该项目于 2016 年 12 月 9 日投料试运行，产气量逐渐递增，运行一个月后趋于稳定，日产气量维持在 1170 立方米，甲烷含量平均为 56.3%，pH 值在 7.4 上下浮动。

pH 值是厌氧处理的重要影响因素，水解菌和产酸菌对 pH 值有较大范围（pH5.0 ~

8.5）的适应，但对 pH 值敏感的甲烷菌适宜生长的 pH 值为 6.5～7.8。挥发性脂肪酸（VFA）作为厌氧发酵的中间产物，其产生可降低 pH 值，氨的形成使 pH 值上升，碳酸氢盐（HCO_3^-）缓冲系统稳定 pH 值，VFA 与 HCO_3^- 碱度共同作用使消化器的 pH 值维持在一定水平。

产气量和甲烷含量是衡量厌氧发酵效果的重要指标，本项目采用猪场粪污作为发酵原料，实际消化器装料容积 600 立方米，二次厌氧池容积 2000 立方米，粪污经厌氧发酵后，其日产气量维持在每天 1170 立方米，容积产气率达到 1∶1.46，甲烷含量维持在 56.3%，说明消化器内发酵效率高，基质利用率好。

目前，黑龙江省沼气工程通常只考虑单一原料，产品产出也较为单一，没有很好的运营模式和产品化方案，致使沼气工程建一个停一个。黑龙江省科学院结合黑龙江省养殖业和农业现状，根据黑龙江省区域养殖场规模和原料类别、农业秸秆种类和数量，率先提出"场口气站"模式，带动黑龙江省沼气产业发展。该模式采用"废弃物→沼→清洁能源→养殖场→有机肥→农田"的循环经济模式，紧邻养殖场建设沼气工程，产生的产品按区域特色进行分级化，以满足不同区域对产品的不同需求，解决区域"供过于求"或"供不应求"的市场问题。采用该模式建设的沼气产业，其主产品为沼气，副产品为沼液、沼渣。沼气经净化提质后制成车用燃气、居民供气、民用产品等多种生物天然气产品，可以保证能源安全；沼气发电和锅炉产生的热能还可满足养殖场和沼气工程的保温增温需要。副产品沼液、沼渣是在厌氧条件下发酵产生的含有相当丰富有机营养物质的有机肥，对农作物具有防病灭虫的显著效果，是种植业的优质有机肥和养殖业优质的饲料，对农作物生长十分有利，产品可达绿色食品标准，增加企业的经济效益。

八、模式技术评价

自 2006 年以来，黑龙江省科学院针对黑龙江省环境特点和原料特色，投入大量的人力、物力、财力，通过引进芬兰和加拿大世界领先的沼气发酵技术，经消化吸收，自主创新的技术研发途径，集中攻克了寒地沼气工程全产业链的各项关键技术，形成"场口气站"沼气工程模式。在原料供应端，研发出畜禽粪污收集、输送、预处理集成技术和低成本秸秆收储运模式，极大简化了处理流程，降低了畜禽粪污和秸秆的收集运输成本。

在厌氧发酵端，研发出多种类混合原料预处理技术、秸秆黄贮预处理技术、基于过程强化控制的高浓度稳定厌氧发酵技术和沼气工程无人值守自控技术等一系列针对低温环境的厌氧发酵系统技术，应用这些技术已建成两座池容 1000 立方米和一座池容 5000 立方米的沼气示范工程，与应用现有技术建设的沼气工程相比，产气量提升 30%，产气周期缩短 1/3，并一直保持常年稳定运行，彻底攻克了制约黑龙江省沼气产业发展的技术共性问题，解决了黑龙江省沼气工程冬季不能稳定运行的难题。

在产品生成端，研发出沼气高效净化提质技术、工业化封闭环式沼气发电技术、生物天然气压缩罐装技术，使沼气得到高值化利用，为沼气产品商品化奠定了基础。结合上述技术的集中攻克，黑龙江省科学院成功总结归纳各项关键技术的特点，整合成适应多种原料的寒地沼气发酵工艺，在国内处于领先水平。把生物、生态、环境、经济、人文等诸多因素集合成一体加以综合研究开发，其技术原理成熟，技术路线易学易掌握，操作使用便捷。促进了生物、生态环境、能源和经济效益的协调发展，增加了循环因素，延长了生物链和效益链，改善了生活条件和生态环境，增强了拓展辐射功能。

九、效益分析

（一）生态、环境效益

"场口气站"模式沼气工程的实施可有效解决黑龙江省养殖业、种植业普遍存在的粪尿流失、秸秆焚烧、污染环境等问题，具有明显的生态、环境效益。

1. 促进农牧业发展，增加有机肥效，确保农作物稳产高产

沼液的有机肥效与传统粪池中发酵的粪肥相比，其氮和氨态氮含量分别高14%和19%，如果将沼液的使用与喷滴灌技术结合，推广节水型农业，则可有效地转变目前普遍存在的过度施用化肥，致使土壤板结硬化的状况，对农业生产，尤其是粮食生产的稳产高产具有相当重要的作用。通过该模式的实施，可有效带动和促进当地农牧业的发展，形成真正的农业可持续循环模式。

2. 减少农村污染源，改良土壤

畜禽粪污经过厌氧处理后，杀灭了大量的致病菌，有效遏制了禽流感、口蹄疫等高危病菌的传播，有利于人畜身体健康。同时，由于沼气发酵技术适用于多种类废弃物，可同时处理畜禽粪便、秸秆、病死动物、农村污水等，可减少秸秆焚烧、地下水污染等农业面源污染问题；另外，废弃物经厌氧发酵后产生的肥料，可大大改善土壤的颗粒结构，增加土壤肥力，增加农作物的产量，符合可持续发展战略的需要。

3. 极大改善农村环境，促进生态农业发展

"场口气站"沼气模式的实施，可实现畜禽养殖粪便、秸秆、有机垃圾等农业农村有机废弃物的无害化处理、资源化利用，缓解困扰农村环境的"脏乱差"问题；同时，可大大提升畜禽粪便、农作物秸秆等农业废弃物集中处理水平和清洁燃气集中供应能力，适应了新时代广大农民对美丽宜居乡村建设的新要求。另外，沼气利用不增加大气中 CO_2 排放，具有显著的温室气体减排效应。

（二）经济效益

1. 产气率分析

黑龙江省常规沼气工程在中温35℃的池容产气率为 1.0~1.2 立方米/立方米·天，利用"场口气站"模式建设的沼气工程，产气率可提高30%以上，可达到 1.5 立方米/立方米·天，即每吨猪粪或牛粪的产气量可达 50~60 立方米，每吨干秸秆的产气量可达 450~500 立方米。

2. 规模化养殖场粪污沼气工程产气量估算

随着黑龙江省"两牛一猪"政策的大力推广，黑龙江省将陆续出现规模化养殖场，这些养殖场对于拉动黑龙江省地方经济起到了重要作用，但其排放的大量粪污是政府和企业所面临的另一重要问题。

（1）以 3000 头奶牛的养殖场为例，每年可产生牛粪便 3 万吨、冲洗污水 3 万吨，如建设一个该模式的沼气工程，每天可产生沼气能源 5000 立方米，每年可产生沼气 180 万立方米，可提纯成甲烷含量为 97% 的天然气 120 万立方米。

（2）以 10000 头猪的养殖场为例，每年可产生猪粪便 1.1 万吨、尿液 1.1 万吨，如建设一个沼气工程，每天可产生沼气能源 1600 立方米，每年可产生沼气 57.6 万立方米，可提纯成甲烷含量为 97% 的天然气 39 万立方米。

（3）以日产 2000 立方米沼气（甲烷含量为 60%）为例，每天需要鲜粪便 36 吨，奶牛养殖场的规模应在 1200 头左右，猪养殖场的规模应在 13000 头左右。

3. 沼气提纯至天然气产量估算

黑龙江省科学院研发的变压吸附提纯技术，可将 60% 甲烷含量的沼气提纯至任何纯度的燃气。如 2000 立方米甲烷含量为 65% 的沼气，可提纯成 1300 立方米甲烷含量为 97% 的车用燃气，可提纯成 1700 立方米甲烷含量为 75% 的民用燃气。

4. 销售收入

（1）以处理 3000 头奶牛养殖场粪污的"场口气站"沼气工程为例，生产的沼气经提纯后制成甲烷含量为 97% 的生物天然气，用于燃气销售，沼液和沼渣作为有机肥料用于种植销售，其销售总收入可达 918 万元/年，分析如下：

1）天然气收益：年产生物天然气 120 万立方米，其中，10 万立方米天然气用于厂区自用，110 万立方米天然气以 3.80 元/立方米出售，销售收入为 418 万元。

2）有机肥收益：年产固体有机肥 3000 吨，按 1000 元/吨计算，年收益为 300 万元；年产液体有机肥 50000 吨，按 40 元/吨计算，年收益为 200 万元。肥料销售收入为 500 万元。

（2）以处理 10000 头猪养殖场粪污的"场口气站"沼气工程为例，生产的沼气经提纯后制成甲烷含量为 97% 的生物天然气，用于燃气销售，沼液和沼渣作为有机肥料用于种植销售，其销售总收入可达 296.8 万元/年，分析如下：

1）天然气收益：年产生物天然气 39 万立方米，其中，3 万立方米天然气用于厂区自用，36 万立方米天然气以 3.80 元/立方米出售，销售收入为 136.8 万元。

2）有机肥收益：年产固体有机肥 1000 吨，按 1000 元/吨计算，年收益为 100 万元；年产液体有机肥 15000 吨，按 40 元/吨计算，年收益为 60 万元。肥料销售收入为 160 万元。

5. 总成本与经营成本估算

（1）以处理 3000 头奶牛养殖场粪污的"场口气站"沼气工程为例，项目建设成本包括工程土建部分和设备购置部分，建设成本估算在 2000 万左右；生产期平均项目总成本费用为 200 万元，包括燃料动力、水电费、人工费、摊销、折旧费用及财务费用等。

（2）以处理 10000 头猪养殖场粪污的"场口气站"沼气工程为例，项目建设成本包括工程土建部分和设备购置部分，建设成本估算在 800 万左右；生产期平均项目总成本费用为 120 万元，包括燃料动力、水电费、人工费、摊销、折旧费用及财务费用等。

6. 年盈利能力分析

（1）以处理 3000 头奶牛养殖场粪污的"场口气站"沼气工程为例，生产期年增收合计 918 万元。年运行总成本约 300 万元，净利润 618 万元，投资回收期为 5.2 年。

（2）以处理 10000 头猪养殖场粪污的"场口气站"沼气工程为例，生产期年增收合计 296.8 万元。年运行总成本约 120 万元，净利润 176.8 万元，投资回收期为 6.5 年。

案例3　山西五丰养殖种植育种有限公司养殖种植沼气生态循环模式

一、项目概况

山西五丰养殖种植育种有限公司位于山西省太原市果树场，年出栏生猪 15000 头，苗木育种 60 余种，农业休闲及新品种推广基地 190 亩。该企业是农业农村部标准化大型生猪养殖核心示范区、商务部供港澳活大猪企业和活体储备基地、国家生猪养殖行业 HAC-CP 质量认证企业，也是山西省目前唯一一家集养殖、种植、育种、大型沼气生产循环经济为一体的规模化农业企业。公司依靠科技主导加产、学、研结合，促进可持续发展的经营理念，先后被列为星火计划科技示范基地、农业产学研合作单位、产业化龙头企业、山西省大型沼气推广示范基地（见图 5-13）。

图 5-13　养殖场全景

为了防治养殖污染，推进养殖废弃物综合利用和无害化处理，打造生态循环产业链，促进产业可持续发展。公司建设了1500立方米大型沼气工程，并配套了50千瓦沼气发电机组1台、太阳能"异聚态"热能综合应用系统、沼气供热锅炉。该项目总投资800余万元，其中中央投资130万元，省市配套170万元，企业自筹500余万元。工程平均日产沼气1500立方米，向周边300余户农户及十余家企业提供炊事用能，部分沼气用于发电上网。沼气站年产沼渣沼液约3万吨，目前企业正和当地科技部门合作，利用沼渣沼液研发出了100余种不同种植作物的有机肥和叶面肥配方。

二、技术模式

该项目以沼气为纽带发展养殖种植沼气生态循环模式，即以生猪养殖为主体，将猪粪等通过冲洗进入下水管网，汇入搅拌池后打入CSTR反应器，通过厌氧发酵，生产出的沼气脱硫后用于厂区及附近居民采暖、做饭等生活用能和公司发电上网。生产出的部分沼液引流回猪圈，进行圈舍冲洗的二次循环利用，在发挥冲洗作用的同时，利用沼液具有灭菌、杀菌的功效对圈舍进行二次消毒。生产出的其他沼液、沼渣则替代果园和温室大棚的化肥、农药，提高果树和蔬菜的产量和品质，达到了无公害生产的目的。将发电过程中产生的热能和异聚态收集的空气热能，通过循环泵接入到厂区的发酵罐和供暖管网，起到为发酵罐增温和为生活区供热的作用（见图5-14）。该项目的养殖种植沼气生态循环模式不仅达到了粪污无害化、资源化利用的目的，同时为推动养殖技术向全产业链综合优化利用奠定基础。

图5-14　养殖场及沼气工程设施设备

三、模式工艺流程图

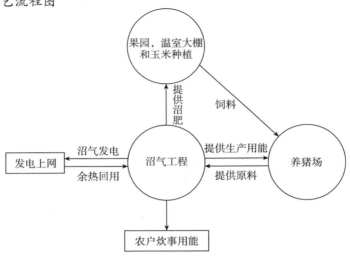

图 5 – 15　模式工艺流程

四、效益分析

（一）经济效益

该项目每年处理企业排放的养殖废弃物约 3.3 万吨，生产沼渣沼液 3 万吨，年产沼气 30 万立方米，每年可以节约标准煤约 214 吨，减排 CO_2 约 535 吨，减排 SO_2 8040 千克。为 700 余亩果园、26 栋温室大棚提供有机肥（见图 5 – 16），并向周边 300 余户农户及十余家企业提供炊事用能，每年沼气发电上网收入 12 万元，供气收入 3 万元，沼肥收入 24 万元，每年沼气站收入合计 39 万元。

图 5 – 16　施用沼肥的蔬菜大棚

（二）生态效益

沼气工程有效控制了生猪疫情，为猪场粪污无害化处理和资源化利用创造了条件，使高浓度的养殖污水和固体废弃物得到资源化循环利用。首先，粪污经过生物堆肥和厌氧发酵等工艺处理后，灭杀了灰病菌、病毒和寄生虫卵等，减轻了对地下水及地表水的污染。其次，经发酵处理的干清生猪粪具有速效、预防病虫害、增产等效果，能够改善土壤结构，肥沃耕地，提高农产品的质量和产量，提升养殖业与种植业的良性互动。同时，由于养殖污染得到防治，对环境保护、生态农业的发展有极大的促进作用。

（三）社会效益

该项目以沼气为纽带发展养殖种植沼气生态循环经济，不仅达到了粪污无害化、资源化利用的目的，同时为推动养殖技术向全产业链综合优化利用奠定基础。

案例4　山西永济市联农猪业有限公司种养循环生态模式

一、项目概况

永济市联农猪业有限公司位于山西省永济市卿头镇许家营村，是从事原种猪选育、种猪生产及商品猪繁育的专业化养殖公司。每年可向市场提供优质纯美系杜洛克、长白、大白、长大和大长种猪约3000余头，7000余头商品猪（见图5－17）。猪场每天产生粪污90余吨，为达到粪污无害化、资源化利用的目的，项目建设了1000立方米的厌氧发酵反应器，并配套建设预处理系统、沼气净化系统、沼气发电系统、沼液灌溉利用系统（见图5－18）。

图5－17　养殖场全景

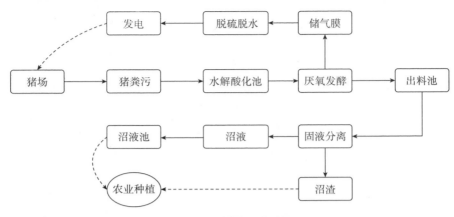

图 5-18　模式工艺流程

二、技术路线

（一）微氧曝气技术

经过筛分后的混合物进入水解酸化系统，通过微氧曝气技术及投加专用水解细菌，将混合液中的大分子蛋白质、脂肪和碳水化合物分解为氨基酸、甘油三酯及多糖类小分子颗粒，为后续厌氧发酵提供稳定的原料（见图 5-19）。

图 5-19　预处理车间

（二）低耗变频搅拌技术

经水解酸化的混合液进入厌氧发酵塔内，在中高温条件控制下，采用低耗变频搅拌系统，进行高效充分发酵，将小分子颗粒有机物进一步分解为 CH_4、CO_2 及其他植物易吸收的有机酸类物质。

（三）余热回收技术

将沼气发电过程中产生的余热充分回收，用于水解酸化池以及厌氧发酵罐的热源补充。

（四）水肥一体化灌溉技术

通过水肥一体化技术将沼液还田利用，提高农田土壤有机质含量，解决耕地基础地力下降问题，提高农产品质量，实现种养结合，使养殖场真正成为带动区域农业绿色发展的引擎（图5-20、图5-21、图5-22）。

图5-20 沼液输送管道

图5-21 沼肥运输车

图 5 - 22   沼渣沼液池

三、效益分析

该项目不仅为养殖场提供了可再生能源，同时还改善了周边农业生态环境，提高了农业综合生产能力和经济效益，改善了能源供应结构，减少了化肥和农药的施（使）用量，提高了产品品质和产量，实现了社会、经济和环境的协调发展。将养殖粪污转化为沼气、沼液、沼渣，形成"畜禽养殖—废弃物资源化—种植业"的良性循环系统。推行"生态养殖＋绿色发电＋有机种植"的种养结合生态发展模式，建立"以地定养，以养促种"的种养循环机制，促进养殖废弃物转化为优质肥料和能源。

（一）社会效益

该项目利用牲畜粪便通过厌氧发酵，产生沼气、沼渣、沼液，一方面为社会提供了可再生能源，另一方面产出优质、高效的沼肥，带动周边区域农民种植无公害农产品，提高了农产品的质量，增强了市场竞争力，加快了农业增效农民增收的步伐。

（二）生态效益

该项目每年可以节约标准煤约 249.9 吨，减排 CO_2 约 630.53 吨，减排 SO_2 约 9.38 吨，减少 COD 排放 400 多吨，有效地减缓了温室效应。通过沼渣、沼液的使用，可减少周边农户及葡萄种植园区农药和化肥使用量的 20%，减少对土地和地下水的污染，去除畜禽废弃物中大部分有机污染物和绝大部分病原菌及农业虫卵，消除蚊蝇滋生环境，切断农业害虫及畜牧业病毒繁殖链，改善卫生环境和人居条件，有效减轻农业面源污染。

（三）经济效益

该项目的主要经济效益来源为沼气发电及沼渣、沼液的销售（见图 5-23）。

图 5-23 施用沼肥的玉米种植基地

1. 沼气发电

由图 5-24 和图 5-25 可以看出，该项目在夏季最高日均产气 1267 立方米，发电 2154 度；冬季最低日均产气 612 立方米，发电 1040 度。经统计，项目每年产气约 35 万立方米，年发电量为 600 兆瓦时。电费以每度 0.5 元计，产生效益 30 万元。

2. 沼渣、沼液销售

该项目每年生产并销售沼渣有机肥 541 吨，以每吨 50 元计，产生效益 2.7 万元；年销售沼液 9280 吨，以每吨 10 元计，产生效益 9.3 万元，共 12 万元。项目合计年收益为 42 万元。

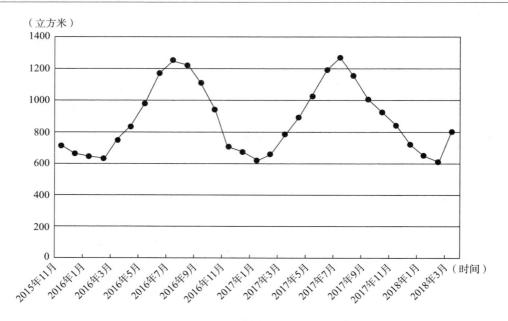

图 5-24　项目日均产气情况

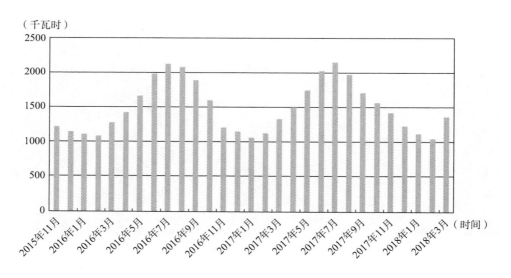

图 5-25　项目日均发电量情况

案例 5　山西高平市华康猪业有限公司大型沼气站粪污处理及循环综合利用模式

一、项目概况

高平市华康猪业有限公司于 1987 年建场，2002 年正式成立公司，经过十几年的连续投资改造，现已建成一个集种猪繁育基地、商品猪场、蔬菜大棚园区、苗木基地、玉米种植基地为一体的农业综合企业。公司猪场主要有法系皮特兰、英系大约克、台系杜洛克、比利时长白等原种猪，年出栏生猪达 2 万头；公司蔬菜大棚园区主要品种有西红柿、豆角、西葫芦、黄瓜、苦瓜等；公司苗木基地主要品种有毛白杨、侧柏、柳树、华山松、油松等。

为了使生猪产业能够持续环保健康发展，2009 年公司建设 1000 立方米的大型沼气站，总投资 510 万元，其中：沼气站内投资 280 万元，寺庄村内的沼气管网建设投资 230 万元（见图 5 - 26）。项目主要采用中温厌氧发酵和常压供气技术，配套太阳能增温的节能技术，保证了厌氧塔的温度在一年四季中能够达到 28 ~ 35℃，沼气站已连续正常运营 8 年。沼气站消化了猪场产生的粪污，同时还生产出沼渣、沼液肥料，肥料用于公司的蔬菜大棚种植和寺庄村的粮食、果树及其他苗木种植。华康公司探索出了"养猪—沼气、沼渣、沼液—（蔬菜大棚、苗木种植、玉米种植)"的循环综合利用模式。

图 5 - 26 沼气工程设施设备

二、技术模式

该沼气工程是将猪舍的粪便以干清粪的方式输送到粪污处理车间，猪舍的冲洗污水和猪尿水经密闭管道流入到预处理池。干粪便与冲洗污水按一定比例调浆搅拌后，用污水泵抽到增温池，粪便经过 24 小时增温后，用浓浆泵经过密闭管道打入到发酵罐底部。

为了粪便充分发酵，彻底杀死粪污中的有害病原物，发酵罐采用密闭不锈钢管锅炉及太阳能增温系统，使发酵罐的温度一年四季均保持在 28 ~ 32℃，经过发酵的粪污大大减少了对环境的污染。发酵产生的沼气经过脱硫净化后用于寺庄村 680 多户农民的生活用能，产生了很好的经济效益。发酵产生的沼渣沼液是优质的肥料，是生产无公害饲料及其他农作物的基础肥源，供应周边农户及公司的苗木基地、玉米基地、大棚蔬菜基地，做到了猪场粪污的无害化处理和资源化利用。

三、模式流程图

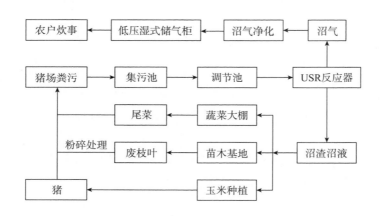

图 5 - 27　模式流程

四、效益分析

（一）经济效益

华康大型沼气站每年生产沼气 36.5 万立方米，主要用于寺庄村 680 户农户生活用能，每立方米沼气 1.5 元，可获效益 54.75 万元；每年生产优质沼渣有机肥 1000 吨，按每吨 300 元计，年产值 30 万元；每年生产优质沼液肥 2 万吨，按每吨 10 元计，年产值 20 万元。项目合计年总收益 104.75 万元，产生了很好的经济效益。

（二）生态效益

华康大型沼气站每年生产沼气 36.5 万立方米，替代了寺庄村村民传统的煤炭燃料，每年可以节约标准煤约 260 吨，减排 CO_2 约 650 万吨，减排 SO_2 9782 千克，消除了村民因燃煤造成的污染。沼气站每年处理猪场粪便 7665 吨、尿液及冲洗污水 18625 吨，年削减的污染物排放量分别为：31.66 吨 COD、12.11 吨 BOD_5、18.63 吨 SS、34.4 吨 $NH_3 - N$、0.37 吨总磷、1.30 吨总氮。粪便经过治理后，还可杀灭大量有害细菌，有利于人畜健康。畜禽粪污经过厌氧反应变废为宝，生产高效有机肥料。肥料主要用于公司的 200 亩蔬菜大棚园区、200 亩苗木基地、寺庄村周边 2000 多亩玉米种植基地。在蔬菜种植上，沼肥综合利用使得土壤中的有害病菌得到抑制，土壤结构得到改善，土壤中有机质得到提升，同时喷洒沼液可杀灭蔬菜生长过程中出现的病虫害，从而提高蔬菜产品质量与产量；在苗木种植上，沼渣、沼液作为肥料，种植出的苗木生长速度快、抗病力强、秆性好；在玉米种植上，沼渣、沼液的利用使玉米基地土壤得到了很好的改良，减少了土壤长期使用化肥造成的土壤板结，通过近几年对玉米进行沼液施肥试验，每亩玉米能够增产 150 千克。

（三）社会效益

华康大型沼气站不仅消化了猪场产生的粪污，发酵产生的沼气用于寺庄村 680 多户农民的生活用能，同时还生产出沼渣、沼液肥料，肥料用于公司的蔬菜大棚种植和寺庄村的粮食、果树及其他苗木种植，做到了猪场粪污的无害化处理和资源化利用（见图 5 - 28、

图 5－29）。该模式实现了养殖污染物的资源化综合利用，走出了农村生态的可持续发展道路。

图 5－28　蔬菜大棚

图 5－29　水肥一体化

案例 6　辽宁辽阳安康种猪繁育有限公司沼气生态循环农业利用模式

一、项目工程概况

辽阳安康种猪繁育有限公司分两期建设总池容为 10900 立方米的大型沼气池，建设年产 5 万吨液体有机肥的生产线。该项目可年处理 1 万亩水稻产生的秸秆 4300 余吨，年产沼渣 0.61 万吨，全部用于加工固态有机肥，沼液用于液态有机肥加工，在灌溉季节由沼液输送管网直接用于周边稻田，促进生态环境良性循环（见图 5 - 30）。沼渣、沼液可为绿色水稻、水果和蔬菜生产提供优质生物有机肥。沼渣、沼液综合利用，推进了农业生产方式的转变，有效节约了水、肥、药等农业生产资源，减少了环境污染，将畜牧业和种植业结合起来，促进了能量高效转化和物质高效循环，形成了"高效种植业—沼气—养殖业—有机肥"循环发展的农业循环经济模式。

图 5 - 30 沼渣沼液综合利用

二、项目运行情况

该企业以秸秆、粪便为发酵原料，产气供给周边农户，沼液通过管路输送到周边约 1 万亩水稻田施肥，剩余的沼液以及沼渣生产成有机肥销售。水稻收获后，稻壳用于直燃供暖，燃烧后还田，稻秸作为发酵原料和粪便混合进入沼气池。该企业下属大棚 40 栋，养鱼池 6600 平方米，发展采摘农业和旅游农业等，延长了产业链条，增加了收益。

2013 年，该企业成立了灯塔金康种植有限公司，是灯塔市粮食种植加工龙头企业，公司注册资金 500 万元，拥有各种机械 80 台（套），种植水稻面积 1 万亩，年产水稻 0.6 万吨。该公司注册生产"半米金"牌大米，市场售价 5.8 元/斤，比普通大米高出 3 元/斤，经济效益显著。

2014 年，该企业又申请并被批复建设中央沼气工程项目，总投资 1594.78 万元，其中中央投资 400 万元。该工程总池容 3500 立方米，为 CSTR 工艺。年产气 127.75 万立方米，主要为周边村屯农户供气，供气户数 2350 户，年产沼液、沼渣 36472.625 吨，沼液以管网输送方式供给周边 3 万亩绿色水稻施肥；装有 400 千瓦发电机组 1 组，年发电量 12.4 万度。

2016 年，争取省级资金 5040 万元，开展了高标准农田建设项目，年利用秸秆和粪便混合原料 12 万吨。

三、模式流程示意图

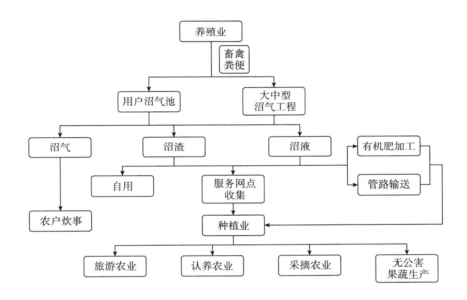

图 5 - 31　沼气生态循环利用模式

四、模式运行实际情况

（1）运行成本。

原材料费：计 44.33 万元。

工资及福利费：6 万元，修理费 5 万元，小计 11 万元。

燃料及动力：水费 0.44 万元，电费 6.7 万元，小计 7.14 万元。

管理费：10 万元。

经营成本小计 72.47 万元。

（2）年增收节支。年售气量为 47 万立方米，每立方米沼气 1.5 元，产值 70.5 万元。

沼渣、沼液利用方式：利用沼渣、沼液施肥亩减产 80～100 公斤。利用化肥年产量 0.43 万吨，每公斤价格 3.3 元，产值 1419 万元；利用沼渣、沼液年产量 0.36 万吨，每公斤价格 5.8 元，产值 2088 万元。因此，施用沼渣、沼液可增加产值 669 万元。

出售有机肥 3.7 万吨，利润 249.67 万元。

收益合计：989.17万元

（3）利润：916.7万元。

案例7　陕西泾阳县强飞畜牧业有限公司沼气生态循环农业模式

一、模式简介

泾阳县强飞畜牧业有限公司位于泾阳县三渠镇汉堤村，2006年3月发起成立，年销售额2248万元以上，公司主营为畜禽养殖、蔬菜、果品种植收购、销售、生产经营，新品种、新技术引进，推广，技术交流，培训，服务等。公司下设8000头生猪存栏养殖标准化场1座，新建时令水果标准化生产基地500亩、蔬菜基地200亩，各生产基地已初具规模。

2015年泾阳县强飞畜牧业有限公司通过基地建设和集团化产业发展，整体推进有机水果、蔬菜种植、农产品储存加工、畜禽养殖互补生产经营，圆满完成以育苗研发、肥料生产、沼气产出为体系，集合畜—菜—果有机生产为一体的循环农业产业化项目建设任务，取得良好成效。

泾阳县强飞畜牧业有限公司养殖场常年存栏生猪8000头，采用人工清粪模式，场内排污管道进行雨污分流。

2013年建成万吨有机肥加工车间一座，建筑面积1400平方米，可供消纳场区固态污染物；2014年建成600立方米CSTR一体化厌氧发酵罐沼气工程1座和3000立方米钢筋混凝土防渗沼液储存池，及其他附属配套设施，养殖污水进入沼气池进行处理；固体粪便经专道专车运往有机肥加工车间，养殖场周边配套有700亩果蔬种植基地，养殖场产生的污染物经过处理系统转化为沼肥由种植基地消纳，用于生产经济价值较高的有机蔬菜和有机水果等。

泾阳县强飞畜牧业有限公司通过养殖与种植的有效结合，将污染物合理转化，有效利用，给生猪养殖提供了良好的环境，同时也为生产有机蔬菜和水果提供了充足的生态肥料。

二、模式背景

陕西是一个农业大省，自20世纪90年代以来，陕西省农业在结构调整、农产品总量扩张、农民由温饱向小康目标迈进等方面取得了重大进展。

生态循环农业是农业持续发展的生产模式。发展生态农业，进一步加强生态农业建设是保证农业持续、稳妥、健康发展和保证我国农业现代化健康发展的必经之路。

泾阳县强飞畜牧业有限公司响应国家号召，采用国内外先进技术，以建设生态循环农业为目标，开发无公害绿色食品，调整农村产业结构，建立科学的农业生态模式，选择科技含量高的优良品种，生产无公害的水果、蔬菜、肉类等。在追求经济效益、社会效益与生态效益并举的基础上实现农业可持续性发展。

图 5－32 有机健康水果

三、模式流程图

该模式主要针对养猪场产生的污水,采用 CSTR 一体化发酵技术对生猪养殖产生的粪污水进行系统化治理,粪液输入沼气池,通过厌氧技术抽取沼气,供厂区生产和周边群众生产生活使用,利用沼液和沼渣发展无公害、绿色、有机蔬菜、水产品、经济果木林等,实现养殖、污水处理、种植三结合(见图 5－33)。遵循"种养结合、生态环保、循环经济、持续发展"模式,促进现代农业高效发展,促进农业增效、农民增收。

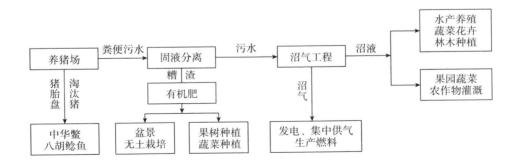

图 5－33 模式流程

该模式在保证充分利用现有资源的基础上,尽可能地发挥循环农业的作用,突出科技特色,建成融生产、现代农业高新技术为一体的朴素、清新、自然的高效生态农业生产基地（见图5-34）。

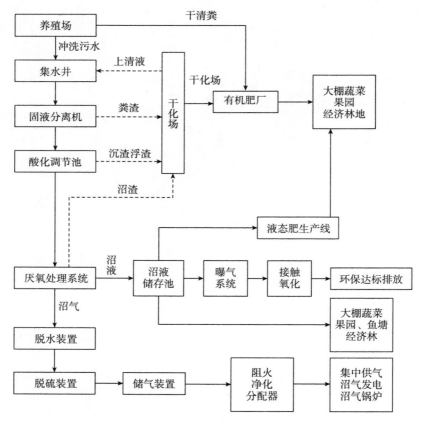

图5-34　工艺流程

四、配套措施

该系统将前处理分出的粪渣和消化液沉淀的有机污泥混合，然后加工成商品有机肥，主要有搅拌、混合、堆存发酵、包装等单元（见图5-35）。

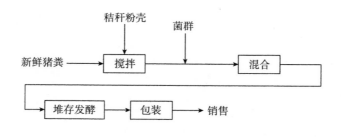

图5-35　有机肥工艺流程

该项技术处理猪场粪污的工艺流程是：首先，将粪便与适量的秸秆粉壳掺和，一般发酵要求45%含水量，相当于手捏成团，手指缝见水，但不滴水，松手一触即散；其次，添加玉米面和菌种，玉米面的作用主要是增加糖分，供菌种发酵用，再将配好的混合料加入搅拌机进行搅拌，搅拌时注意要均匀，且搅拌透彻，不能留生块；最后，将搅拌好的配料堆成宽1.5~2米、高0.8~1米的长条，上面覆盖麻袋片进行好氧发酵堆制。

泾阳县强飞畜牧业有限公司养殖场目前已建设有机肥发酵车间主体工程一座，发酵车间1400平方米，其中发酵槽体积480立方米，有机肥加工生产车间480平方米，仓库360平方米，周转场地100平方米。项目于2013年正式运营，年处理猪场粪污5000多吨，生产高效有机复合肥7000吨，社会、经济、环保效益显著。

（一）粪水沼气发酵与灌溉

粪水是猪尿与冲洗水的混合液，经过固液分离除去大颗粒的固体有机物，再进行厌氧发酵，达到灭菌、除臭、腐熟和降低COD、SS的作用。然后，从厌氧反应器自流进入沼液储液池，利用沼液泵输送到种植基地，根据沼液量、作物需水量、土壤类型、地形地貌等确定灌溉面积，设计灌溉系统，进行自流灌溉。沼气则用于养殖场和周边农户的生活用气（见图5-36）。

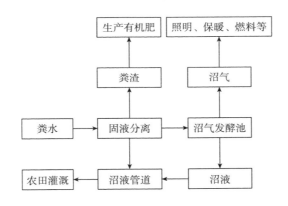

图5-36　粪水沼气发酵与灌溉工艺流程

（二）粪水厌氧发酵系统

（1）沼气池。该沼气工程采用高浓度中温发酵技术。项目所在地属于暖温带，物料沼气发酵的时间夏季8天，冬季12天，取平均值10天。根据养殖污水的日排放量（51吨/日），已建设CSTR一体化厌氧发酵罐600立方米及附属配套设施等。

（2）储气柜与沼气管道。发酵产生的沼气储存于储气柜，储气柜位于发酵罐顶部，为双膜柔性气柜，沼气经过脱水脱硫后由沼气增压设备压入储气罐，增压后的沼气可通过供气管网长距离输送，用于养殖场和周边农户的生活用气等。

（3）沼液池。根据泾阳县强飞畜牧业有限公司养殖场周围的地形，设计灌溉的耕地面积为700亩，最大灌溉间隔时间为2个月，沼液产生量为51立方米×30天×2＝3060立方米及2.5%的损失量，现已建成钢筋混凝土加盖沼液储存池3000立方米，利用沼液泵将沼液输送到种植基地。

（三）沼气利用系统

沼气输配及利用系统，主要由沼气净化系统（脱硫、脱水）、沼气增压、运输管道、居民生活或生产用燃气等单元构成。

（1）沼气净化。沼气先经过气水分离器脱水，再经过脱硫塔脱硫后，送往储气柜。

（2）储气装置。按0.5立方米/立方米产气率，日产沼气300立方米，设计建设储气柜300立方米。储气装置采用一体化双膜柔性储气柜，储气柜位于厌氧发酵罐顶部。

（3）沼气输送管道。利用输气管将储气柜中的沼气输送到养殖场生活区作燃料。输气管长1000米。

（四）沼液利用系统

沼液灌溉系统包括沼液提升、沼液输送、农田灌溉系统。

（1）沼液泵。将沼液提升到种植基地沼液调配池，沼液输送采用污水泵提供动力，型号为80WQ/S20－60（5.5千瓦），扬程60米，抽水量20吨/小时。

（2）沼液池。根据养殖场周围的地形地貌、作物种类，设计灌溉的面积（700亩）、最大灌溉间隔时间2个月，沼液产生量按2.5%的损失量，建设沼液储存池总体积为3000立方米，沼液管道长度约3000米。

（3）农田灌溉。从沼液储存池输送到种植基地沼液调配池。从沼液调配池开挖2级灌沟，将沼液引入地块，根据需要灌溉农田。

五、效益分析

（一）社会效益

该项目示范带动农业循环经济的发展，推动社会主义新农村农业产业建设，增加社会就业岗位200多个。项目建设注重延长畜禽养殖发展链，推动畜禽粪便"变废为宝"，不产生污染，并综合利用于农业生产中，形成良性循环系统。同时项目有利于示范带动畜禽粪便综合开发利用产业化，并有力推进畜禽、果菜、无公害农产品产业化发展。

项目投入使用后，变废为宝，生产出大量有机肥，减少化肥使用量，改善土壤结构，增加土壤肥力，增加农作物产量，对促进农业生态的良性循环具有重要意义，有利于农业可持续发展。促进农业增产、农民增收。猪场粪便经过治理，变废为宝，使猪粪污变为生产绿色无公害农产品必需的优质肥料，提高农作物质量，为发展无公害有机农产品创造有利条件。

猪场粪污经过发酵处理，其中所含的病原微生物和寄生虫等被有效杀灭，减少了病原微生物的传播，有利于保护人畜身体健康，对维护社会公共卫生安全起到了重要作用。项目建设有利于节约电力能源，该项目综合利用沼气，可解决养殖场及周边农户生产、生活用能，实现废弃物的资源化利用，为企业节支增收，促进能流和物流的良性循环。

（二）经济效益

1. 市场分析

该项目技术优势在于将农业和环保技术综合融入到农业系统，形成良性循环，不仅可以降低运营成本，而且符合生物链的自然发展规律。泾阳县有关中白菜心的美誉，为陕西省蔬菜种植大县，蔬菜种植每年需要的有机肥数量庞大，该项目年产有机肥 7000 余吨，庞大的市场需求量解决了项目实施有机肥的销售问题。

沼液：按 1 亩地 10 头猪消纳量计算，扣除沼液耗损量，该项目所配套的种植基地可消纳 8000 头猪产生的生产废水，因此沼液完全可以消纳，实现养殖污染零排放。

沼气：沼气主要用于场内生产和生活燃料，其中一部分供周边农户免费使用。产量统计见表 5-1。

表 5-1　产量统计

年份	2014	2015	2016
有机肥产量（吨）	6500	6850	7200
沼气产量（万立方米）	9.72	9.61	10.14
沼液产量（万吨）	1.65	1.42	1.81

2. 成本分析

生产规模及产品方案：项目年产有机肥 0.7 万吨，年产沼气 10 万立方米，年产沼液 1.5 万吨。

成本计算（见表 5-2）：

表 5-2　固定成本估算

序号	成本构成	金额（万元）	备注
1	工资	10.0	1 万元/年·人，共 2 人
2	职工福利费	1.4	工资×14%
3	资产折旧	47.72	十年折旧，残值 5%
	修理费	9.55	折旧费的 20%
	其他费用	3.00	
4	管理费用	10.00	按人均 1 万元计
合计		81.67	

（1）人工工资。项目正常运行期间，需生产和辅助工人 10 人，项目年人均工资为 10000 元，年工资总额 10 万元。

职工福利费：按工资额的 14% 计提，即 1.4 万元/年。

（2）制造费用。

折旧费：项目形成固定资产原值 500 万元，根据现行财务制度规定之固定资产折旧年限，按直线折旧法计算，十年折旧，项目固定资产折旧总额按其原值的95%，固定资产残值按其原值的5%确定。年折旧额为47.72万元。

修理费：按折旧费的20%估算，约为9.55万元/年。

其他费用：如低值易耗品、车间办公费、劳保费等。年其他费用3万元。

（3）销售费用。按销售收入的2%计提，为8.25万元。

（4）有机肥每吨成本构成。每处理1吨禽畜粪便需要菌种1公斤，价格为60元；每处理1吨禽畜粪便需要秸秆粉壳200公斤，约90元；按每处理1吨禽畜粪便生产成品有机肥1.2吨计算，每吨有机肥原料成本为125元/吨。

电费每吨需20元。

包装袋：2元/个；每吨有机肥成品需要40个包装袋；故包装费大致为80元/吨。

综上：每吨有机肥原料、包装、运输、能源费用为225元。沼气每立方米成本0.4元；每吨沼液成本6.8元。

成本估算结果：

若正常年产有机肥0.7万吨，沼气10万立方米，沼液1.5万吨，则生产成本 = 550 × 225 + 0.4 × 100000 + 6.8 × 15000 = 26.58万元。

项目正常年份总成本为116.5万元，其中固定成本81.67万元，变动成本34.83万元。

3. 成本收益分析

（1）沼气：每立方米价格1.3元（70立方米沼气相当于一罐煤气产生的热值，一罐煤气按90元计算）。

（2）每立方米沼液价格9.8元。

（3）每吨有机肥价格550元（较市场价低50元）。

若正常年产有机肥0.7万吨，沼气10万立方米，沼液1.5万吨，则销售收入 = 550 × 7000 + 1.3 × 100000 + 9.8 × 15000 = 412.7万元。

综上所述，该项目生态循环农业污染处理系统，每年在治理污染的同时，可产生经济效益296.2万元。

（三）生态、环境效益

通过该项目的实施，可除去污水中95%以上的有机质，使污水达标排放，有效防治了规模化养殖业给环境造成的污染，实现了猪场的清洁化生产，促进了经济与环境的协调发展，项目具有良好的生态环境效益。

对猪粪便进行有机肥料加工时，可消耗大量的秸秆粉壳，减少秸秆焚烧而造成的大气环境污染。

项目集中供气，综合利用沼气，沼气被充分完全利用，杜绝了因沼气的排放而产生的二次污染。

三、养殖场粪污沼气化处理模式各地的经验启示

建设沼气工程不是处理养殖场粪污的目的，而是重要手段。养殖场通过厌氧方式能产生沼气和沼肥。厌氧技术可作为养殖场污水处理重要的技术之一，是环保工程工艺上的重要环节，除单纯的环保功能外，还发挥了其他环保技术不能替代的生态、循环农业发展的纽带作用。

（一）进一步完善政策支持力度

优先保障建设用地指标、秸秆存放用地指标，核算确认农业废弃物污染减排指标，实行农业废弃物收购价格补贴，实行终端产品销售价格补贴，落实沼气发电、秸秆发电上网按可再生能源发电上网价格优惠政策。大中型沼气工程要保持正常运行，需要投入大量的人力、物力和财力，因此，为调动企业积极性，建议对终端产品进行合理补贴，以激发和调动企业保持大中型沼气工程正常运行的积极性。

（二）建立可靠的盈利模式

实现企业、政府和百姓的多方共赢，是生态循环农业可持续发展的关键。一是政府的投资引导赢得民生。政府在节点工程建设、上下游配套建设的多元化支持政策，坚定了社会资本的投资信心。二是企业的直接收益赢得回报。三是模式的潜在获利赢得发展。模式较好地解决区域性环保、民生、生态问题，在新的环保产业条件下，如碳减排、排污权交易等潜在收益，将为企业赢得巨大发展前景。

（三）深入挖掘沼气工程的多种功能

随着社会进步，循环农业、现代农业、低碳农业、有机农业、绿色农业、功能农业等新概念、新提法层出不穷，对循环农业又各自有各自的理解和阐述，造成了各自为政、各自搞各自的"循环农业"的局面。为此，整合各部门资源和资金，将各种不同的"循环农业"进行统一筹划、统一安排就显得十分必要和迫切。应积极将农村能源技术，特别是沼气技术融入到大农业中去，发挥技术优势，将上联养殖、下促种植的作用发展充分，让农村沼气技术在处理畜禽养殖粪污、改善农村地区生态环境、生产优质高效有机肥、促进绿色有机农产品生产、保障农产品质量安全等方面发挥更加突出的作用。

第六章　养殖场沼气高值化利用模式

一、模式介绍

近年来，国家发展改革委会同农业农村部大力推进畜禽养殖废弃物资源化利用，累计安排中央预算内投资 600 多亿元，重点支持规模养殖场标准化改造、农村沼气工程建设。截至 2017 年，通过中央投资有效带动地方、企业自有资金，累计改造养殖场 7 万多个，建设中小型沼气工程 10 万多个、大型和特大型沼气工程 6700 多处，有效提高了规模养殖场的粪污处理能力和资源化利用水平。另外，在有机肥生产补贴方面也有诸多优惠政策。在这些优惠政策的大力支持下，沼气工程高值化利用产业成为新能源领域中的一支新生力量，正在各地快速发展，推动着绿色环保产业快速发展。另外，国家政策正进一步加大对养殖场大中型沼气工程的支持力度，鼓励提升大中型沼气工程技术水平，不断提高产气率、供气率和沼渣沼液利用率。同时，借鉴国外经验，加大对沼气提纯压缩、管道输送和罐装使用的研发力度，拓展沼气用途。

综合高效利用沼气工程所产的"三沼"，既可防治环境污染，实现生物质的物尽其用、良性循环，又可为沼气工程业主创造明显的经济效益，缩短沼气工程的投资回收期，还能够创造一定的环境效益和社会效益。具体来看，沼气可以用作多种能源用途，一方面可以直接作为生产生活用能，供给养殖场或周边农户；另一方面可以采用发电上网、提纯车用天然气和罐装气等高值化使用方式。沼渣和沼液的综合利用能够提升土壤的有机质含量，改善土壤理化性状，减少土传病害，促进有机农业、绿色农业和循环农业的发展；此外，通过沼渣和沼液的利用还可大量减少或免除化肥农药的使用，从而减少化肥、农药生产和使用过程中的温室气体排放与污染等。沼液喷施蔬菜、果树和农作物，具有良好肥效，还有抗寒、抗病虫害、改良土壤和增产的功能，是一种很好的有机肥料。

养殖场沼气高值化利用模式一般由养殖场业主主导，该模式下的沼气工程规模主要为大中型或特大型，三沼产量较大且稳定，因此对工程设施设备的先进性和发酵原料的稳定性供应要求较高。该模式生产的沼气为重要盈利点，例如通过对沼气进行净化、纯化，生产生物天然气和压缩天然气，用作罐装天然气和车用天然气，同时沼气还可以发电上网，或进行供暖。另外，该模式会产生大量的沼渣和沼液，对沼渣和沼液的多样化高值化利用也是整个模式的关键所在，沼渣产量大且较稳定，可以直接由养殖场周边土地消纳一部分，更重要的是加工成有机肥出售，沼液直接出售或加工成液肥出售，同时通过打造沼渣沼液有机肥品牌，提升品牌效应。

二、典型案例及效益分析

案例1 山东民和牧业股份有限公司畜禽粪污资源化综合利用生态循环农业模式

一、模式简介

具有民和特色的畜禽粪污资源化综合利用生态循环农业是指公司专业致力于解决环境污染、创造新能源、节能减排、大力发展循环经济产业，成功构建了畜禽养殖清洁化、产业链条循环化、废弃物能源化，以高效利用与有机种植为主体的"健康养殖—畜禽废弃物集中处理—沼气高效制备—沼气发电+沼气提纯-沼液资源化利用—有机种植"循环经济产业链。

二、模式背景

公司所在地蓬莱地处胶东半岛最北端，濒临渤海、黄海，全市总面积1128平方公里，45万人口，辖12个镇（街）、1处省级经济开发区和1处省级旅游度假区。市区内大气质量为Ⅱ级，大气环境良好。地表水、地下水水质均符合相应功能区标准。

蓬莱是中国葡萄酒名城。蓬莱地处北纬37°，与法国波尔多、美国加州等世界知名葡萄酒产区处于同一纬度，在生产风味海岸葡萄酒方面优势突出，被誉为"世界七大葡萄海岸"之一。全市共有葡萄酒生产企业72家，建成和在建的高档酒庄23个，优质酿酒葡萄标准化种植基地16.8万亩，以精品酒庄和骨干企业为龙头，联基地、带农户、集群化、特色化发展的产业格局正在形成。

蓬莱农业、畜牧业、水产业发达，苹果种植面积达30万亩，年产量20多万吨，12个品种处于全国领先水平，年出口量5万多吨。葡萄种植面积12万亩，年产量12万吨。蔬菜种植面积6万多亩，其中大棚蔬菜面积3万多亩，年产各类蔬菜30万吨。肉食鸡是畜牧业的"拳头"产品，年屠宰加工肉食鸡1300万只，出口肉食鸡产品2.5万吨以上。蓬莱市水产品总量达38万吨，年出口10多万吨。

蓬莱先后荣获国家卫生城市、国家环保模范城市、中国优秀旅游城市、中国最佳休闲旅游城市、中国葡萄酒名城、中国海参苗种之乡、中国人居环境范例奖、中国特色魅力城市、全国节水型城市、首批全国法治市以及山东省级文明市、最佳投资城市和平安山东建设先进市等荣誉称号。

图 6 - 1　沼气工程总览

三、循环模式图

（一）循环模式流程图

伴随着山东民和牧业股份有限公司企业规模的扩张，每天产生大量鸡粪、污水，利用公司的鸡粪资源，通过自主创新以及研发力量的投入，形成一条完整的"健康养殖—畜禽废弃物集中处理—沼气高效制备—沼气发电＋沼气提纯－沼液资源化利用—有机种植"循环生态农业产业链，实现畜禽废弃物的最佳处理，形成无污染、零排放、高收益的循环生态农业模式。目前，公司年产沼气 3600 万立方米，年产固态生物有机肥 5 万吨、有机水溶肥 16 万吨（其中"新壮态"植物生长促进液 6 万吨，"新壮态"冲施肥 10 万吨）。循环模式（如图 6 - 2 所示）。

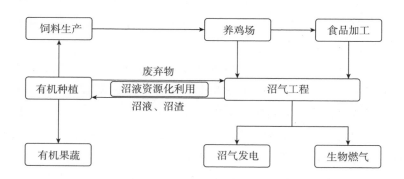

图 6 - 2　循环模式流程

（二）循环模式实物图

山东民和形成的循环生态农业模式不仅实现了产业链上的循环，而且完成了物质与能量的循环。在这一大循环模式下，沼气工程在其内部通过创新技术——热电联产模式成功实现了能量的高效利用与循环（见图6-3）。

图6-3 循环模式实物

四、配套措施

（一）以沼气工程为纽带的技术体系

山东民和的粪污沼气发电项目实现了国内首个特大型热、电、肥、温室气体减排四联产的"集中式粪污沼气处理"模式工程。该工程采用"原料分散收集—集中沼气处理—沼气发电—沼肥分散消纳"的废物处理模式，将公司三个区域28个分散的养殖场的鸡粪集中处理。该处理模式实现了畜禽废弃物的资源化再利用，推进了公司规模化清洁养殖生产体系的稳定运行；同时形成了以沼气为纽带的热、电、肥、温室气体减排四联产模式，是国内唯一实现365天稳定运行5年的大型沼气发电项目。项目日处理鸡粪500吨，污水300吨，日产沼气3万立方米，日发电并网6万度，年并网发电2300多万度。并且山东民和公司沼气发电项目被纳入CDM（Clean Development Mechanism）即清洁发展机制项目范围。2006年10月17日，公司与世界银行达成了CDM购买意向协议；2007年3月22日，国家发展和改革委员会正式批复该项目为清洁发展机制项目；该项目是目前国内农业领域唯一在联合国注册成功的 CDM 项目。通过处理、发酵、沼气净化、储存、发电等技术改造项目实现污染物的零排放和温室气体减排。年减排 CO_2 8 万多吨，年获减排收益 600 万元。

山东民和沼气提纯生物天然气工程，以养殖产生的粪污为主要原料，同时研究多元物料混合发酵生产沼气，沼气经高效提纯工艺提纯生物天然气，并实现生物天然气车用、工业用、入天然气管网以及农村集中供气等多元化模式。该生物天然气工程年产出沼气 2500 万立方米，年产生物天然气 1500 万立方米，年回收热电联产机组余热相当于 1.5 万吨标准煤，成功实现了节能减排。该工程采用"原料分散收集—集中沼气处理—生物燃气—沼肥分散消纳"的废物处理模式。该项目实现了沼气工程的多元化，多元物料的混合发酵一方面扩大了发酵原料来源保证沼气工程的成功运行，另一方面还可以很好地处理除畜禽粪便外的畜产品加工过程中产生的废弃物，有机种植业产生的秸秆等废弃物，城市、农村生活垃圾等。使这些废弃物变废为宝，成为新能源，以生物燃气模式成功地完成物质与能量的循环利用，为循环农业开辟了一条崭新的道路。

山东民和筹建了沼液浓缩工程，该项目工程在国际上率先突破了工程化沼液浓缩的技术瓶颈，解决了沼液处理难度大、膜堵塞严重、难以实现高倍浓缩的技术难题。首次将鸡粪发酵产生的沼液，通过高效浓缩工艺工程化实现了沼液深度开发和利用，成功制备出了浓缩沼液，解决了沼液用量大、运输难的问题，使沼液节省工程建设与运输费用，实现了浓缩沼液可在全国乃至全球进行销售，实现了养殖业与种植业的良性互动。此外，该项目中除生产浓缩沼液——"新壮态"植物生长促进液外，还排放大量的水，而这部分水又重新回到鸡舍，用于鸡舍的冲刷，实现了水资源的良性循环利用，是国际沼气工程行业发展的样本工程。

山东民和在沼气工程及沼液浓缩工程的基础上，成功建成了中国沼液有机种植生态基地。中国沼液有机种植生态基地以山东民和沼气工程为依托，以山东蓬莱市为中心，辐射周边县市，建立起一个中国最大的、独一无二的沼液有机生态种植基地，基地的农户按照标准使用沼液、有机肥，保证肥效并且控制病虫害，减少化肥用量，杜绝高毒农药，减少污染，降低残留，所产果品及蔬菜集绿色、生态、无残留等特点于一身。

（二）政策支持

"十二五"规划颁布以来，国家及地方先后出台了一系列政策鼓励发展畜禽养殖废弃物的综合利用，从而为我国环境保护和资源节约工作的快速推进奠定了基础。《山东省人民政府关于加快发展现代畜牧业的意见》中提到，政府将在财政税收、金融贷款乃至相关政策等多方面扶持畜牧业行业中的重点企业，因为加快畜牧业的发展将是山东省政府在"十三五"期间的工作重点之一。沼气产业作为畜牧业发展的延伸，畜牧业的发展为其打下了良好的发展基础，而相关沼气产业的政策支持为其自身的发展增加助力。不仅如此，我国在"十三五"期间还将开展多项尝试性的项目，例如，以提供补贴的方式鼓励更多资本进入到沼气利用，热能回收相关行业，发展绿色生产机制，对沼气处理环保工程，能源利用和肥料生产等目标进行整合，为落实可持续发展做准备。

五、效益分析

（一）经济效益

该模式日产沼气 3 万立方米，日并网发电 6 万度，年发电并网 2300 多万度，电费按 0.75 元/度计算，相当于每年发电收入 1725 万元。粪污沼气发电项目年减排 CO_2 8 万多吨，年获 600 万元减排收益。

（二）生态效益

该模式年回收热电联产机组余热相当于 1.5 万吨标准煤，节能减排效果显著。其沼液浓缩工程制备的浓缩沼液，实现了浓缩沼液可在全国乃至全球进行销售，节省了工程建设与运输费用，沼液浓缩工程排放大量的水用于鸡舍的冲刷，实现了水资源的良性循环利用，成功实现了无污染、零排放的目标。依托山东民和沼气工程建立的中国沼液有机种植生态基地，使用沼液、有机肥，保证肥效并且控制病虫害，减少化肥和农药的用量，减少污染，降低残留，所产果品及蔬菜集绿色、生态、无残留等特点于一身。

（三）社会效益

该模式的沼气发电项目是目前国内农业领域唯一在联合国注册成功的 CDM 项目，对我国沼气工程起到积极的示范作用；为保证国家环境安全树立国际良好形象；对国内（外）畜禽行业及循环农业发展起到积极的推动作用。

六、推广情况

山东民和公司以沼气工程成功运行为纽带，实现了畜禽养殖业与种植业完美结合，公司为农户提供优质沼液肥料，并与蓬莱农业局合作在蓬莱市刘家沟镇南吴家村建设 1000 亩"省级沼液有机种植生态园"；有机叶面肥已经在全国成功推广示范，示范面积 10 万亩，建成沼液使用技术培训基地 1 座，并且建立完善的技术服务体系，集中对种植户进行专业的技术指导，以此实现了节能减排与增收的目的，促进了畜禽养殖业与现代化农业的可持续发展，实现了零废弃物的生产和提高资源利用效率的农业生产方式。

案例 2 河北邢台乐源君邦牧业威县有限公司规模化生物天然气工程模式

一、项目建设背景

项目承担单位为乐源君邦牧业威县有限公司，该公司成立于 2016 年 3 月，占地 1000 亩，主要从事奶牛养殖、销售；饲料牧草种植与销售；牧业机械销售；商品进出口；沼气利用技术开发、推广；生物有机肥生产、销售，属于河北乐源君邦牧业威县有限公司子公司。公司牧场设计养殖规模 13000 头，建有青贮窖、干草棚、牛舍、泌乳牛舍、特需牛舍、产房、挤奶厅及其他辅助用房等，总建筑面积 14.47 万平方米。该项目的技术依托单位为河北省农业环境保护监测站，为保证项目的正常运行，承担单位与河北省农业环境保护监测站签订技术合作协议，协助本公司在项目运行期间开展区域生态环境监测。

二、项目建设基本情况

（一）项目建设规模及内容

项目实施地点位于河北省邢台市威县赵村乡前赵村乐源君邦牧业威县有限公司（君乐宝乳业威县第二牧场）院内，总占地面积 1000 亩，其中，该规模化生物天然气项目占地 146.52 亩，已纳入威县总体规划，具有规划选址相关手续。

项目建设连续流塞流式发酵池 8 座，总容积 2.7 万立方米（见图 6-4），日产沼气 29165 立方米（日产生物燃气 1.5 万立方米，剩余沼气厂区自用），按全年 365 天计算，年产沼气 1064.51 万立方米，其中 912.5 万立方米用于提纯生物燃气，152.02 万立方米用于厂区自用，生物燃气通过管道输送至威县中润天然气有限公司为该项目预留的燃气接口上，并入燃气管网（见图 6-5、图 6-6）。

图 6-4　地下式发酵装置

项目年产沼渣 5.46 万吨，其中牛床垫料使用沼渣 3.74 万吨，外售沼渣 1.72 万吨；沼液 42.51 万吨，沼液回流 13.33 万吨，外售沼液 29.18 万吨，沼渣沼液主要出售给河北艾禾农业科技有限公司。形成以沼气工程为纽带，实现作物种植与畜禽养殖有机结合的种养循环模式。

项目年处理废弃物 49.31 万吨，其中牛粪 18.798 万吨、牛尿 9.591 万吨，挤奶厅冲洗水及其他废水 6.17 万吨，牛床垫料 1.42 万吨。年需沼液回流 13.33 万吨。牛粪及牛尿

图6-5　生物天然气提纯设备

图6-6　沼气湿法脱硫装置和储气柜

主要来自本场及周边养殖场，挤奶厅冲洗水及其他废水、牛床垫料全部来自本场（见图6-8）。

（二）项目总投资及资金来源

项目总投资9381.23万元，其中，建设投资9201.75万元，铺底流动资金179.48万元。建设投资中，土建工程费3936.05万元，设备购置费3346.96万元，设备安装费401.63万元，预备费681.61万元，工程建设其他费用835.50万元。项目资金筹措分为三个渠道。其中，按照每立方米生物燃气国家补贴2500元，即申请国家补贴3750万元，地方财政配套160万元，自有资金5471.23万元。

三、工艺流程图

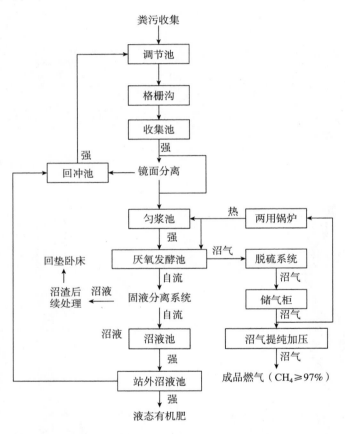

图6-7 沼气工程工艺流程

四、效益分析

（一）社会、生态效益

该项目完成后，将成为该县治理区域粪便有机废弃物的示范带动工程，有利于净化环境，减少废弃物污染，提高广大公众保护生态环境意识，同时有利于发展循环经济，引导该县人民使用清洁能源，节煤减排，清洁空气，推动建设资源节约型、环境友好型社会，对促进区域循环经济的可持续发展也具有积极作用。

该项目建成后，可年生产沼渣5.46万吨，年产沼液42.51万吨。沼渣、沼液是优质有机肥，有利于缓解肥料短缺，有助于改善土壤质量增加土壤肥力，减轻污染，促进项目区水土资源的合理利用和生态环境的持续改善。

图6-8　有机肥加工车间

（二）经济效益

1. 销售收入

该项目产品包括沼气、沼渣、沼液，均作为产品出售。年生产生物燃气547.5万立方米，每立方米单价2.4元，年收入1314万元；年生产沼气152.02万立方米，每立方米单价2元，年收入304.04万元；年生产沼渣54552吨，每吨单价60元，年收入327.31万元；年生产沼液425146吨，每吨单价20元，年收入850.29万元；综上合计年收入2795.64万元。

2. 总成本费用

直接生产成本：直接生产成本包括生产原料费用、动力电费、工资支出等内容。直接生产成本见表6-1。该项目年需生产原料283880吨，每吨成本20元，共计567.76万元。年用电1937602.5度，单价0.4元/度，共计77.5万元；燃油169391升，单价5.8元/升，共计98.25万元。电费和燃油费共175.75万元。项目管理技术人员10人，工资每人6万元/年，每年合计 60 万元；项目生产工人 20 人，工资每人 3.6 万元/年，每年合计 72 万元。项目工资及福利支出每年合计 132 万元。综上，直接生产成本每年 875.51 万元。

表 6-1　直接生产成本　　　　　　　　　　　单位：万元

序号	项目	总价
1	原料费	567.76
2	外购燃料动力费	175.75
3	工资福利	132
	合计	875.51

3. 盈利能力分析

按平均年限法计算，房屋及建构筑物按 15 年计，设备按 10 年计。残值率均为 5%。固定资产折旧和摊销费为 766.58 万元。其他费用：包括维修费用、销售费用、管理费用，其中，维修费用按折旧费的 20% 计提，为 153.32 万元；销售费用按销售收入的 5% 计提，为 139.78 万元；管理费用按销售收入的 1% 计提，为 27.96 万元。

盈利能力分析：该项目按全部投资计算所得财务内部收益率为 13.34%，投资回收期 7.76 年。总体来看，该项目有较好的盈利能力，投资回报率较高，投资回收期较短，具有良好的市场前景。

三、养殖场沼气高值化利用模式各地的经验启示

（一）依托科研机构，开展创新平台建设

依托大学、研究院所和骨干企业，开展创新平台建设，进行应用研究和技术系统集成，促进科技成果的产业化。引进适合各地农业特点的国内外先进装备和技术，推进先进生物质能综合利用产业化发展。特别是生物天然气提纯、沼肥深加工成商品有机肥、高浓度厌氧发酵的增温、保温和搅拌等方面的技术与设备，依托科研院所与高校，强化自主创新和成果转化，同时加强对外合作与交流，适时引进国外先进技术与设备，为养殖场沼气高值化利用模式插上科技的翅膀。

（二）建立原料收储体系，确保原料供给

制约生物天然气项目运行最关键的因素是原料的供给和沼液沼渣的消纳利用。为保障原料的供给，可与养殖场签订粪污换沼渣协议，相互解决了原料供给和废弃物的消纳问

题，形成循环利用，实现两个主体的互惠共赢。此外，通过采购农作物收割和秸秆收储设备，为农民收割作业的同时收储秸秆，秸秆供给生物天然气项目；同时生物天然气项目生产的有机肥交由农业公司出售和推广有机种植，延伸产业链最终实现，确保项目的运行，增加企业效益。

（三）延伸产业链，打造循环经济模式

依托项目，延伸上下游，打通产业链，探索循环经济模式，实现规模效应。通过与秸秆收储企业合作，确保秸秆原料供给；通过与养殖企业合作，确保畜禽粪便原料供给；通过有机肥反哺种植业，最终实现闭环产业链。此外，生产清洁能源生物天然气，为当前农村煤改气提供稳定的气源。沼气工程项目不但解决区域秸秆等农业废弃物、畜禽粪污等环境污染问题，改善生态环境；还可提供新型能源，节能减排，清洁空气；同时，生产有机肥料，助力生态循环农业发展。达到污染治理、能源回收与资源再生利用的多重目的，提高农业综合生产能力和可持续发展能力，实现社会、经济和生态环境的协调发展。

第七章　沼气工程集中供气供暖模式

一、模式介绍

近几年，我国农村沼气建设呈现快速发展势头，畜禽粪污能源化、资源化处理以及农作物秸秆综合利用也不断取得新的成绩。特别是对季节性秸秆综合利用的技术攻关，以及秸秆沼气工程试点示范的推进，为丰富沼气工程发酵原料来源、拓展农村清洁能源渠道、推动农村生态环境改善开辟了新的途径。作为资源节约型、环境友好型社会建设的重要举措，沼气集中供气供暖工程多以畜禽粪污和农作物秸秆为发酵原料，其在巩固农村沼气建设成果、推动循环农业发展和促进农民增收等方面发挥着越来越重要的作用。随着对沼气集中供气供暖工程认识的提高，以及相关工艺技术和运营体制机制的不断创新，针对我国不同资源禀赋、不同发酵原料、不同工艺、不同规模的秸秆沼气集中供气供暖工程模式不断涌现，推动着我国农村清洁能源的建设，持续助力乡村振兴和脱贫攻坚。

沼气工程集中供气供暖模式的业主具有多样性，包括养殖场、村委会、沼气技工以及企业等，且该模式的沼气工程规模适中，以中小型为主，也有极少的大型沼气工程，如江西新余罗坊镇集中供气 5000 户。该模式的沼气工程多布局在村落居民相对集中的农村地区，且一定区域内有规模化的种养业发展，沼气工程的发酵原料就近取自这些畜禽养殖场的粪污和周边农作物秸秆，沼气工程以产气为主要目的，沼气大部分通过集中供气系统供给周边农户、养殖场生产生活用能。沼气工程发酵后，进行固液分离，沼渣可以充当固态有机肥，用于促进种植业发展；部分沼液回流充当预处理的稀释水，其余则作为液态有机肥被周边农户种植消纳；或沼渣沼液不经过分离，直接用于周边种植。该模式多为政府主导的民生模式，沼气工程在处理农业废弃物的同时，为周边农户提供清洁能源，如四川把小型沼气集中供气工程纳入扶贫项目，在脱贫攻坚工作中发挥了积极作用。

二、典型案例及效益分析

案例1 贵州三穗县台烈镇颇洞村集中供气模式

一、项目简介

（一）三穗县台烈镇颇洞村基本情况

颇洞村地处三穗县台烈镇东北部，距县城10公理，由原来的寨坝村、寨塘村、颇洞村3个村合并而成，昆沪高速公路和320国道穿村而过。面积20.3平方公里，耕地面积4137.6亩，农户1259户、共5053人，13个自然村寨31个村民小组。

颇洞村处于农业园区核心区，近年来，三穗现代农业园区建设依托各种项目的实施，园区面貌得到重大改观，各项事业蒸蒸日上。

一是产业化步伐明显加快。仅颇洞村就有施工队12支，民营企业29家。三穗县现代农业园区入驻企业8家，发展农民专业合作社10家，社员1100多户4000余人。园区规划面积3.3万亩，已流转入股土地1700余亩，现园区内有蔬菜基地800亩，食用菌基地10亩，蓝莓育苗基地30亩、蓝莓丰产示范种植基地280亩，以及花卉、绿化苗木种植基地520亩，精品水果基地120亩、生猪养殖基地1000余头，农业科研基地1个。

二是农村基础设施不断完善。目前，园区已累计投入各类项目资金3.03亿元，建成通村公路（含机耕道）57.6千米，村组道路硬化25.3千米；完成中低产田改造1.02万亩、高标准农田建设800亩、土地复垦280亩；完成原寨坝村办公楼、颇洞中心村办公楼、园区大门及沙盘建设；实施园区周边村寨房屋风貌整治及环境绿化工程；建成大棚320个8.2万平方米，冷库1个1089立方米，蔬菜交易市场100亩；建成生态农庄3个并投入运营；完成三穗鸭交易市场1个、建成沼气集中供气站1个，生活污水处理工程2处。

三是农村经济跃上新台阶。2015年，农业园区实现产值6500万元。例如，农峰蔬果专业合作社是颇洞村党支部牵头组建的"党社联建"专业合作社，2015年股民分红330万元，人均可支配收入达10600元，同时村级集体经济累计突破185万元。实现省委、省政府提出的"双超"村创建目标。

（二）沼气工程概况

园区内有较大规模养殖1处，2014年建成100立方沼气池1座，2015年建设400立方沼气集中供气站1个，养殖场的污水通过干湿分离，经发酵产生的沼液原来是通过抽渣车运送到田间种植，现在项目实施可将沼液通过修建高位池、沼液释池和安装输送管网输送沼肥到田间，并在田间修建贮肥池，项目建成后园区所有蔬菜基地，以及花卉、绿化苗木种植基地、精品水果基地、农业科研基地将得到沼肥浇灌，使附近养殖场沼气站的畜禽废弃物得到有效循环利用。

二、沼气集中供气工程详细情况

（一）项目建设内容及规模

工程建设内容：6 立方米进料调节池，20 立方米酸化调节池，400 立方米厌氧发酵罐基础及配套设施，150 立方米储气柜水封池，50 平方米综合用房，300 立方米稳定塘，Φ1.2 阀门井一座，沼气站内道路（1.5 米宽）、绿化（植树、撒草种）、围墙（高速路护栏网），80 户沼气集中供气主管及支管道（见图 7-1）。

图 7-1 三穗县台烈镇颇洞村沼气集中供气工程

（二）安装工程内容

400 立方米 CSTR 发酵罐及配套设施、120 立方米钢制气罩、10 万大卡沼气锅炉 1 台、脱硫塔 2 台、气水分离器 1 台、阻火器 1 台、各类泵 1 套、搅拌装置 1 套、站内管道及阀门 1 套、沼气流量计 1 台、电子温度计 1 个、电气系统及防雷设施 1 套、IC 卡户用流量表 80 个、单眼炉具 80 台。

（三）项目的投资总额

省级财政资金 130 万元，地方自筹 9 万元。

（四）沼气用途

所产沼气主要用于农户炊事用能，集中供气 66 户及 3 家农家乐。沼液沼渣就近用于三穗县农峰蔬果专业合作社 750 亩蔬菜水果地，年用量 600 吨，提高叶类蔬菜的生长及农产品的品质，促使农产品售价提高 1~2 元/斤，年收入提高 30 万元。

三、效益分析

（一）生态效益

该项目的建成，使紧邻的规模养殖场1300头左右生猪的粪污得到集中处理，有效保护了环境，发酵产生的沼气集中供应颇洞村1～5组66户农户，3家农家乐日常炊事用气，气量充足，使用方便，干净整洁，实行IC卡打表，管理规范，实现了村级经济积累和农户节支的双赢。此外，在附近蔬果用地上施用沼肥后，使土壤的有机质含量得到了提高，保水能力和肥力得到增强，并有效地减轻了施用化肥的不利影响。

（二）社会效益

充分利用生态农业园的有利条件，进行沼肥种菜、沼肥种玉米等示范，积极引导和指导蔬菜种植大户利用园区现有的喷灌和滴灌系统，把沼液普遍应用于各种蔬菜的种植中，现有园区的种植大户已经普遍使用沼肥种菜。沼气集中供气站生产的沼肥全部供应给周边的蔬菜种植户，在减少化肥施用量的同时，蔬菜的品质也得到了很大的提高（见图7-2）。

图7-2　沼肥综合利用

（三）经济效益

月总收益：前处理月收入500元（5元/袋）+卖气月收入3645元（45元/户）+沼液月收入720元（2元/升）=4865元；

月净收入：月总收益4865元-人工工资1000元-电力消耗500元=3365元；

年净收入：3365元×12个月=40380元。

四、技术评价

（一）模式优点

通过该工程集中供气，使周边农户可利用沼气作为生活能源，既可以较其他能源节省资金，更能有效地改善当地生态环境。三穗县颇洞生态养殖场产生的粪污及冲洗水进入厌氧发酵池，厌氧发酵后产生的沼气用于农户生活用能，沼液通过管道或抽渣车用于蔬菜、果树等。沼渣作为有机肥施用蔬菜大棚、果园等。沼肥在蔬菜上的应用，能提高蔬菜的抗病能力，促进茄科作物的提前开花和提早成熟，提高蔬菜的品质。同时经过沼气工程处理畜禽粪污，避免了将其直接排放到环境中造成的环境污染，以及减少滋生蚊虫苍蝇等害虫。

该模式能促进生态循环农业可持续发展，养殖场选址科学，附近就有农业合作社，并有足够的土地来消纳沼渣、沼液。养殖场粪污处理在缺少土地消纳的情况下，尽量采用干清粪，节约养殖场冲洗的水量，降低污水量，充分利用周边的农田和耕地，发展种养结合型循环农业。

（二）推广的必要性

目前，沼气工程亟待在我国农村进行推广和应用，农村沼气的建设能够缓解农村地区乱用化肥，能源短缺和环境污染等长期存在的问题，对提高农民的生活水平和生活质量起到了积极的促进作用。村级沼气集中供气工程的快速发展，在改善农村生活条件，促进农业发展方式转变，推进农业农村节能减排及保护生态环境等方面，也发挥了重要作用。

沼气属于二次能源，是可再生能源可以代替煤炭等农村用能，能有效地减少二氧化碳排放量。通过建设沼气工程，来处理和利用畜禽粪污、农业废弃物，不仅能解决农村的环境污染问题，更能开发农村的可再生能源，从而推动生态循环农业发展。

另外，沼气工程可通过利用畜禽粪污和农业废弃物生产沼气和沼肥，有效地推进农业生产从主要依靠化肥，向增施有机肥转变；农民的炊事取暖用能，从主要依靠秸秆、薪柴，向依靠沼气这种生态能源转变，既改变了传统的粪便利用方式和过量使用农药及化肥的农业生产方式，也有效地节约了水、肥、药等农业生产资源，更减少了环境污染。

（三）推广的可行性

我国沼气工程的厌氧消化成套技术较为发达，在山区因地制宜地建设村级沼气集中供气工程也比较符合我国国情，并且沼气有一定的群众基础，获得了广泛的赞同和支持。

这种村级沼气集中供气工程既有效配置了当地资源，又提高了经济效率，从宏观经济效益和社会效益来看更具有推广价值，同时国家及政府对沼气建设重视，资金有保障，技术和市场的创新空间大，优势明显，发展前景更为广阔，为发展低碳经济、节能减排做出了贡献。

案例 2　江西新余沼气工程集中供气技术模式

农业废弃物是农业生产和再生产链环节中资源投入与产出在物质和能量上的差额，是资源利用过程中产生的物质能量流失份额。据报道，我国每年种植业有 10 亿吨左右的废弃物（秸秆、壳蔓），养殖业畜禽粪便 300 万吨左右未能很好地利用，大量的秸秆被简单地烧掉，严重污染大气环境；畜禽粪便等有机废液不经妥善处理直接排入水体，造成严重的地下水体和地表水系的污染等。我国每年因各类疾病引起的猪死亡率在 8% ~12%，畜禽因病死亡后尸体能够进行有效无害化处理的比例不足 20%。江西省在新余市罗坊镇建立农业废弃物资源化利用示范基地，创新了多种类农业废弃物混合发酵、沼气集中供气的技术与管理实践，形成了农业废弃物混合发酵、大型沼气工程技术、燃气输配体系技术、安全运营网络远程监控及预警体系等多项技术集成，及规模集中供气沼气工程实用技术模式。

一、项目工程概况

为了解决区域农业有机废弃物污染问题，优化改善农村能源结构，江西省建立了多处以规模集中供气沼气工程为纽带，以区域农业废弃物资源化利用、新农村沼气利用、沼液和沼渣综合利用为核心的区域生态循环农业示范项目。2013 年，在新余市罗坊镇院前村建设江西首个大型集中供气沼气工程项目，建成首个区域农业废弃物资源化利用示范基地。罗坊镇位于新余市东部，年总出栏生猪达 18 万头，有大量的畜禽粪便；耕地面积 10 万亩、山地果园 11 万亩，水稻、蜜橘全国有名。

该项目一期建设一级 CSTR 厌氧发酵罐 2 座，有效容积 3920 立方米，二级一体化 CSTR 发酵罐 1 座，有效容积 1700 立方米，单座储气膜容积 1080 立方米，高压沼气储气柜 3 座，储气总容积 1920 立方米；混合原料预处理系统 1 套，包括秸秆水解酸化系统、粪污匀浆加热系统；后处理系统 1 套，包括固液分离系统 1 套，出料池，沼液储存池，配套固肥加工生产线 1 条；按城市燃气管网标准，建设沼气供户管网系统，一期已供气 3000 户；日产沼气能力 4100 立方米，年处理有机废弃物约 12390 吨，2014 年 12 月建成试运行（见图 7 - 3）。

图 7 - 3　新余罗坊大型集中供气沼气工程

二、模式技术工艺流程

（一）原料收集和预处理单元

项目根据区域内畜禽粪便、病死畜禽、农作物秸秆等不同原料的特点，建立了不同的收集系统。在规模养殖场统一建设粪便收集平台，基地定期将畜禽粪便运回，去除杂质进入匀浆池；死亡畜禽由统一建设的冷库暂存，基地定期将死亡畜禽运回，经过破碎和高温蒸煮消毒处理后进入匀浆池混合调配；水稻收割时秸秆由收割机直接打捆运回堆储，秸秆经过破碎后，先进入水解酸化池酸化后再进入匀浆池。

（二）沼气发酵生产单元

经过预处理后的物料预混后，通过螺杆泵输送至一级 CSTR 反应器；反应器内使用立式搅拌器进行搅拌，保证物料浓度和温度的均匀；一级 CSTR 出料溢流至二级 CSTR 发酵罐进行二次发酵，以延长发酵滞留时间，有效增加沼气产量；设置自动温控沼气热水锅炉供热中心 1 座，以保证厌氧发酵罐温度相对恒定。

（三）沼气净化及输配单元

发酵罐产生的沼气集中在二级发酵罐顶部的储气膜内，经脱硫和脱水处理后，增压储存于式高压储气罐中，然后经调压通过中低压输气管网，输送到居民区，再次调整为常压后，入户供给周边居民做生活用气，剩余沼气供给基地沼气热水锅炉、发电上网及供基地病死猪处理和有机肥生产用电。

（四）沼液沼渣加工利用单元

发酵后的料液经固液分离后，沼渣用于生产固态有机肥；分离后的沼液部分回流用作预处理的稀释水，剩余部分生产液态有机肥。工艺流程如图7-4所示。

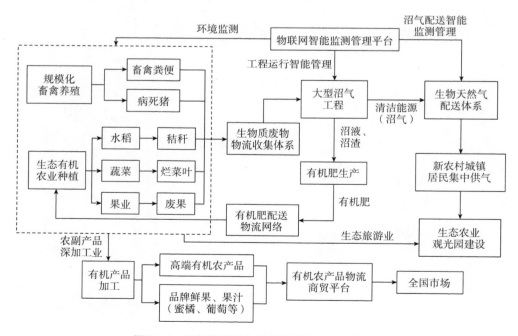

图7-4　罗坊镇规模集中供气沼气工程工艺流程

三、项目模式特点

（一）工程运行采用 GPRS + PLC 沼气远程监控

系统对工程设备的正常运行和事故状态下的生产过程进行实时监控，以综合管理软件为核心，结合嵌入式视频服务器，实现了基于网络的点对点、点对多点、多点对多点的远程实时现场监视、远程遥控摄像机以及录像、报警处理等，通过兼容模拟视频设备实现模拟视频系统与数字视频系统的数字化统一管理，操作员可以在室内进行集中管理，可实现车间无人值守。另外，服务器将采集来的数据进行各种处理，建立相应的实时数据库和历史数据库，经网络响应各工作站的各种服务要求，并接收和响应操作员的各类操作指令。

（二）用气服务采用智能化管理模式

按照"集中供气、用气收费、专人管理"的管理模式，每位沼气农户建立档案，设立信息登记制度，为用户提供开卡充值、维修等业务；为 3000 户用户统一安装了智能沼气流量计量表，先预存费用、后用气，省去了上门抄表和催缴费用的麻烦；建立沼气服务网点，对用户进行一年四次免费上门巡查服务，平时在接到沼气用户的报修电话后，将会安排工作人员在 2～3 日内上门解决，每次服务必须在沼气维修服务卡上记录。

（三）发酵原料采取全量化收集模式

基地年可处理农业废弃物共计 12390 吨，其中猪粪 7080 吨，占处理总量的 57.1%，基地与周边 13 个养殖场签订粪污全量收集处理协议，猪场按协议约定严格控制用水，粪污浓度在 6% 以内，基地全量运走集中处理。年处理稻草 4248 吨，占处理总量的 34.3% 主要来自周边 5000 亩水稻，基地与种植户签订托管协议，种植户按基地方案种植，水稻成熟后由基地全量收购，包括秸秆。全量处理周边 13 个养殖场病死牲畜 1062 吨，占处理总量的 8.6%。

四、效益分析

（一）经济效益

按照目前户均用气量 1.16 立方米进行估算，项目目标 3000 户，达销期 2 年，第一年负荷率为 0，第二年负荷率为 50%，第三年负荷率为 100%，沼气销售价格 2.0 元/立方米。项目年产固态有机肥 0.22 万吨，销售价格 350 元/吨，年产液态有机肥 3.30 万吨，销售价格 120 元/吨。死亡畜禽处理年处理量为 2.12 万头，每头处理价格为 80 元。

项目工程使用寿命按 17 年计算，不计固定资产残值，基准收益率 8%，项目达产期内年均销售收入 897.80 万元，实现利润 529.14 万元。项目投资利润率为 11.95%，静态投资回收期 7.14 年（见表 7 – 1）。

表7-1 财务评价现金流 单位：万元

序号	项目	合计	1	2	3	4	5	6	7	…	17
	生产负荷（%）			50	100	100	100	100	100	…	100
1	现金流入	13915.90		448.90	897.80	897.80	897.80	897.80	897.80	…	897.80
1.1	销售收入	13915.90		448.90	897.80	897.80	897.80	897.80	897.80	…	897.80
2	现金流出	6353.81	1133.14	2727.10	166.24	166.24	166.24	166.24	166.24	…	166.24
2.1	建设投资	3777.12	1133.14	2643.98							
2.2	经营成本	2576.68		83.12	166.24	166.24	166.24	166.24	166.24	…	166.24
3	净现金流量	7562.09	-1133.14	-2278.20	731.56	731.56	731.56	731.56	731.56	…	731.56
4	累计净现金流量	32072.90	-1133.14	-3411.34	-2679.78	-1948.22	-1216.65	-485.09	246.47	…	7562.09

（二）社会效益

项目达产后，将区域内的有机废弃物进行资源化生态利用，有利于治理区域环境污染，有利于增强区域食品安全，有利于推动区域循环经济的可持续发展。用沼气代替传统液化气，每月每户可节约45元，全年每户可少花费540元，给老百姓带来了经济实惠。

（三）生态效益

该项目达产后，区域内的畜禽粪便、农业秸秆和死亡畜禽等有机废弃物经过中温厌氧发酵处理，产生优质可再生能源沼气，有效地降低有机废弃物自然堆放过程中释放的 CH_4 的排放，有利于缓和温室效应。沼渣、沼液分别加工成固态、液态有机肥出售，可减少化肥使用量，改善土壤质量，促进区域内水和土地资源的合理利用和生态环境良性循环。

五、结论与讨论

目前，我国的沼气集中供气工程投资和运营成本高，产品收入低，造成沼气工程自负盈亏能力差，投资回收期一般在20年以上，工程严重缺乏经济性。但是，罗坊镇规模集中供气沼气工程项目，开创了沼气商业化、产业化发展的先河，通过引进欧洲先进的混合原料发酵技术，把欧洲先进的生物质能技术与中国实际情况相结合，提高了沼气产量，同时，还将厌氧发酵过程中产生的沼渣、沼液进一步加工成生态有机肥出售，不仅最大程度地降低了项目的运行成本，还拓展了运营的产品及销售渠道，经济效益得到显著提高。

沼气工程是核心纽带，沼气发酵是资源化利用农业废弃物的最直接、最有效、最经济、最生态的途径，选择农业废弃物富集区、农村环境连片整治村，把污染治理和农业废弃物综合利用结合起来，在治理环境的同时，解决城镇集中供气和农业资源循环化利用问题；加强工程各单元工艺技术优化集成研究，提高工程科技含量和应用水平，在提高储气能力、管网建设质量等方面上一个新台阶；保证沼气集中供气工程的正常运营，必须加强和完善农业废弃物资源化综合利用站的管理提高以及管理人员和操作人员的技术水平；实现沼气产业化发展，有力地保障农业废弃物资源化综合利用站可持续运营。发展以沼气发酵为依托的产业链，进行多产业的组合，充分发挥多个产业的优势互补，在规模化的基础上实现沼气工程的效益最大化。

案例3　宁夏青铜峡市广武地区农村新型能源村镇建设模式

一、建设背景

2012年9月，经自治区农牧厅（农村能源工作站）积极争取，青铜峡市被国家列为108个国家级绿色能源示范县之一。自治区认真调研、筛选，2014年3月在青铜峡市广武地区建成了大型牛粪秸秆混合发酵集中供气沼气工程、生物质成型燃料加工项目；2015年申请年产1.2万立方米大型沼气发电项目并获得国家发改委、农业农村部批复。青铜峡市广武地区已初步探索形成了以解决生态移民缺能的集中供气工程，以保护环境、改善供暖条件、解决农林废弃物的生物质成型燃料加工项目和扩大沼气用途、防止二次污染的沼气发电上网互为补充的农村能源模式。

二、集中供气工程

青铜峡市同兴村大型沼气集中供气工程是目前宁夏运行的容积最大、供气农户最多的农村集中供气大型沼气工程项目之一。为了及时惠及移民，自治区农牧厅（农村能源工作站）积极协调支持，青铜峡市委、市政府采取了一系列保障措施，在土地、供水、供电等方面给予了大力支持，确保了项目建设顺利实施。项目于2013年5月开工建设，2014年3月竣工并投入运行。工程总投资1343万元，其中：中央补助资金623万元，工程实施按照国家绿色能源示范县要求，发挥市场主体作用，由宁夏瑞威尔能源工程有限公司负责承建、管理和运行。公司自筹资金720万元。工程采用以"预处理＋一级CSTR发酵罐＋二级CSTR一体化发酵罐＋高压储气柜＋集中供气＋沼渣沼液固液分离制肥"为核心的处理工艺。建设一级CSTR发酵罐2000立方米，单座容积为1000立方米，二级CSTR厌氧反应器1200立方米一座，建设沼气工程用房约930平方米，铺设沼气管网2000户，主要为沼气站北边2公里处的同兴村生态移民居民提供生活用气。项目增温保温措施为生物质燃料锅炉与太阳能联合增温。沼气生产全过程利用自动控制操作平台进行实时监控。项目投入运行以来，运行稳定，供气户数达650户，利用插卡预付费方式进行售气，供气价格为1.5元/立方米，售气窗口设在沼气站内。

农村能源项目的投入，不但解决了同兴村移民的日常生活用气，而且沼渣、沼液经过加工为种植业提供有机肥，形成了一条节能环保的绿色生态循环产业链，同时太阳能、生物质能的合理搭配，体现了农村能源"因地制宜、多能互补、综合利用"的建设原则。

三、效益分析

（一）经济、社会效益

青铜峡市广武地区的大型牛粪秸秆混合发酵集中供气沼气工程解决了生态移民缺能的

问题，保护了环境、改善了供暖条件。沼气工程年产沼气可供2000户居民生活用气，稳定供气户数达650户，供气价格为1.5元/立方米，解决了当地居民的日常生活用气。沼气工程产生的沼渣沼液经过加工可为种植业提供有机肥，减少了农药和化肥的使用。

（二）生态效益

沼气工程发酵原料为外购牛粪和秸秆，降低了畜禽粪污直接排放和秸秆焚烧对环境的污染。沼气工程产生的沼肥可用于周边葡萄基地，不仅降低了化肥和农药的使用，还提高了葡萄的品质和产量。

案例4　山西长治县庄子河村集中供气供暖模式

一、项目概况

在山西省晋东南长治、壶关、陵川三县交界地有一处被誉为"风水宝地"的小村庄叫庄子河村，名扬华夏的"天下都城隍"就坐落在这里，这里以其精湛的古典建筑、动人的历史传说、整洁的村容村貌，吸引着成千上万的游客到这里观光旅游。长治县金科养殖有限公司是庄子河村村办企业，目前公司年出栏生猪2万余头（见图7-5）。

图7-5　生产区鸟瞰

为达到粪污无害化、资源化利用的目的，2007年公司建设了2座容积600立方米的厌氧反应器、2座容积600立方米的储气柜以及气水分离、保温换热等其他配套设施，总投资457万元（见图7-6）。该项目集中供气入户共210户，使2个自然村和公司职工食堂用上了沼气清洁能源，从 2015 年开始，村里采购安装沼气取暖设备 10 套，庄子河村10 户农民实现了沼气取暖。

图 7-6 沼气站

二、技术模式

长治县金科养殖有限公司以沼气为纽带发展集中供气供暖生态循环模式，即以养殖企业为生产主体，将畜禽粪便变废为宝，通过厌氧发酵，生产出沼气进行集中供气入户，同时发展沼气供热技术为农民取暖，达到充分利用沼气能源的目的；生产出沼渣、沼液有机肥，替代化肥和农药用于农田果林蔬菜，提高了果树和蔬菜的产量和品质。从环境保护和资源利用的角度出发，项目走规模处理和综合利用的道路，实现了良性生态循环（见图 7-7）。

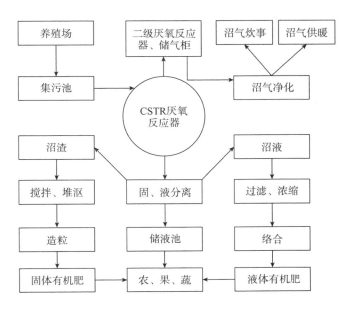

图 7-7 模式流程

三、效益分析

（一）经济效益

长治县金科养殖有限公司大型沼气站生产的沼气可供应 210 户农村居民和职工食堂炊事使用（见图 7-8），每年可以节约标准煤约 257 吨，减排 CO_2 约 642 吨，减排 SO_2 约 9.65 吨，年节支 25 万元。另外，本项目供 10 户农民使用沼气取暖炉取暖，可节省煤炭费用约 2 万元。产生的沼渣和沼液每年可培肥农田 600 余亩，可节省农药、化肥约 12 万元。沼气站年收入合计 39 万元。

图 7-8　沼气入户

（二）社会效益

沼气站的建设使猪场粪污资源充分利用，养殖场的卫生环境质量得到改善，同时也给附近的种植农户带来了良好的经济效益。该项目也是长治县的能源环境示范工程，对当地的畜禽养殖场废弃物资源化利用起到了示范带头作用。

案例 5　山西长子县绿野新能源产业园沼气清洁取暖循环利用模式

一、项目概况

长子县绿野新能源产业园位于长治市长子县石哲镇西汉村，产业园养殖园区养殖肉牛 400 头，品种为夏洛塔（见图 7-9）。种植示范园区占地 150 亩，现建有 4000 平方米全自动智能大棚 1 座并配备水肥一体化供肥管网，主要种植火龙果、软石榴等南方水果。公司于 2015 年建成 1300 立方米的大型沼气工程，总投资 470 万元。主要建设内容包括：1300 立方米厌氧发酵罐 1 座，2000 立方米双膜储气柜 1 座（见图 7-10），4000 立方米沼液池 1 个等（见图 7-11、图 7-12），目前工程运营正常。生产的沼气主要向西汉村 364 户居民供应，其中有 15 户示范户采用沼气壁挂炉取暖（见图 7-13），沼渣、沼液通过科学配方，对园区蔬菜大棚和周边农田施肥，形成了沼气清洁取暖循环利用模式。

图 7-9　长子县绿野新能源产业园

图 7-10　储气装置

图 7 - 11　沼气站全貌

图 7 - 12　预加热粪污收集池

图 7 - 13　沼气炊事与壁挂炉取暖

二、技术模式

（一）原料预处理技术

粪污收集池选用可透光阳光板建棚，可利用太阳光对原料进行预加热，提升发酵速度。粪污收集池上架设漏斗式螺旋送料器和干湿粉碎机，对牛粪中未分解完的秸秆等进行粉碎，便于泵送和发酵。

（二）密闭输料技术

将输料管道直接接入粪污收集池底部，采用泵送形式远程输送原料入发酵罐，避免拉运过程中的异味和洒漏。

（三）自动化远程可视上料技术

搅拌、上料过程随时可在电脑或手机上控制、查看。

（四）余热回收技术

将沼气发电过程中产生的余热充分回收，用于厌氧发酵罐的加温及厂区生活供热。

（五）水肥一体化灌溉技术

沼液通过科学配比，利用管道对周边大棚及农田进行施肥，提高农田土壤有机质含量，解决耕地基础地力下降问题，提高农产品质量，实现种养结合（见图7-14）。

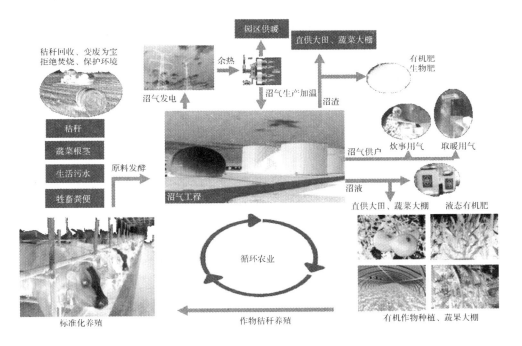

图7-14　长子县绿野新能源产业园循环示意

三、效益分析

（一）经济效益

该项目的销售收入主要来源于沼气、沼气发电、沼渣有机肥、高端液肥、沼液肥。截至2017年底，年产沼气42.3万立方米（其中向西汉村供气20.1万立方米，自用22.2万立方米），生产沼渣3720吨，生产沼液肥2340吨。实现营业收入约92.4万元，成本支出73.3万元，实现利润19.1万元（见表7-2）。

表 7 - 2　2017 年运营销售收入

序号	项目	单位	数量	单价	总价（元）	供应市场
1	供气	立方米	201305 立方米	1.5 元/立方米	301957.5	农村居民供气
2	沼渣肥	吨	3720 吨	120 元/吨	446400	周边大田
3	沼液肥	吨	2340 吨	15 元/吨	35100	周边大田
4	其他				140690	试种有机蔬菜及售牛
	合计				924147.5	

（二）生态效益

产业园以沼气产业为引领，"上连下促"，即上游连接拉动养殖业，下游促进有机种植。通过以种植带养殖、以养殖保沼气、以沼气（沼渣、沼液有机肥）促有机种植生态农业发展，形成了秸秆（农业废弃物）、禽畜粪便（养殖废弃物）→沼气→供应清洁生活能源（提供电能）→有机肥料→有机农作物（水果、蔬菜种植）→饲料、原料（秸秆）的区域生态循环系统。大型沼气站每年减少粪便排放量 1066 吨，节约标准煤约 302 吨，减少 CO_2 排放约 755 吨，减少 SO_2 排放约 11.34 吨，减少 COD 排放 286 吨，减少氨氮排放 7.15 吨。大型沼气工程不仅解决了园区养殖、种植带来的环境污染问题，而且也给西汉村居民的生活带来了崭新的变化，提高了他们的生活质量。

案例 6　浙江开化县沼气工程村级集中供气模式

一、华埠镇新青阳村花州自然村集中供气工程项目简介

（一）浙江开化县概况

浙江开化县是一个农、林、牧、渔各业全面发展的山区县，农、林、牧、渔四业占农业总产值比重为 72.8 : 12.4 : 12.7 : 2.1。粮食作物以单季稻为主，其次是玉米、番薯、大豆等，经济作物主要有茶叶、食用菌、油菜、蚕桑、蔬菜、柑橘等。畜禽以猪、鸡为主。现有各类种养业大户 6187 户，农村土地流转面积 1.8 万亩。生猪、家禽规模化养殖水平分别达 82% 和 88%。该县具有典型的江南古陆强烈上升山地的地貌特征，形成了山河相间的地形特点。境内除沿河分布小面积河谷平原外，其余地区群山连绵。

该县自 2000 年率先实施"生态立县"战略以来，县委、县政府就把发展农村沼气作为生态县和新农村建设的重要抓手，列入政府年度工作考核目标，通过近年来的不断努力，农村沼气发展已取得显著成效。在推进户用沼气建设的同时，积极试点，因地制宜，逐步推广以自然村为单元的沼气集中供气工程建设，加快农村能源生态建设。截至 2017 年 6 月，全县已建各类村级沼气集中供气工程 150 处，统计总供气户数达 2 万余户。

（二）沼气工程概况

浙江开化县华埠镇新青阳村花州自然村沼气集中供气工程属于浙江省能源开发利用项目，建于2015年，2016年投入使用。总投资110.7万元，地方投资45万元用于厌氧池、储气柜、脱硫塔、输气管道、用气设备、污水泵等，自筹资金65.7万元用于场地征用费、输气管道及管道埋设安装等（见图7-15）。

图7-15　浙江开化县华埠镇新青阳村花州自然村集中供气工程

沼气集中供气工程主要发酵原料为猪粪尿及冲洗水等，畜禽粪污通过预处理后进入厌氧发酵罐（260立方米）（见图7-16）；农作物秸秆作为辅助发酵原料，经酸化池（80立方米）进行预处理后进入厌氧发酵罐。发酵工艺为地下式CSTR，厌氧发酵后产生沼气进入储气柜（80立方米），沼气经脱硫脱水等净化处理后使用，建设输气管网5550米，处理后的沼气经管网输送到户，沼气工程内设沼液储存池（见图7-17、图7-18）。

沼气用途：所产沼气主要用于农户炊事用能，集中供气160户。沼液、沼渣用途：一是通过管道或罐车运输到茶园，年用量1.2万吨，亩增收高档名茶5公斤，普通茶30公斤，每亩可增收3800元；二是采用管道喷浇稻田、果园等，实现有机肥就近化利用。该沼气工程自2016年3月投入使用以来，一直正常使用。

图 7 - 16   带搅拌装置的地下式沼气发酵池

图 7 - 17   沼气站内储肥池

图 7 - 18   沼气站外储肥池

（三）沼气工程运行管理

浙江开化县华埠镇新青阳村花州自然村沼气集中供气工程由开化县能源环保公司派遣专业技术人员负责管理。运行管理人员主要由沼气技工负责担任，一般每个沼气技工管理5~6个沼气集中供气站，保证沼气站达到正常维护管理的要求，运行水平达到设计要求。工人主要负责定期的进料、出料，定期检查沼气管路系统和设备是否漏气，以及沼气工程的日常维修保养，向农户宣传沼气安全知识，收取沼气使用费用1.2元/立方米。县农村能源管理相关部门，每年对运行管理情况进行考核，达到相关管理运行要求的项目，给予每个集中供气点每年4000~6000元的补贴；每5~6个集中供气点建立1个服务网点，配备沼液运输车等基本设施设备。

二、主要经验

（一）定位功能、规范建设

浙江开化县华埠镇新青阳村花州自然村沼气集中供气工程的定位是将分散的畜禽粪便以及秸秆等农业废弃物就近化处理与利用。小型村级沼气集中供气工程，可适应农村操作运行维护管理水平低下的现状，可在低成本、低能源投入的前提下，处理农业废弃物，以便提供稳定的清洁能源，保证较高的综合效益。

为实现沼气工程建成后能够持续稳定运行，开化县成立农村沼气建后管护工作领导小组，负责沼气工程后续运行的组织、协调和落实。每年定期举办多次村级沼气工程维护管理培训班，并定期组织专项督查，协调落实建后管养资金，组织对建后管养工作年终考核，并把考核结果与补助后续管护资金挂钩。

自沼气工程建成以来，县农村沼气建后管护工作领导小组及时组织专项督查，发现问题及时指出并责令限期整改，领导小组根据需要，具体问题联系相关技术人员到现场技术指导。

（二）建章立制，有序运行

在县农村沼气建后管护工作领导小组和县农村能源办指导下，沼气站先后制定了沼气工程安全管理制度、沼气工程建后管养制度、技术服务人员服务承诺制度、工程设备巡查保养维修制度等一系列管理制度，促进沼气工程管理制度化、规范化。

（三）加强监管，确保质量

开化县华埠镇新青阳村花州自然村沼气集中供气工程由专人负责管理，工作业绩与薪酬挂钩，明确管理人员责任，确保沼气工程持续稳定运行，保证沼气工程安全生产。

组织沼气工程负责人员与技术人员定期进行沼气工程管理维护的相关培训和技术交流，进一步提升管理人员的业务素质和技术水平。

该沼气工程注重安全生产，工程在建设过程中配备了消防栓、灭火器及避雷等安全设施，制定了安全生产管理制度和设备、管网、用户巡查制度，定期巡查，以便发现安全隐患及时进行处理。

三、实践效果

开化县华埠镇新青阳村花州自然村沼气集中供气工程年产沼气1.8万立方米，使用率80%，每立方米收费1元，集中供气160户，仅沼气一项年收入约1.44万元，沼肥主要以就近化农用为主，对于特定用户再进行具体的议价协商。

该工程以附近大型养殖场的粪污为原料，引入沼气工程进行沼气生产。该工程日产沼液30余吨，富含大量的有机质、营养元素、腐殖酸等，以及多种氨基酸和活性物质。

沼液通过简单的自然好氧处理后，经过管网输送到周边茶园、农田、蔬菜大棚、果园作液态肥料（见图7-19）；沼渣经过堆肥处理后是良好的有机肥料，可用于水稻、玉米等农作物的栽培，利用沼渣施肥能够减少化肥的使用，既节省成本，又能够促进农作物的生长，实现沼渣、沼液零排放，最终形成"猪—沼—作物"生态循环模式。

图7-19 沼渣沼液施用于周边草莓、西红柿等农业种植园

四、效益分析

（一）环境效益

该地区未建设沼气工程前，养殖粪污直排入河塘，造成水质发黑变臭，蚊蝇滋生，污染了水源；农业废弃物如秸秆、有机垃圾等随意丢弃，堵塞河道，汛期存在很大隐患，同时在旱季易造成火灾隐患。建设沼气工程后，通过加强管理，集中处理该地区的畜禽粪污、秸秆、有机垃圾等易对环境造成危害的物质，既处理了猪场粪污，又改善了环境，同时为农户提供了便民的清洁能源。

（二）生态效益

开化县华埠镇新青阳村花州自然村沼气集中供气工程以沼气为纽带，积极推广"三位一体"生态循环农业模式，大力发展生态循环农业，畜禽粪污以及生活污水的处理率大大提高，有效保护了环境。土地在施用沼肥后，土壤有机质含量大幅提高，保水能力得到提高，土地肥力得到增强，而且有效减轻了因施用化肥给土壤带来的不利影响。经过初步调查发现，施用沼肥后土壤保水率提高0.7%、有机质提高0.5%。此外利用沼气工程处理农业废弃物来代替焚烧处理，也起到保护森林资源、减少温室气体排放的作用。

（三）社会效益

开化县华埠镇新青阳村花州自然村沼气集中供气工程的实施，可解决养猪场的粪污和该地区的农业废弃物的问题，进而能够美化该地区的生产生活环境，促进农牧结合持续健康发展，并消除对周边农业发展的不利影响和潜在疾病对周围居民的威胁。

沼气是清洁能源，也是可再生能源。利用养殖粪污和农业废弃物作为原料生产沼气，为该地区创造了一个良好的生态环境。沼肥的施用有利于促进绿色农产品的开发，在实现区域循环经济，促进周边地区农业发展方面产生积极的带动和引导作用。

（四）经济效益

将沼气输送到户，用于农户炊事用能，经调查农户每户用沼气可比用液化气等其他燃料节省500~600元。工程投入运行后，沼肥用于茗博园种植基地，每年可施用沼液1.2万吨，亩增收高档名茶5公斤，普通茶30公斤，每亩收入提高3800元，共350亩，增收133万元/年。

五、开化村级集中供气工程发展模式评价

（一）该模式优点

1. 推动农村清洁能源工程建设

该地养殖场产生的粪污及冲洗水进入厌氧发酵池，厌氧发酵后产生的沼气用于农户生活用能，沼液通过管道或抽渣车用于蔬菜、果树及大田作物。沼渣作为有机肥施用于麦田、果园等，实现零排放。同时经过沼气工程处理畜禽粪污，避免了将其直接排放到环境中造成的环境污染，以及因滋生蚊蝇为居民带来的病害危险。

农户将沼气作为炊事用能减少了薪柴、煤炭的燃烧，减少了有害物质的排放，大大改善了当地的生态环境。此外，经调查每年每户用沼气可比用液化气等其他燃料节省500~600元。

2. 促进生态循环农业可持续发展

在建设沼气工程之前，果蔬的种植与畜禽的养殖并未相结合，单一的发展模式下，畜禽粪污随意排放，农业废弃物随意堆放，这对当地的生态环境产生了不利的影响。

开化县华埠镇新青阳村花州自然村沼气集中供气工程建立后，使得"猪—沼—茶""猪—沼—果"等一系列的"三位一体"生态循环农业模式在该地得以发展。解决了畜禽粪污和农业废弃物的堆放对当地产生的困扰。同时，该沼气工程年产沼气1.8万立方米，用于对农户的集中供气；年产沼肥约1800余吨，用于沼气工程周围茶园、农田、葡萄园、蔬菜大棚的日常肥料供应，以及沼肥的制作，推动了区域生态循环农业发展。

3. 改善土壤结构，提升农产品品质

沼液沼渣生产有机肥用于农田种植，可培肥地力，增加土壤有机质含量，粪污经过厌氧发酵后，可杀灭大量的病菌，实现无害化，同时氮、磷等元素基本上都以简单的结构形式存在，并含有大量的腐殖质，可以改善土壤环境，有利于农作物吸收，是一种良好的速效肥。利用厌氧出水作为有机肥使用，作物的病虫害发病率大大下降，可减少农药的使用量，进而提升农产品品质。

（二）推广的必要性

1. 符合"三沼"就近化高效利用要求

目前，沼气工程亟待在我国农村进行推广和应用，农村沼气的建设能够破解长期在农村地区的能源短缺和环境污染的问题，对提高农民的生活水平和生活质量起到了积极的促进作用。

村级沼气集中供气工程的快速发展，在改善农村生活条件，促进农业发展方式转变，推进农业农村节能减排及保护生态环境等方面，发挥了重要作用。

2. 发展生态农业、实现农业资源可持续发展的有效途径

农业废物资源经过合理的开发利用，便是优良的能源。作为一种清洁能源，沼气可以替代煤炭，减少二氧化碳排放，每立方米沼气燃烧相当于减少二氧化碳排放 2.13～3.80 千克。通过沼气工程的建设，处理和利用畜禽粪污以及农业废弃物，不仅解决了环境污染问题，同时开发了农村可再生能源，实现了当地经济和资源的良性循环，应用沼气工程，结合（茶、菜、田）园用肥需求和布局，发展"'田园'＋沼气工程＋畜禽养殖"的模式，推动发展生态循环农业。

3. 有助于转变农业增长方式

村级集中沼气工程，适宜规模畜牧业发展趋势（小型规模化发展）与种植业（分散式的农业生产结构）发展连接起来，促进了能量高效循环，形成了"种植业（菜、果、粮）—养殖业（畜禽粪便）—沼气池—种植业（优质农产品）—养殖业"循环发展的农业模式。

（三）推广的可行性

1. 具备项目建设的基本条件

项目建设场地内水、电等基础设备能够接入拟建厂区，厂区道路平整，达到"三通一平"的要求，满足项目对基础设施的要求。另外，工程项目建成前考察当地畜禽粪污以及秸秆等农业废弃物的供应情况，以保证沼气工程建成后，能够持续稳定地运行。同时，沼气工程运行后，根据《畜禽粪便还田技术规范》（GB/T 25246—2010）、《畜禽粪便安全使用准则》（NY/T1334—2007）规定，畜禽粪便还田限量以生产需要为基础，以地定产，以产定肥。估计当地的农田、果园、茶园等能够消化沼液、沼肥的土地，以保证沼气工程产生的沼渣、沼液能够被完全消化，实现废物零排放。

2. 拥有稳定的政策支持

结合国家相关的政策和具体实施方法，地方政府相应出台相关的政策法规指导工程的建设、运行和管理，以确保村级集中供气工程的高效运行。

3. 拥有成熟的沼气工程建设技术

我国沼气工程的厌氧消化成套技术已日趋成熟，在某些方面已达到国际先进水平。我国科技工作者根据我国的国情，设计出适合我国农村不同地区的沼气工程。具体到畜禽粪便资源化利用技术，国内的设计人员能够根据当地的不同畜禽粪水特异性，进行包括预处理、厌氧、沼气输配、制肥、消化液后处理的全部设计。

案例7　宁夏利通区五里坡生态移民区大型沼气集中供气模式

一、模式简介

五里坡生态移民区，现有移民1100户约5500人，建有标准化规模牧场12个，奶牛

存栏 10000 余头。随着移民的迁入、养殖业的迅猛发展，移民传统的炊事用能及养殖粪污量的增加，给整个生态移民区的生态及生活环境造成了很大的压力。为了缓解这两方面的压力，利通区农牧局提出打造能源特色小镇的战略构想。

2013 年自治区财政决定实施绿色乡村、绿色建筑、绿色学校"三绿"工程，自治区农牧厅率先制定绿色乡村实施方案，以促进农业减排、循环经济发展、改善农村用能结构为目的建设 1 处 2400 立方米的大型沼气集中供气站，自治区财政投资 2000 万元，年处理养殖粪污 2.35 万吨，年产沼气 61.3 万立方米，铺设 1100 户农户供气管网，目前，500 多户农户已正常使用。项目年产沼渣、沼液肥 3.4 万吨，年可减排 COD 5751 吨，年减排 $NH_3 - NH_4^+$（氨氮）15.39 吨。工程采用村企合作方式，成立专业服务公司，进行合同制管理、市场化运作、专业化服务，确保全天候不间断供气。

五里坡移民区形成了"养殖—沼气—种植"生态循环农业模式。养殖基地产生的粪污经大型沼气工程无害化处理，产生的沼气、沼渣、沼液，不仅为生态移民区提供了绿色能源，而且为当地马铃薯制种、黑枸杞栽培、经果林发展等特色产业提供了优质绿色沼肥。

移民区的移民，做饭用上了沼气灶，清洁新能源的开发利用使五里坡的生态移民过上了和城里人一样的新生活，能源特色小镇已现雏形。

二、效益分析

（一）经济效益

五里坡生态移民区大型沼气集中供气工程年产沼气 61.3 万立方米，目前沼气已被周边 500 多户农户正常使用。按照目前售价每立方米 2 元计算，沼气代替常规能源收益合计122.6 万元。项目年产沼渣、沼液肥 3.4 万吨，为当地马铃薯制种、黑枸杞栽培、经果林发展等特色产业提供了优质绿色沼肥，每吨沼肥按 100 元计算，年收入达 340 万元。通过沼气和沼肥的综合利用，该沼气工程年增收节支 462.6 万元。

（二）生态效益

五里坡生态移民区大型沼气集中供气工程年产沼气 61.3 万立方米，相当于每年节约标准煤 437.65 吨，减排 CO_2 1104 吨，减排 SO_2 16.43 吨。该沼气工程生产沼渣、沼液肥用于制作绿色沼肥，减少了养殖场粪污直接排放对环境的污染，年可减排 COD（化学需氧量）5751 吨、氨氮 15.39 吨。五里坡生态移民区形成的"养殖—沼气—种植"生态循环农业模式以沼气工程为纽带，种养相结合，多层次综合利用资源，改善农村生态环境，变废为宝，化害为益，取得了显著的生态效益，并大幅加快了五里坡生态农业的建设步伐。

（三）社会效益

沼气工程是处理规模化畜禽养殖场粪污的一种有效途径，能够实现粪污的减量化、无害化和资源化，是生态农业、循环农业的重要纽带。沼气工程所产沼渣、沼液可作为有机肥料施用，从而减少了化肥的施用量，极大地减轻了现代常规农业因越来越依靠大量化肥投入而造成的环境污染。五里坡生态移民区的养殖基地产生的粪污经大型沼气工程无害化处理成沼气、沼渣、沼液，为生态移民区提供了绿色能源，为当地特色产业提供了优质绿色沼肥。

案例8 湖北松滋市区域高效循环利用模式

一、模式形成背景

松滋市位于湖北省西南部,地处平原和丘陵结合地带。松滋农村能源建设起步早,基础扎实,使用效果好。全市以沼气为纽带的循环生态农业生产模式已达52万亩,现存户用沼气池7.2万口,已建大中型沼气工程6处,小型沼气工程113处,年产沼气约3900万立方米,由沼气带来的经济收益每年近3亿元。近年来,随着城镇化和新农村建设的快速推进,以及农户养殖规模的变化,原依托养殖场建设沼气工程的模式已不能适应新形势发展。为了探索新机制,松滋市农村能源办公室围绕农村城镇和新农村小区做文章,探索出沼气工程"区域高效循环利用模式",即在农村新社区建设沼气集中供气站,满足农村居民清洁能源需求,实现了一年春夏秋冬四季全天候随时供气,同时为了充分综合利用"三沼",在标准化果、茶、菜园配套建设沼肥一体化工程,并通过网络远程监测供气站,提高了工程运转安全性能。

二、工程基本情况

(一)集中供气沼气工程——供气站

图7-20 供气站

松滋市拥有500立方米以上的小区规模化集中供气站15处，实现管道供气2760户。每处集中供气站建有沼气发酵、原料预处理、囤肥池、储气净化和输气系统，供气100~300户不等。经测算，15处规模化集中供气站年可减排$CO_2$100750千克和$SO_2$850千克；年节约薪柴75250千克，相当于保护206.25亩林地；年产沼渣、沼液429.4吨，相当于提供全氮1100千克、全磷200千克、全钾1075千克；年均产气量24062立方米，折合17187.5千克标准煤。

　　（二）水肥一体化工程

果蔬基地的沼肥综合利用工程

施用沼肥的绿色果蔬

沼气合作社的沼肥专业运输车队　　　　为"水肥一体"池灌输沼肥

图7-21　沼气工程与综合利用

与专业果蔬种植基地合作，延伸集中供气工程的效益链，集灌溉、施肥为一体，全自动化控制，用沼肥替代化肥，有偿供给，节水、节肥、节省劳动力。工程包含囤肥池180立方米、过滤池20立方米、调配池200立方米、泵房9立方米、输配管道和泵房配套设施。全市水肥一体化工程7处，年省工节肥增效收益1050万元。

三、模式特点

（1）有偿收集、处理区域内畜禽养殖粪污等农业废弃物。

（2）沼气工程所产生的沼气为农户、社区居民提供清洁能源。

（3）沼气工程所产生的沼液沼渣，提供给周边果、茶、菜等农业种植生产基地，替代部分化肥农药，既可改良土壤，又可提高农产品品质，实现农业的可持续发展。

（4）沼气专业合作社等组织通过多头收入，独立经营，自负盈亏，实现沼气工程长期稳定运行目的。

四、模式流程图

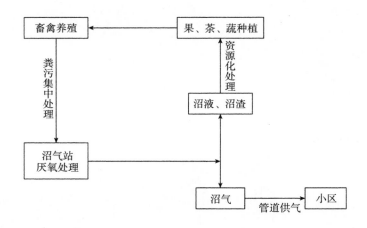

图7-22 模式流程

案例9 四川德阳市小沼集中供气盈利模式

一、模式简介

四川德阳小沼集中供气工程的业主是德阳涪城区村委会，村委会委托第三方公司管理，第三方公司派1个人管理了7个小型沼气工程，工程发酵规模30~150立方米。7个沼气工程发酵总容积600立方米（见图7-23、图7-24）。

二、模式运行情况

从成本来看：第一个是电费，1个沼气工程运行1天需要10元电费，7个沼气工程运行1个月需要花费2100元；第二个是运输费，1个工程1个月需要500元运输费，7个工

图 7 - 23 小沼工程俯瞰图

图 7 - 24 小沼工程主体

程合计 3500 元；第三个是人员劳务费，这 7 个工程均由一人负责管理维护，每月 5000元，即 7 个工程每月需要支付 5000 元的劳务费。

从沼气工程的运行收入来看，第一个是沼气的收入，集中供气共计 500 余户，每立方米沼气 2 元，平均每天 1000 元收入，每个月共计 3 万元的沼气收入（见图 7 - 25）；第二个是沼肥有机肥的收入，沼肥 200 元 1 吨，每月平均产 60 吨，每月沼肥收入合计 1.2 万元，因此沼气工程每月合计收入 4.2 万元。

图 7 - 25　沼气入户

综上，沼气工程每月运行成本需要 10600 元，每月收入 42000 元，盈余 31400 元，表明德阳市小沼集中供气模式具有极强的盈利能力。

三、模式主要工艺

四川德阳小沼集中供气工程是典型的全商品化小沼工程，主要采用了三种先进工艺、技术：玻璃钢缠绕工艺、原料商品化和发酵罐电加热。

玻璃钢缠绕工艺：该工艺以玻璃纤维增强不饱和聚酯树脂高强度玻璃纤维复合材料为主要原料，采用先进的玻璃钢机械缠绕工艺技术制作化粪池筒体，是专门用于处理生活污水的环保设备，适用于城市建筑小区、乡镇、办公写字楼、宾馆、学校、医院、部队、风景区、别墅群等污水的处理，不需任何外来动力和运行费用，节省能源、管理方便，具有很好的社会效益、环保效益和经济效益。

原料商品化：该沼气工程所使用的原料实现了商品化处理，管理人员对收集的粪污等原料进行粉碎、干燥、脱水、定型等处理后，形成可直接加入沼气池的发酵原料，在原料过多时可进行原料储备，以保障原料的可持续性，同时过多的发酵原料也可以按价出售给周围其他的沼气工程，实现了沼气工程原料的可持续性和商品化（见图 7 - 26）。

发酵罐电加热：发酵罐是一种对物料进行机械搅拌与发酵的设备。该设备采用内循环形式，材料采用优质不锈钢制造，内表面镜面抛光，外表面抛亚光、镜面、喷砂或冷轧原色亚光。罐内配有自动喷淋清洗，符合 GMP 标准。

图 7－26　发酵原料加工

四、关于该模式的思考

该模式的最大亮点就是能够自主盈利，且营收能力较强，去除建设成本，该模式运行下的 7 个小型沼气工程每月运行成本需要 10600 元，每月收入 42000 元，每月盈余达到 31400 元，每年接近 40 万元，经济效益极为可观。

首先，该模式通过发酵原料商品化，保障了产气量的稳定，进而保障了供气稳定，因此可以拥有固定的沼气用户，能够实现长期稳定的盈利。其次，该模式拥有强大的技术保障力量，农业农村部沼气科学研究所作为其技术支持，能够及时解决相关技术问题，保障工程的良好运转（见图 7－27）。最后，该模式得到了政府部门的大力支持，在建设过程中，政府部门发挥了至关重要的作用，保障了工程的顺利推进和运行。

图 7－27　四川省科学技术进步奖证书

三、沼气工程集中供气供暖模式各地的经验启示

（一）创新沼气工程建设补助机制

由于农村沼气工程建设单个项目规模小，且点多面广，招投标工作周期长、进度慢，常规管理模式难以适应其发展需要。创新农村能源建设管理机制，对项目采取多种补助方式，一是目前传统的项目建设前补助方式；二是试点部分项目采用"先建后补""以奖代补"方式，即建立农村沼气建设项目库，以库立项，作为获得"先建后补""以奖代补"资格的前提条件，制定并公开补助标准，只要纳入项目库的项目即可开工建设，建成并经验收合格后即可兑现补助资金，避免因年度投资计划资金下达时间影响工程进度，避免资金闲置和资金挪用；三是试点"终端产品"补贴，沼气补贴是提高沼气工程使用率和充分发挥沼气工程效益的最有效措施，可有效激发现有沼气工程的使用效率，提高向农民供应沼气的积极性。同时，通过沼气的纽带作用，进一步促进规模化养殖业和集约化种植业的发展。按照差别补贴的原则，分别核算沼气各类公共产品补贴标准。通过政府补贴引导，以财政小资金投入，吸引社会资金，确保各类沼气工程稳定运行、可持续发展和良性循环。

（二）紧紧围绕乡村振兴发展沼气集中供气供暖

农村生物质能源开发利用是农村能源建设的主要组成部分，作为实施乡村振兴战略的重要内容，将迎来黄金期，工作大有可为。下一步，认真贯彻党的十九大精神，紧紧围绕乡村振兴和美丽中国建设，按照"因地制宜、多能互补、循环利用、讲求效益"的思路，跳出固有思维、传统理念和管理模式，借势而为，将以往单纯解决农村能源生产供应的思路，转变到推动能源生产与大气污染和畜禽粪污治理、促进现代农业发展和美丽乡村建设相结合的系统工程上来，尽快适应新形势，提高素质能力，在落实秸秆燃料、用气、管网、燃烧设备、储气调峰设施等财政补贴的情况下，选择秸秆、畜禽粪便等生物质资源丰富的地区，积极对接当地政府、企业并发动农户。积极开展生物质能源供暖试点工作，与地方合力共建，先行在技术、机制、商业模式等方面进行试点，探索总结成功经验，待条件成熟后，适时开展推广工作。

（三）强化沼气集中供气工程调研和交流

一是对行业发展情况进行调研，对各种类型的沼气集中供气工程建设运行情况摸底调查。二是对沼气工程新技术、新产品进行考察调研，组织人员赴科研机构、大学、科研企业考察学习，并适时与这些机构建立合作关系；同时，到工程建设完整、项目运转效益良

好的工程现场实地调研，全面了解项目的建设、运营情况。三是注重横向交流，参加沼气工程的相关会议、培训及展览等，学习各地在沼气集中供气上和项目管理运行方面好的经验做法和先进技术。

（四）培育稳定的高信任度用户主体

一是培育高依赖度的沼气用户，通过技术和服务提升，坚持高投入、高产出，确保农村沼气的高保障率、高使用率、高满意率，培育相当规模和比重、对沼气有信心和高依赖度的"铁杆"用户，农户厨房只用一口灶——沼气灶，农户家中有更多的沼气用具——沼气热水器、沼气饭煲等。二是培育高信任度的沼气用户，围绕用肥需求，针对养殖场粪污处理方式和特点，选择合适的沼气发酵处理工艺和建设方式，重点推广（CSTR + ABR）处理工艺，分别处理养殖粪便和冲洗污水，一方面采用高浓度发酵处理后的沼液、沼渣，既能满足基本肥分指标，又能满足沼肥运送的经济性；另一方面降低了冲洗污水中的COD、氨氮、磷等浓度，减轻后处理压力。围绕扩大用肥群体，针对不同地域的多种农作物种植，开展沼肥施用技术研究示范，总结施用技术规程和标准。

（五）大力开展沼气技术培训和宣传

不断强化各级农村能源管理队伍技术培训，通过举办培训班、现场实训、经验交流、知识竞赛等多种方式，提高业务素质。积极开展职业技能培训与鉴定工作，强化沼气生产人员的安全责任意识和操作技能。积极开展农村沼气知识公共宣传，充分利用报纸、广播、电视、网络、微博和微信等新闻媒体宣传沼气管理常识。围绕现代生态循环农业举办培训班，其中农村沼气建设、"三沼"综合利用等是重点培训内容。举办各种不同形式的有关农村沼气的培训和宣传，通过广播电视、印发宣传单、张贴宣传标语、举办讲座等形式向群众广泛宣传沼气知识，向沼气用户发放《沼气安全使用手册》，力争达到沼气技术、安全知识家喻户晓、人人皆知。

第八章 第三方运营规模化沼气模式

一、模式介绍

经济总量的增长和经济发展水平的提升，从根本上来讲是社会生产力在发展，而社会生产力发展的核心是社会化分工水平的进一步提升。我国畜禽养殖业的快速发展在改善人民生活质量、拉动经济发展的同时，也对水体、大气、土壤造成了严重的污染（石利军、孙杰等，2011），为了进一步促进我国畜禽养殖业规范、可持续发展，全面提升养殖行业发展水平，急需对畜禽排泄物进行科学化、专业化处理，通过发展沼气工程，开发利用可再生沼气能源对于生态保护、资源优化与高效整合加速农村产业结构调整，使农业生产向高产、优质、高效方向发展具有重要意义（唐雪梦、陈理等，2011）。

然而很多畜禽养殖业主受限于资金、技术和管理水平等因素，无力或者难以独立运营沼气工程，针对这种情况，第三方运营的规模化沼气模式应运而生，进一步推动了沼气行业的发展。显然，沼气工程建设的持续推进离不开整个行业的专业化分工水平的提升。而第三方运营规模化沼气模式的蓬勃发展就是最好的印证，此类沼气工程起着承上启下的作用，连接着粪污、秸秆等需要处理的业主和对"三沼"有需求的业主，并从事专业化、全产业链的服务。产业化沼气是我国发展生物质能源的重要方向，具有巨大的市场潜力和发展前景，对于缓解我国能源短缺，促进碳减排具有重大意义（曲建华、王振锋等，2012）。

具体来看，第三方运营规模化沼气模式的专业化水平相对较高，该模式下沼气工程的实际运营者包括企业、协会、合作组织、家庭农场及政府部门等独立于养殖场和种植单位的主体。该模式沼气工程一般布局在畜禽养殖规模较大且相对集中的地区，规模以大型和特大型为主，且发酵原料多样化，主要有畜禽粪污、城市有机垃圾、工业有机废弃物或废水等。在整个模式中，由第三方主体充当媒介，以沼气工程为纽带连接多方利益主体，向上需要联系处理畜禽粪污的养殖场、处理秸秆的种植基地等以获取发酵原料，向下又需要第三方主体与种植基地业主、能源需求主体等进行对接消纳生产的"三沼"产品，并针对"三沼"产品建立相应的收支机制。

二、典型案例及效益分析

案例 1　辽宁昊晟沼气发电有限公司沼气发电工程生产模式

一、工程简介

辽宁昊晟沼气发电有限公司依托辽宁辉山乳业集团养殖产业优势和粪肥资源，利用生物技术手段，按照循环经济模式，将养殖场粪污进行能源化、资源化综合利用，生产加工生物质能源和生物质有机肥。

辽宁昊晟沼气发电有限公司坐落在法库县秀水河镇，公司成立于 2010 年 1 月，注册资本 6880 万元，位于法库县秀水河镇八家子村，总占地 80000 立方米，主要经营范围：沼气发电；新能源生物肥料加工；自营和代理各类商品和技术进出口。

项目内容主要包含：建设有效容积 6000 立方米 CSTR 厌氧反应器 8 座、安装 4 台单机容量 1415 千瓦沼气内燃发电机组、单体容积 5000 立方米的双膜储气柜 1 个、预处理设备 1 套、生物脱硫净化设备 1 套、沼液缓冲池 7 座、沼渣沼液处理系统 1 套。2014 年 3月，项目总装机 5.6 兆瓦，4 台单机容量 1415 千瓦沼气内燃发电机组安装完毕，2015 年10 月所有项目主体内容建设完成，进入调试阶段。

目前，项目制沼系统、净化系统、沼气储存系统、沼渣沼液处理系统均已调试正常，产气稳定。沼气厂主要处理辉山 4.48 万头存栏奶牛的粪便、尿和冲洗水，现日处理粪污2000 吨，日产沼气 5.3 万立方米，池容产气率为 1.1 立方米/（立方米·天），沼气厂正式发电并网后可日产电量 10 万度。该工程年产气量可达 1934 万立方米，年产固态沼肥 4.05万吨，液态沼肥 62.26 万吨，液态有机肥用于辉山集团自营 3.3 万亩优质青贮饲料种植基地，固态有机肥用于市场销售。

本项目位于辽宁省沈阳市法库县秀水河镇八家子村，项目运行后有效地解决了附近 16个奶牛场（常年存栏量为 44800 头奶牛）粪水的无害化处理问题，从根本上解决了辉山畜禽养殖场粪污污染与周边环境保护、化肥施用与土壤污染之间的矛盾，形成了农田—奶牛—粪肥—农田的循环生态链，按循序经济理论，构建了社会主义新农村的经济发展新模式。

二、生产工艺

沼气发电厂采用能源生态型的沼气工程工艺，利用该工艺发电厂将原料由废弃污染物变成绿色环保的产品。其流程如图 8-1 所示。

能源生态型工艺流程包括：预处理→制气（厌氧消化）→沼气净化→发电和沼渣沼液利用。各处理阶段分析如下（见图 8-2）。

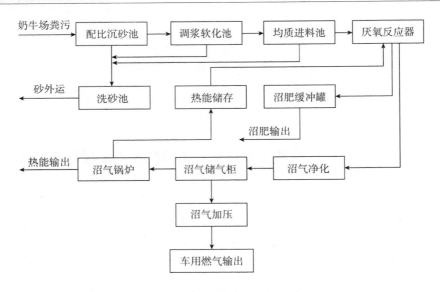

图 8-1 沼气发电厂工艺流程

图 8-2 原料预处理、厌氧发酵、沼气净化及沼气储存设备

（一）预处理

原料通过车辆运输到进料池，由于项目所在地冬季温度较低，冬季牧场收集来的粪便

需先化冻，另外，由于主处理工艺采用中温厌氧消化，预处理阶段需对物料进行加温。物料通过提升泵进入沉砂池，在沉砂池内对原料进行除砂处理，处理后的物料由提升泵打入厌氧消化单元。

（二）厌氧消化

综合考虑沼气发电厂所处的区域（东北，温度较低）及产气效率等因素，沼气工程采用中温厌氧发酵工艺，其最佳温度范围为 35 ± 2℃。

沼气工程采用完全混合厌氧工艺（CSTR），该工艺是在常规消化器内安装了搅拌装置，使发酵原料和微生物处于完全混合状态，与常规消化器相比，活性区域遍布整个消化器。

物料发酵周期为 22 天，物料在此期间能够进行完全反应。在厌氧条件下，物料经过水解、产酸，生产 CH_4 阶段产生沼气。

厌氧消化阶段进料量 TS 总量为 221 吨/天，在中温厌氧环境下，产气量可以达到50000 立方米/天。

（三）沼气净化、储存

产出的沼气含饱和水蒸气、CH_4 和 CO_2，以及 H_2S 和悬浮的颗粒状杂质。H_2S 不仅有毒，而且有很强的腐蚀性。因此，新生成的沼气不宜直接作燃料，需进行气水分离、脱硫等净化处理，其中沼气的脱硫是其主要问题。

对于牛粪厌氧处理产生的沼气，其中 H_2S 气体含量为 1500~2000ppm，沼气发电要求 H_2S 含量小于 200ppm，沼气的脱硫净化处理是必需的。

由于沼气产用速率之间的不平衡，所以必须设置储气柜进行调节。沼气用于发电，按照日沼气产量 10% 设计，需要容积为 5000 立方米的沼气储气柜。沼气发电厂采用干式双膜储气柜。沼气经过双膜储气柜，再经过除湿增压后，进入发电机房。

三、收储运技术模式

该项目主要处理辽宁辉山控股（集团）有限公司法库地区的奶牛粪污，现法库地区奶牛场出于养殖防疫的要求，两个奶牛场之间的距离一般在 3 千米以上。根据法库县规划的 20 个奶牛场的地理位置，按照制沼原料搜集成本相对最低、交通条件相对最便利的原则，确定项目场址位于法库县秀水河子镇八家子村西边，占地总面积 120 亩。该项目中原料及沼液两方面涉及收储运系统，以下对这两部分进行简单介绍。

（一）原料收集与运输模式

该项目位于规划的 20 个标准化奶牛场的相对中心，距离最近的八家子奶牛场仅 80米，距离最远的哈户硕奶牛场约 20 千米。考虑到距离最远的 2 家牛场的粪尿运输成本过高，该项目拟只处理 18 家奶牛场的粪便，平均搜集距离在 10 千米范围以内。

奶牛粪污在奶牛场采用干式收集方式，由于奶牛持续产生粪污，粪污会在粪道上逐渐累积，为了及时清理，采用电动刮板干清粪方式。其运行模式为：粪道上设置电动刮粪板，刮粪板根据牛舍内粪污产生量进行设置行程，粪污由牛舍一侧刮入到另一侧粪沟中，行程到位后刮粪板臂会自行收缩成一条直线回到起始点，到达起始点后，刮粪板臂打开，向粪沟一侧进行行走，如此往复运行，源源不断地把粪污刮入到粪沟中，粪沟与收集池相连接，坡向集粪池，粪沟中的粪污经过回冲管道进行水力输送至集粪池内，粪沟内的回冲管道上安装有电动阀门，在各个牛舍粪沟需要进行回冲时开启相对应的电动阀门，冲水结束后关闭阀门。整个粪污收集过程自动化程度较高，大大减少了人员工作量，同时物料收集采取适应牛群粪污产生分布特点进行连续运行，充分保证牛舍干净整洁，使牛群有一个良好舒适的生存环境。粪污收集及运输运行如图 8-3 所示。

图 8-3　粪污的收集及运输

（二）收集及运输制度

为了保证该项目原料供应的及时性，对粪污的收集及运输制定了以下规定：

（1）沼气厂组建了专业的运输车队，每天由沼气厂下达原料收购计划给车队队长，然后由车队队长负责沟通协调各个牛场粪污的情况并安排相应司机拉运粪污，一方面保证牛场产生牛粪及时收集运输出厂，另一方面确保本项目原料供应充足。

（2）每辆运输车辆都配有 GPS 定位系统，以方便对运输车辆的管理及应对突发情况，同时防止粪污被拉运至其他地方。

（3）运输粪污车辆进出牛场及沼气厂均需过磅检斤，检斤单一式 3 份，沼气厂与运输车辆各留 1 份，每月月末核对运输车辆每天进场原料的总量，并进行结算，运输费用按照不同牛场的距离制定运输每吨的单价。

（4）沼气厂安排相应的原料接收人员，每天对粪污车辆进行抽样化验原料质量，本项目主要监控原料的含水率、含砂量、pH 值、有机质等指标，一旦发现原料出现质量问题立即与车队队长沟通及时进行解决。

四、压缩天然气

压缩天然气（Compressed Natural Gas，CNG）是天然气加压并以气态储存在容器中。沼气发电厂以牛粪为主要发酵原料生产出的 CNG 是一种清洁环保的可再生能源，排放污染物少，并且与燃用汽油相比，CNG 具有节约燃料费用，降低运输成本（1 立方米天然气相当于 1.1～1.3 升汽油）、安全性高（燃点高、空气比重低、非致癌、无毒、无腐蚀性)、抗爆性能好、延长汽车发动机的维修周期等优点。目前，CNG 被广泛地进行推广与使用，具有广阔的市场前景，符合国家节能环保的能源要求。

沼气发电厂通过厌氧发酵系统产生的天然气经过脱水、过滤、除尘、脱硫、计量、加臭，再经压缩机加压成 20 兆帕以下的气体形成 CNG。最终处理后的产品进入到加气柱中，由专业的运输车辆槽车将发电厂母站的成品运到沼气发电厂的加气站，最终可供给各类加气车使用。CNG 系统每天可产出 2 万立方米的成品气。CNG 加气母站及运输槽车如图 8 - 4 所示。

图 8 - 4　CNG 加气母站及运输槽车

五、沼渣、沼液储存与利用方案

沼气发电厂的主要产品除了电以外，还有另外一个经济环保的产品——沼肥。原料中的有用成分通过充分厌氧发酵产生了沼气，剩余的物质经过固液分离设备分离出沼渣与沼液，沼渣可生产有机肥出售，沼液由奶牛场周边的种植地消纳。产生的沼液主要用于辉山自营种植基地，一方面解决了沼气发电厂沼液消纳问题，另一方面可提高作物产量，且减少种植基地购买肥料的费用。

厂区内建设总容积为 20 万立方米的临时沼肥储存池，用于储存生产过程中产生的沼渣、沼液。发电厂每天产生的沼渣、沼液为 1698 吨，储存池可储存 100 天的沼肥产量。有机肥加工生产工艺流程大致为：原料选配→发酵处理→配料混合→造粒→冷却筛选→计量封口→成品入库。

有机肥最新标准：粉状或颗粒状（Φ3～4 毫米）。

质量标准：参照有机肥料国家执行标准 NY525—2011 执行。

含水分≤30%，有机质≤45%，总养分（氮磷钾）≥5%，酸碱度 pH 值为 5.8～8.5。

系统稳定运行达产后，测定沼肥肥分含量，尤其是微量元素含量，据此，开发系列商品有机肥，以提高有机肥附加价值。系列商品有机肥包括蔬菜有机肥系列、花卉有机肥系列、果品有机肥系列、基肥系列、叶面肥系列、秧肥系列等。加工后的成品均用有机肥包装袋进行包装，有机肥具有应用范围广、改良土壤、肥效长等优点。我国是农业大国，该模式在我国具有广阔的发展空间。

沼液农田灌溉用量主要取决于当地农作物种植品种、种植模式、土壤养分供应量、作物养分移出量以及沼液所能提供养分量等因素。该项目位于辽宁省沈阳市法库县，主要灌溉的区域采用燕麦—玉米两茬种植模式（燕麦3月15日至4月1日播种，6月15~25日收获；玉米6月20~30日播种，9月20日至10月1日收获）。通过种植基地技术人员对施用地区土壤监测，获取项目周边地块土壤不同养分的供应量，从而计算出需通过施用沼液补充农作物的各种养分总量，通过专业机构定期检测该项目沼液中各营养元素的含量，进而计算出大地中植物所需养分的沼液施用量，最终出于充分利用养分资源、尽量减少损失浪费的考虑，确定沼液合理单位施用量（立方米/亩）。该项目确定沼液合理施用量为每亩15~30立方米，50万立方米沼液需要配套耕地面积1.7万~3.3万亩。沼液施用量的1/3~1/2用于燕麦，1/2~2/3用于玉米。燕麦和玉米各喷3~6次。生长前期少喷，生长后期多喷。燕麦兑水施用，单次喷灌量为每亩20~35立方米。玉米结合降雨喷施，干旱时兑水施用，单次喷灌量为每亩20立方米左右。

该项目厌氧发酵后的废弃物经固液分离机分离出的沼液首先储存于沼液储存池中，通过地下管道输送到种植地的蓄水池中。喷灌系统主要包含远程控制的喷灌设备、铺设沼液主输水管线（从发电厂到蓄水池、蓄水池到喷灌机中心点）、修建防渗漏蓄水池2个以及配套电路和水泵等。蓄水池的防渗漏和耐候性是所有沼液或者污水存储的关键要求。喷枪喷洒沼液的优点是：①喷洒量大，可满足不同沼液处理量；②喷嘴尺寸大，可有效避免沼液中残留的固体杂质堵塞；③数量少，便于维护和监控。

本项目根据该公司技术人员现场测量，结合公司情况和技术要求，该项目拟采用沼液喷灌的地块有两个，分别位于沼气发电厂的两端。本着有效灌溉面积最大化的原则，在项目所在地周边地区设计了含远程控制的喷灌设备7台，有效灌溉面积3949亩。图8-5为该项目喷灌机的布置图和喷灌机喷洒沼液及动物粪便时的局部图。

图8-5　喷灌机的布置图及喷灌机工作

六、效益分析

（一）经济效益

可再生能源是中国实现可持续发展的重要能源，其中沼气发电是可再生能源的重要利用方式，合理有效利用这一新型能源，能为我国农村和农业发展带来巨大的帮助。沼气发电技术是集环保和节能于一体的能源综合利用新技术，不仅沼气发电技术本身提供的是清洁能源，而且解决了沼气工程中的环境问题，消耗了大量废弃物，并可充分将发电机组的余热用于沼气生产，保护了环境、减少了温室气体的排放，而且变废为宝，产生了大量的热能和电能，符合能源再循环利用的环保理念，同时也带来巨大的经济效益。辽宁昊晟沼气发电有限公司总厌氧处理规模48000立方米（8×6000立方米），年产气量可达1934.5万立方米，按2元/立方米计，沼气收入合计3869万元；发电装机容量5660千瓦时，正式发电并网后可年发电量3650万度，电费按0.75元/度计算，电费收入可达2737.5万元。年产生固态沼肥4.05万吨，固态有机肥用于市场销售，以每吨300元计算，折合人民币12.15万元。年产生液态沼肥62.26万吨，用于辉山集团自营3.3万亩优质青贮饲料种植基地，节省化肥支出，经济效益显著。

（二）社会效益

该项目有机废弃物处理过程中减少了温室气体的排放。沼气作为清洁能源，经过能量转换为高品质的电能，热电联供机组产生的热能除了供给本工程生产用热外，还可用于冬季采暖和夏季外供输出；产生的余热实现了综合利用，提高了能量利用效率，为我国的节能减排事业做出了贡献。

通过生物工程技术处理后得到的沼肥为高品质的有机肥料，含有较全面的养分和丰富的有机质，是具有改良土壤功效的优质有机肥料，可以很好地改善区域生态环境。

案例2　湖北宜城市湖北绿鑫生态科技有限公司生物天然气循环利用模式

一、模式名称

生物天然气循环利用模式是指采用工业化、生态化和资源化方式处理种植、养殖废弃物，建设"混合原料高浓度连续多级厌氧发酵工艺"特大型沼气工程，并以此为纽带，形成原料收储运、热电联产和生物天然气生产及商品有机肥生产等多产业融合发展的循环农业经济发展新模式（见图8-6）。

图8-6　原料收集与存储

二、模式简介

宜城市湖北绿鑫生态科技有限公司的规模化生物天然气工程总投资 1.05 亿元，占地 100 亩，主要建设青黄贮预处理系统、匀浆池粪污预处理系统、德国引进 6 座混合原料高浓度连续多级厌氧反应器、生物天然气提纯及输供气系统、沼气热电联产及升压并网接入系统、余热回收利用系统、智能控制及监控系统、沼渣沼液高效固液分离及沼液回流系统、产能测试平台、有机肥和基质土生产线及相应配套设施（见图 8-7）。项目可年处理各类农林秸秆废弃物 5 万吨。项目建成后可年产 525 万立方米生物天然气、年发电 500 万度、年产有机肥及基质土 4 万吨（见图 8-8）。

图 8-7　沼气工程室内设备

图 8-8　工程实体

三、模式流程示意图

四、模式特点

（1）可以综合处理一定区域内各种有机废弃物，包括畜禽粪污、农作物秸秆和餐饮垃圾等。

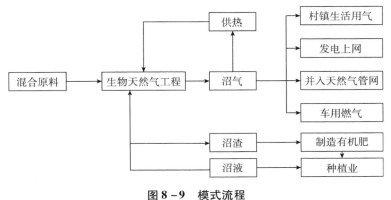

图8-9　模式流程

（2）工业化、规模化、产业化开发高质量可再生能源，形成规模化效益。

（3）工业化处理区域内各种有机废弃物、开发高质量可再生能源并进行商品有机肥生产（见图8-10）。

（4）采用混合原料高浓度连续多级厌氧发酵工艺。

图8-10　施用沼肥的蔬菜

案例3　江西新余市渝水区南英垦殖场规模化沼气发电上网模式

一、项目工程概况

2017年12月，江西省发改委批复，新余市渝水区南英垦殖场规模化沼气发电项目上网电价按每度0.589元（含税，含补贴电价）执行。2016年底该项目正式投产，建成容积20000立方米的大型沼气工程一座（见图8-11）、有机肥生产车间一座、沼气发电站一座，配置2台1500千瓦进口沼气发电机组，每年以第三方处理模式，可处理各类养殖废弃物40万吨，利用沼气发电2000万度，利用沼液、沼渣制成各类固态有机肥3万吨、高端液态肥4万吨，可为10万亩农田提供有机肥，大幅度降低周边农户化肥和农药的施（使）用量（见图8-12）。

图8-11 沼气工程主体发酵罐

图8-12 沼渣加工有机肥车间

二、工程模式特点

（1）独立于种养殖和政府的第三方公司建设运行，由专业公司整合环保建设和运行沼气工程，目的明确，技术可靠，持续稳定。

（2）政府重视，区域化、全域化处理。源头减量、过程控制、末端利用。

三、项目工程流程把控

（一）源头减量

建立沼气工程覆盖区域内的养殖场准入制，要求高架床养殖，粪污浓度控制在 TS 为 6%～8%（发电上网盈利临界浓度），建立粪污治理付费机制，该区域的养殖场每头猪每年给沼气工程10元的治污费。

（二）过程控制

专业公司，技术可靠，追求产气量和发电上网利润，发电外包给专业发电机企业运行管理，每度电付费7分钱给发电机厂商（见图8-13）。同时除了处理粪污外，还处理病死猪，多方经营，扩大盈利点，保证可持续发展。

图 8-13　1500 千瓦进口发电机组

（三）末端利用

由于源头减量化，TS 为 6%～8%，末端沼液数量得以控制，进行资源化利用成本降低，沼渣经固液分离后制备有机肥出售，部分沼液还田利用，剩余沼液进行浓缩制备液肥出售，全量化、资源化利用，零排放，环境友好，同时利润最大化。

四、效益分析

（一）经济效益

新余市渝水区南英垦殖场规模化沼气发电上网模式就是以养猪为龙头，以沼气为纽带，联动有机肥生产，是全量化、资源化的规模化沼气模式。沼气工程收集养殖场粪污下池发酵产气，生产的沼气用于发电上网，营收能力突出。在生产末端，沼渣用于生产有机肥出售，进一步扩大了利润空间。

（二）生态效益

沼气工程不仅确保养殖场的生产废弃物得到净化处理，而且其产生的沼液可以浸种、浇菜、喷果，还可以喂猪养鱼，有利于增加农作物和果树的抗旱、抗冻和抗病虫害的能力，提高农产品的品质。沼肥有利于土壤的改良，改善土壤的团粒结构。

（三）社会效益

新余市渝水区南英垦殖场规模化沼气发电上网模式切合当地农村实际，可操作性强。该模式深受养殖场的欢迎，杜绝了原来蚊蝇纷飞、臭气熏人的粪坑。该项目的实施既解决了养殖场的后顾之忧，又推动了生态循环农业的发展，同时创造了就业岗位，其社会效益明显。

案例 4　河北塞北管理区牛场粪污沼气化处理模式

一、概述

张家口市塞北管理区位于河北省西北部，地处冀蒙交界的坝上地区，前身为河北省国营沽源牧场，2003 年改制为管理区。全区总面积 267 平方公里，其中耕地面积 16 万亩，马铃薯种植面积保持在 6 万亩左右，奶牛存栏保持在 5 万头以上。2009～2016 年先后建成并运营的现代牧业粪污处理循环利用示范项目四期工程，共配备 500 千伏安发电机组 6 台、2 吨沼气锅炉 3 台、20 吨沼气锅炉 1 台，日产沼气 3.96 万立方米，年发电 1000 万度，全部自用，发电主要供部分生产区及生活区使用，沼气锅炉供应场区取暖、液奶生产、发酵池升温等。

由于 2015 年新建设的三个万头牛场不再自建粪污处理设施，塞北管理区引进北京桑德环境上市公司，投资 1.75 亿元实施了牛粪资源综合利用项目，建设两处大型沼气工程，分别为塞北管理区东大门管理处、塞北管理区沙梁子管理处牛粪资源化利用工程项目。在此重点介绍东大门管理处项目（见图 8-14）。

二、关键技术原理和特点

该项目采用能源生态型处理利用工艺，具有工程投资少、运行费用低、工艺简单、管理和操作方便等优点，处理后的沼渣、沼液可直接施用于周边农田。考虑节能和保证供气（尤其是冬季产气）等的要求，该项目采用中温发酵工艺。

厌氧发酵工艺选用 PFR 工艺，结构简单，尤其适用于牛粪的厌氧消化。具体优点如下：①进料 TS 浓度较高，该工艺运行方便，故障少，稳定性高，能耗低。②发酵物先进先出，发酵产品的卫生学指标和稳定性更好。③全地下发酵罐比全地上的更易保温，散热

图 8 - 14　地下发酵池（12 座）

更少，更适合在北方寒冷地区应用。④推流工艺产气量稳定，不因进料时间及季节温度的变化而影响产气效率。

三、投资和建设

该项目于 2015 年 9 月开工建设，占地 150 亩，项目总投资 9666.21 万元，其中国家补贴资金 3000 万元，企业自筹 6666.21 万元。

截至 2017 年底，该项目土建工程和设备安装已完成 95%，脱硫、储气设备已完成订购，等待基础建设完成后安装，2018 年初开始投入使用。

四、效益分析

（一）经济效益

塞北管理区沼气工程年产沼气 1445.4 万立方米，年发电 1000 万度，全部自用，发电主要供部分生产区及生活区使用，沼气锅炉供应场区取暖、液奶生产、发酵池升温等。相当于年节约标准煤 1.03 万吨，年减排 CO_2 26.04 吨，减排 SO_2 287.37 吨。该项目预计年均收入 2808 万元，年利润 784 万元，税后利润 588 万元，项目预期盈利能力较好。

（二）生态效益

通过大型沼气工程建设，塞北管理区各新建大型奶牛养殖场可实现清洁生产，改善生活环境和场区环境，减少疾病发生率，提高产品品质。同时，选用先进处理工艺治理后，将沼渣和沼液分别制成固体有机复合肥和液体有机复合肥，固体有机复合肥可作为农作物的底肥或追肥，液体有机复合肥可作为叶面肥或滴灌施肥，替代大量对土地有副作用的工业化肥，形成"养殖—能源（沼气）—肥料—种植—养殖"循环生态模式（见图 8 - 15）。

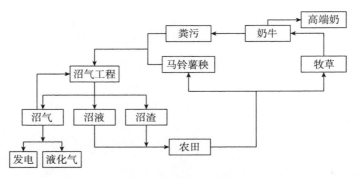

图 8-15　产业链流程

（三）社会效益

项目建成后，新增劳动定员 38 人，可解决当地剩余劳动力 30 人就业，实现部分劳动力的转移，并能带动周边农户发展绿色、有机蔬菜，增加农户收入。项目地点位于两座牛场之间，距离近，采用管道直接输送粪污，减少运输费用，有效防治农业面源污染和大气污染，同时有效消解当地群众对粪污污染的抵触情绪，为推动畜牧业发展减少干扰因素。

五、运营管理

通过管道将产生的粪污无偿交于粪污处理厂，粪污处理厂不收取养殖场粪污处理费用。政府、粪污处理厂、养殖公司签订了三方协议予以保证并负责监督落实。由张家口塞清环保有限公司具体负责实施该项目，包括项目的建设、运营、管理等相关工作。

六、主要经验作法

（1）项目建设全地下发酵罐，保温效果好，不易散热，在坝上高寒地区冬季仍可保证粪污处理和沼气生产。

（2）项目地点位于两座牛场之间，距离近，采用管道直接输送粪污，减少运输费用，有效防治农业面源污染和大气污染。

（3）沼渣、沼液当作有机肥直接施用当地农田，替代化肥，可有效提高农作物产量，改善土质，推动绿色、有机农业发展。

（4）推进农牧结合和种养业循环发展，改善农村人居环境，提高农民生活水平。

案例 5　江西"3D"区域沼气生态循环农业模式

江西为解决生猪养殖粪污处理压力，发展农村沼气，以专业化能源环保企业为载体，集成沼气工程处理及应用前沿技术，引入市场和第三方治理机制，创新农业污染治理与农村清洁能源利用"双重"架构，在新余罗坊、九江彭泽等地开展"3D"区域沼气生态循环农业模式试点示范，探索了一条"环保、民生、生态"和谐发展的新路。

一、模式设计及技术特点

（一）区域养殖粪污全量化处理

针对养殖场的环保诉求，提出了养殖粪污全量化收集处理模式：一是养殖场粪污减量化，采用"三改二分"技术，改水冲清粪、水泡粪或人工干清粪为漏缝地板下刮粪板清粪，改无限用水为控制用水。平均每头猪每天产生的废水量控制低于 5 千克，粪污浓度达到 6% 以上。二是养殖场粪污全量收集。养殖场的粪污、废水和病死牲畜在养殖场收集池、库暂存，由专业第三方处理企业，通过专用运输车辆定时、定点、安全、全量收集运走。三是区域农作物秸秆离田利用，通过培育"农保姆"等农业生产全程社会化服务，利用秸秆作发酵原料，调配发酵原料比，降低沼肥总含水率。

（二）先进实用沼气发酵工艺技术

由第三方投资建设、运营规模化大型沼气工程或生物天然气工程（见图 8 - 16），集中资源化利用，通过全量化收集的养殖场粪污和水稻秸秆。

一是水稻秸秆的纤维素水解酸化，采用专属的复合纤维素水解酶对稻草等纤维素含量较高的发酵原料进行催化水解，实现纤维素由大分子多糖变成小分子单糖，纤维素结构性成分液态化，进而方便泵送并降低搅拌能耗，提高物料的厌氧细菌可及度，大幅缩短了厌氧消化停留时间（20 ~ 28 天，常规厌氧需要 50 ~ 90 天），水解段产生的 CO_2 不进入沼气。

二是采用卧式厌氧反应器，经过预处理后的物料统一通过螺杆泵输送至卧式厌氧反应器；每组反应器内使用二组射流搅拌器，保证物料浓度和温度的均匀；配置油气两用自动供热锅炉，以保证厌氧发酵温度相对恒定于 35℃。

三是采用低高压力结合储气，为保证后续沼气的连续稳定使用，需要单独设置集中储气装置，对产气和用气进行有效的平衡调节，发酵罐产生的沼气先集中存于二级发酵罐顶部的储气膜内，经脱硫和脱水处理后，增压储存在干式高压储气罐中，然后经调压通过中低压输气管网，输送到居民区，再次调整为常压后，入户供给周边居民做生活用气，其余全部直接发电上网（见图 8 - 17）。

四是沼液、沼渣加工利用，发酵液经固液分离后，沼渣用于制作固态有机肥，部分沼液回流原料预处理，剩余部分排出做液态有机肥，或供给周边种植业及设施农业使用（见图 8 - 18）。

（三）改善和保障区域乡村生活用能

沼气是一种优质的再生能源，是经过提纯的生物天然气，具有经济高效、清洁方便和惠及民生等特点，以三口之家为例，每月用气费用不到 30 元，比蜂窝煤便宜 60%。沼气发电是一种非常稳定、绿色环保且可调峰的优质电源，具有其他可再生能源发电不可比拟的优点，将多余的沼气用来发电并网，则能实现沼气工程最大的产能发挥和效益最大化。

（四）支撑农业可持续发展

日产沼气 2 万立方米的沼气站达产后，每年能生产 3 万吨固态有机肥和 3.6 万吨液态有机肥，长期施用可以改良土壤结构，持续提高土壤肥力，减少农药化肥的使用，大幅减少农业生产造成的农业面源污染。推行清洁生产工艺，禁止饲料非法添加和滥用重金属，禁止兽药过量和滥用抗生素，保障利用畜禽粪污作原料生产肥料的安全性。同时，提升农产品品质，创建绿色生态品牌，提高绿色农产品的附加值，分享现代生态农业成果，带动农民增收致富。

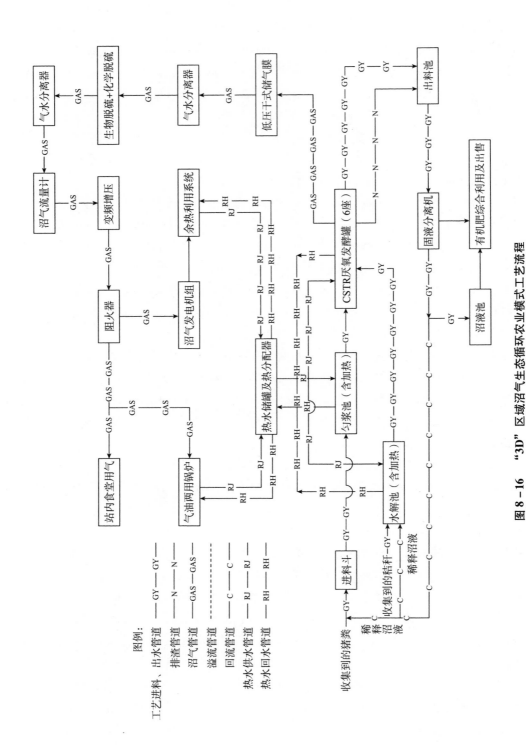

图 8-16 "3D" 区域沼气生态循环农业模式工艺流程

图 8-17　沼气高压干式储气柜

图 8-18　沼肥制有机肥生产线

（五）构建市场化运作机制

一是企业主导投资机制。在现代农业生产模式下，必须有龙头企业作为主导和推动泵，按市场规律以商品形式与上下游形成产业链。二是多方共赢机制，模式核心节点企业的沼气站通过与养殖场和种植户开展合作，实现共同发展。三是政府的扶持，政府在基础设施建设、社会化服务、可再生能源和有机肥利用等环节给予政策支持和资金补贴。

二、模式多元化的投资组成

（一）节点工程建设投资

规模化沼气工程和有机肥生产是模式的两个控制性节点工程，由于这两项工程具有显著的民生、公益特性，建设投资主要采取政府引导、企业主导、市场化运作的方式，政府对规模化沼气工程建设给予35%左右的补贴。

（二）上游配套建设投资

一是规模养殖场标准化改造，根据"谁污染，谁治理"的原则，养殖企业是粪污治理的责任主体，也是治污设施的建设投资主体，政府为了引导和扶持养殖企业治理养殖污染，安排养殖场标准化改造资金支持养殖场治污设施建设。同时，养殖企业也同沼气站等资源化利用企业进行互利互惠的合作投资建设。二是种植区现代化改造，按照自然生态原则，改造田间设施，恢复田间生态系统，推广全程机械化耕作，改造田区运输通道，方便大型田间作业农机通行、沼肥等有机肥的运输施用、秸秆收集转运。

（三）下游配套建设投资

大力推广秸秆机械粉碎、破茬、深耕和耙压，推进沼肥、畜禽粪便等有机肥施用；推行测土配方施肥、精准施肥、水肥一体化技术，推广化肥机械深施。目前，政府安排资金重点实施了农田有机质提升工程、测土配方施肥等。

三、模式建设条件及风险

（一）模式建设条件

（1）区域性推进。选择粮食主产区、畜禽养殖大县、水源地等典型区域，在县域内以特定行政区域为单位，边界清晰，相对集中连片整体推进，区域内主导产业明确、种养产业规模化、新型农业经营主体发育良好，以提高资源利用效率和实现区域农业废弃物"趋零排放和全消纳"为目标，促进区域农业生产废弃物生态消纳和循环利用、种植业与养殖业相互融合。

（2）循环利用。区域内农业生产废弃物具备循环利用的基础，采用种养结合的循环发展方式，以减量化、再利用、资源化为原则，本模式中的规模化沼气站和有机肥生产厂二个节点企业就是推动区域生态循环农业发展的核心纽带和动力泵，推动养殖废弃物处理、秸秆综合利用和有机肥施用等生态循环农业生产有序开展。

（3）市场化运作。牵头企业是专门从事农业环保的企业，按市场规则，自主投资、自主建设、自主运营、自负盈亏。牵头企业联合与其产业关联度较高、循环模式联系密切的其他企业、社会化服务组织、农民合作社以及种养大户，在风险可控、盈利可期的生产经营领域采取以农户、家庭农场、种养大户等为主体持股的方式与其建立利益共享、风险共担、互惠互利的长效联结机制。

（4）全产业融合。通过农业废弃物资源化利用中心和有机肥处理中心，将上游种养殖废弃物产生端与下游资源再生产品应用端结合起来，推动养殖和种植各产业链无缝衔接，形成闭链生态循环，建立可靠的盈利模式，全产业融合发展，形成多方共赢的综合效益。

（二）模式推广影响因素

一是运营企业的投资目的和信心。核心运营企业的投资目的和能力是决定项目生命力的关键因素，而项目投资回报风险是影响企业投资信心的决定因素。项目收益主要影响因素有沼气、有机肥价格和数量，以及原料成本，由于目前农村燃料的多重性，气价相对偏高，用气量就会急剧减少，同样有机肥也相似，而原料成本则相反，需求量增大时价格可能会增加。据测算，如果没有政府补贴，项目静态全投资回收期达15.02年，投资风险极大。

二是政府的引导政策。前期试点经验显示，政府是否切实将生态循环农业发展放在县域经济发展突出的战略位置，是否制定了生态循环农业发展规划或畜禽粪便、秸秆等农业废弃物综合利用规划，以及是否建立了组织协调机制、出台了支持政策，对模式企业的运营影响非常大。同时，农业、发改、环保、财政、安监等政府相关部门能否创新管理制度，从促进生态循环农业发展角度，加强监管来保证国家投资效益发挥，支持模式企业的建设和运营，农业部门主动服务，指导模式运营，发改部门加大建设支持，环保部门加强执法，促进业主规范种养等。

三是各投资方利益保障和效益回报。首先，政府投资目的是否可以通过第三方投资运营实现，牵头企业只有建立了可靠的盈利模式，能实现相对可观的经营收益，模式才具有生命力。其次，企业在风险可控、盈利可期的生产经营领域采取以农户、家庭农场、种养大户等为主体持股等方式与其建立利益共享、风险共担、互惠互利的长效联结机制，实现企业、政府和百姓的多方共赢，生态循环农业模式才能可持续发展。

四、研究小结

（一）构建"3D模式"沼气生态农业系统

一是区域性的多产业、多工程、多企业。围绕着区域内农业废弃物的资源化利用，培育多个投资、建设、运营"三位一体"的产业实体，建设多个农业废弃物处理沼气工程，联动多个养殖、沼气、种植"三位一体"的经营实体。二是区域性的全空间、全方位的循环农业。

（二）构建"四轮驱动"运行机制

在"3D"区域沼气生态循环农业模式中，构建"减量化生产、全量化处置、无害化处理、资源化利用"相结合的"四轮驱动"运行机制。

（三）建立"五化齐驱"发展取向

在"3D"区域沼气生态循环农业模式中，以"科技化、智能化、联盟化、标准化、品牌化"为发展取向，实现"农业产业生态化"向"生态农业产业化"发展。

（四）实现"多方共赢"的综合效益

在"3D"区域沼气生态循环农业模式中，通过提供环保、民生、生态三大公共产品，实现了政府、企业、群众、社会多方共赢的效益。

五、效益分析

（一）经济效益

新余市罗坊建设"3D"区域沼气生态循环农业模式试点示范采用区域养殖粪污全量化处理、先进实用沼气发酵工艺技术，改善和保障区域乡村生活用能、支撑农业可持续发展，建立了可靠的盈利模式，实现了企业、政府和百姓的多方共赢。通过养殖场粪污减量化和全量收集以及区域农作物秸秆离田利用，充分利用养殖场的粪污和农作物秸秆，减少了养殖场的粪污排放，缓解了周边农户农作物秸秆处理困难的难题。生产的沼气入户供给周边居民，其余全部直接发电上网，减少了农民的生活成本，实现了沼气工程最大的产能发挥和效益最大化。沼气发酵以后的沼渣沼液作为固态有机肥和液态有机肥，大大减少了农药化肥的使用，并提升了农产品品质，带动了农民增收致富。按达产测算，日产气量3万立方米沼气工程，每年净收益1541万元，在不计算财务成本的前提下年收益率达7.7%。

（二）生态效益

沼气是一种优质的可再生能源，特别是经过提纯成生物天然气，具有经济高效、清洁方便等特点。养殖企业与沼气站等资源化利用企业进行互利互惠的合作投资建设，提高了资源利用效率，实现了区域农业废弃物"趋零排放和全消纳"的目标，促进了区域农业生产废弃物生态消纳和循环利用、种植业与养殖业相互融合。在新的环保产业条件下，碳减排、排污权交易等潜在收益，也为企业赢得巨大的发展前景。

（三）社会效益

建立可靠的盈利模式，实现企业、政府和百姓的多方共赢，是生态循环农业可持续发展的关键。新余市罗坊建设"3D"区域沼气生态循环农业模式试点示范，企业主导投资，企业的沼气站通过与上游的养殖场和种植户开展合作，政府在基础设施建设、社会化服务、可再生能源和有机肥利用等环节给予政策支持和资金补贴，通过政府引导、企业主导、市场化运作的方式，提供环保、民生、生态三大公共产品，实现了政府、企业、群众、社会共赢。

案例6　河北安平县京安生物能源科技股份有限公司"热、电、气、肥"联产循环模式

一、概况

河北京安生物能源科技股份有限公司位于河北衡水安平县，始创于2013年，总资产1.8亿元，以农牧业废弃物资源化利用和以沼气为基础的热电气肥联产享誉华北，是河北省沼气循环生态农业工程技术中心发起单位、国家农业废弃物循环利用创新联盟常务理事单位、国家畜禽养殖废弃物资源化处理科技创新联盟副理事长单位（见图8-19）。

图8-19　沼气发电厂

京安公司把解决秸秆焚烧和畜禽养殖废弃物处理作为企业可持续发展的重大课题，以沼气和天然气为主要处理方向，以当地就近农业能源和农用有机肥为主要使用方向，大力推进农业废弃物的全量化利用，配合化肥减量化行动，推广生物有机肥，有效解决了农牧业废弃物治理难题。建设了污水处理厂、沼气发电厂、生物质热电厂、有机肥厂，初步形成了三种可复制可推广的技术路线：一是畜禽废弃物资源化利用。在全国大力推行粪污制沼的环境下，京安股份积极开展科研攻关，采取具有自主知识产权的低浓度有机废水高效厌氧发酵制取沼气专利技术，解决了沼气生产波动大的难题，实现了全天候持续稳定产气，成为北方第一家利用畜禽粪污并网发电的沼气发电企业。启动了生物天然气提纯项目，实现了沼气入户、车用加气、沼渣沼液生产有机肥等多元化利用。探索建立了粪污收储运机制，与全县养殖场户签订粪污收购协议，处理全县养殖场户的粪污。京安公司配建了病死猪无害化处理站，病死猪先经无害化处理后再转运到有机肥厂生产有机肥，实现了病死猪全部无害化处理、全部资源化利用。二是农林废弃物能源化利用。生物质热电厂引进世界先进热电联产技术，通过燃烧农作物秸秆等生物质，解决居民冬季取暖集中供热需求。探索建立"公司＋合作社"秸秆机械化收集体系。带动 5000 户农民参与秸秆收集、加工、储存、运输、销售网络，全县秸秆综合利用率达到 96% 以上，新增产值 1.2 亿元，成为农民收入新的增长点。三是污水处理综合利用。污水处理厂采用政府购买服务、第三方运营的 PPP 模式，利用微生物回流技术，日处理污水 5 万吨，将养殖场和城镇生活污水脱氮除磷、降解 COD，处理后达到国家一级 A 类处理标准，应用于园林灌溉、滨河公园水源补充和工业用水，对缓解水资源短缺、减少地下水开采发挥了重要作用。

　　二、"热、电、气、肥"联产循环模式示意图

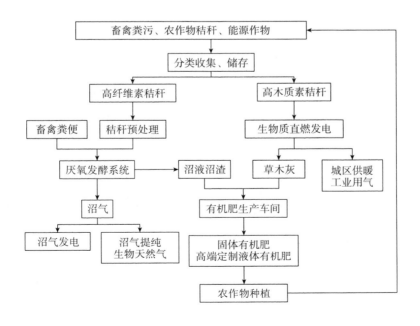

图 8-20　循环模式

三、"热、电、气、肥"联产循环模式

该公司沼气发电项目投资 9633 万元，利用生猪养殖场猪粪污制沼发电并网；生物天然气项目（利用世行贷款"安平县农村沼气资源开发利用"项目）投资 2 亿元，以周边中小猪场粪污和当地废弃玉米秸秆为原料，年提纯生物天然气 700 万立方米供应周边 2 万户居民炊用取暖和 CNG 加气站；生物质直燃发电厂投资 12 亿元，以废弃秸秆、废弃果树枝等为原料，实现发电并网和县城集中供热，年利用废弃秸秆 30 万吨，发电 2.4 亿度。以上三个项目产生的废弃物沼渣、沼液及草木灰通过有机肥厂加工成有机肥产品，供应周边县市的大棚蔬菜、水果、中药材、花卉及粮食作物，形成完整的种养循环生态产业链。另外通过和瑞士第一沼气国际公司合资的京安瑞能公司对外开展沼气综合利用项目技术咨询、施工运营、工艺调试、项目投资等，为国内的农牧业废弃物资源化治理提供专业服务。

该公司以先进的废弃物资源化利用技术为依托，通过沼气发电项目、生物天然气项目及热电联产项目，对京安养殖场及安平县域内畜禽粪污、废弃秸秆等农牧业废弃物进行综合治理，整县推进，通过发酵制沼、沼气发电，生物质直燃发电，城市集中供热，有机肥生产等产业，形成了完整的"热、电、气、肥"联产跨县循环模式。"热、电、气、肥"联产跨县循环模式"三沼"综合利用率高，有较强的可操作性，它的适用范围也较广，只要种植业或养殖业发达的地区都可实施。

四、发展机制

该公司坚持"政府支持、企业主体、市场化运作"的原则，不断强化人才、技术、装备、机制等方面的创新，探索形成了可输出、可复制推广的农业废弃物资源化利用产业模式。一是打造政策支持体系。大力实施煤改气工程，促进了生物天然气入户；通过全额补贴"三品"认证费用，落实"化肥替代行动"，全面推广使用有机肥。二是掌握治污核心技术。与瑞士第一沼气国际公司、中国农科院合作，组建设计研发团队，攻克了北方地区低浓度粪污持续产沼气、沼气提纯、沼液膜浓缩等 6 项技术难题，为产业化发展奠定了坚实的技术基础。三是创新输出模式。通过定制、协议、电商等不同形式，面向全国推广有机肥。全面总结完善安平粪污治理的经验做法，委托京安瑞能环境公司复制与推广"安平模式"。目前已完成邯郸市临漳县等 4 个大型沼气工程建设，与华电河北鹿华热电公司签订了投资 4 亿元的农牧业废弃物利用项目开发协议。

五、效益分析

通过这种模式，可降低养殖成本，畜禽粪便制作有机肥就近入田；降低种植成本，项目所生产有机肥用于农田替代化肥，有利于改善农作物生长环境，实现绿色耕种，提高农作物品质，生物燃气可解决 3 万户的生活用能，实现节能减排，促进农作物增效，农民增收，增加就业；养殖粪污、COD 和氨氮排放都得到了有效控制，有效防止土壤板结，改善种植环境，建立种养结合机制。

（一）经济效益

河北安平通过大型沼气工程利用生猪养殖场粪污制沼发电并网；生物天然气项目以周边中小猪场粪污和当地废弃玉米秸秆为原料，年提纯生物天然气 700 万立方米供应周边 2

万户居民炊用取暖和 CNG 加气站（见图 8-21）；生物质直燃发电厂以废弃秸秆、废弃果树枝等为原料，实现发电并网和县城集中供热，年利用废弃秸秆 30 万吨，发电 2.4 亿度。生产的生物天然气用于发电、生活用气和供暖，相当于年节约标准煤 4998 吨，年减排 CO_2 1.26 万吨，减排 SO_2 187.6 吨。

图 8-21　生物天然气入户

（二）生态效益

通过这种模式，可降低养殖成本，畜禽粪便制作有机肥就近入田；降低种植成本，项目所生产有机肥用于农田替代化肥，有利于改善农作物生长环境，实现绿色耕种，提高农作物品质，生物燃气可解决 3 万户的生活用能，实现节能减排，促进农作物增效，农民增收，增加就业；养殖粪污、COD 和氨氮排放都得到了有效控制，有效防止土壤板结，改善种植环境，建立种养结合机制。

（三）社会效益

国务院副总理汪洋曾在全国畜禽养殖废弃物资源化利用工作会上对以京安公司为代表的"安平模式"给予充分肯定以及推广建议："河北安平通过大型沼气工程这样的纽带推进畜禽粪污能源化肥料化利用，不仅大幅提高了全县畜禽养殖废弃物综合利用率，还培育出了电气热肥一体资源化利用产业，安平的做法不错，我看除了东北这一带以外，西北基础条件好的地区也可以做。"该公司的这种模式不仅有效改善了周围环境，而且还将废弃物得以循环利用，资源化利用，为当地居民高质量生活提供了有力保障，还为农民就业敞开了大门。以改革为动力，以创新为源泉，为企业的发展不断注入新活力，为农牧业发展谱写新篇章。

案例 7　河北青县"秸—沼—肥"秸秆沼气产业化综合利用模式

一、概述

近十余年来，河北青县以河北耿忠生物质能源开发有限公司、青县新能源办公室联合自主研发的"秸秆中温高浓度发酵制取沼气工艺技术及相关设备开发研究"以及"基于秸秆沼液等含腐殖酸水溶肥料的研制"科技成果为依托形成了可盈利、可复制、可推广的"秸秆沼气产业化综合利用青县模式",在各级部门的大力支持下,在河北乃至全国进行了推广,通过建设大型、特大型秸秆沼气工程,利用玉米、小麦等农作物秸秆制取沼气供应居民生活用气或提纯成"生物天然气"供车用或工业使用,秸秆制沼气后的沼渣、沼液经深加工制成含腐殖酸水溶肥、叶面肥或育苗基质等,应用于蔬菜、果树及粮食生产,有效地提高了农产品品质和产量,减少了化肥使用量,增加了土壤有机质。

二、关键技术原理和特点

(1)青县模式的关键核心技术是"秸秆中温高浓度发酵工艺制取沼气技术及相关设备"。该技术是指:作物秸秆在发酵环境温度 30~45℃,料液浓度 15%~25%,pH 值 6.8~7.5 的厌氧条件下,由种类繁多、数量巨大且功能不同的各种微生物经过一系列的生物化学反应最终生成以 CH_4、CO_2 为主的混合气体的工艺技术。相关设备是指为确保"秸秆中温高浓度发酵工艺制取沼气技术"得以实现的粉碎设备、运输设备、上料设备、搅拌设备、输配设备、发酵罐、储气罐、增压加压系统等。

(2)"秸秆中温高浓度发酵制取沼气工艺技术及相关设备研发"的主要特点有以下几方面:

一是采用纯秸秆中温高浓度发酵工艺技术制取沼气,浓度高,用水少,产气量大。

二是秸秆能源转化率高,每 2 千克干体秸秆或 5.5~7.5 千克鲜体秸秆可产出 1 立方米沼气。按每亩地产出鲜体玉米秸秆 1.5 吨计算,可产沼气 200 立方米,可解决 200 户家庭一天的生活用能。

三是发酵罐容积产气率高,经农业农村部沼气质量检验中心检测,达到 1.2 立方米/(立方米·天)。

四是发酵罐内无须机械搅拌装置,既节省投资又节省运行费用。

五是上进料、下出料,多点进料,多点出料以及两种上料方式,实现发酵菌循环接种。

六是秸秆粉碎或铡短后,直接使用,不需要复杂的生物化学预处理。

七是以钢板焊接工艺制造发酵罐、储气罐等主体工程,采取新型防腐技术,耐压高,使用寿命长。

八是以太阳能加热增温为主,冬季辅助以沼气锅炉及其他方式加热。

九是采用 CH_4、CO_2、pH 值分析仪,实现站区内自动化控制,并通过网络实现各个站区的远程监控,对各站的技术服务更及时有效。

十是沼渣、沼液无异味,可直接用于各种蔬菜、花卉叶面肥、育苗基质等,应用"基于秸秆沼液等含腐殖酸水溶肥料的研制"科技成果进行深加工可极大地提高沼渣、沼液的附加值。

三、投资和建设

以发酵罐容积 1000 立方米设计供气能力 1000 户为例估算投资,其中土建工程 70 万元;楼房输配管网 95 万元;发酵罐、储气罐、站内输配系统、净化系统、消防系统、加热系统、自控系统等280万元;沼气灶具13万元;勘察、设计、预算、监理12万元(不包括科研、初步设计费用),共计470万元。如果用户均为平房还要增加几十万元的投资。

四、产业链流程图

(一) 流程图

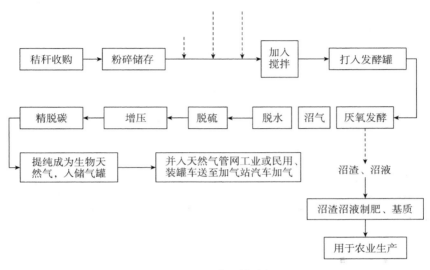

图 8-22 产业链流程

(二) 模式实物图

五、效益分析

青县1000立方米秸秆沼气工程市场化运作后只需要3人即可确保沼气工程的原料收集、加工、青贮、上料、产气、出料等一系列沼气工程基本运转,有关效果、效益分析如下:

(一) 经济效益

(1) 农户用气的经济效益。秸秆沼气生产成本低,1立方米沼气的热值与1市斤液化气的热值相当,目前河北沧州青县液化气价格是每市斤3元左右,而青县秸秆沼气站的收费标准是平均1.7元/斤,农民使用液化气与使用沼气相比每天可节约1.3元,以1000立方米秸秆沼气工程供应1000户居民用气为例,按每户每天使用1立方米沼气计算,一天可节省燃气费1.3元,一年可节省燃气费474.5元,1000户农民,一年可节省燃气费47.45万元。

(2) 沼气站运营的经济效益。秸秆制取沼气,秸秆来源广泛,原料价格合理,1立方米沼气的生产成本在1.3元左右,包括原材料费、人工费、电费、维修费等,收费1.7元,1立方米沼气有0.4元的利润,一个1000立方米的沼气工程,供1000户居民用气,年产沼气36.5万立方米,年可盈利14.6万元,1000立方米的沼气工程年产沼渣1200吨左右,按每立方米沼渣30元直接销售计算,沼渣年收入3.6万元,沼气站年盈利共计18.2万元,只要管理有方,降低成本,沼气站能够保持长期稳定运营。

1.秸秆收购粉碎	2.沼气上料车间	3.秸秆沼气发酵罐

4.沼气脱水脱硫净化系统	5.沼气储气罐	6.沼气输送系统

7.沼气户用装置	8.放沼渣	9.沼渣沼液肥生产设备

10.沼渣腐殖酸水溶肥	11.沼肥应用于蔬菜和果树生产

图 8-23　模式实物

（3）延伸产业链带来的经济效益。以 1000 立方米沼气工程为例，可消耗 1800 亩地的秸秆，利用产生的沼渣、沼液，生产含腐殖酸水溶肥和沼液叶面肥，其中含腐殖酸水溶肥的产量是 1500 吨，沼液叶面肥的产量是 400 吨，用在甜瓜上，可满足 1 万亩地的用肥，增加 1000 万元到 2000 万元的收入，为农民平均每亩增加收益 1000 元至 2000 元；可满足黄瓜 7000 亩地的用肥，增收 700 万斤至 1400 万斤；可满足小麦 160 万亩叶面喷肥，每亩增产 70 斤至 100 斤，全部施用可增产小麦 1.12 亿斤至 1.6 亿斤。含腐殖酸水溶肥的出厂价 2640 元/吨，沼液叶面肥的出厂价 2250 元/吨，沼肥销售年产值是 486 万元，利润按 15% 计算，是 72.9 万元，效益可观。

（4）秸秆本身产生的经济效益。鲜秸秆 5.5~7.5 公斤可产出 1 立方米沼气，1 亩地收鲜秸秆 1.5 吨左右，可产出 200 立方米沼气，1 立方米沼气的热值与 1 市斤液化气的热值相当，相当于产出了 200 市斤液化气，目前沧州青县的液化气价格是每市斤 3 元左右，1 亩地秸秆创造的新能源价值是 600 元左右，效益堪比粮食的价值。

（二）社会效益

（1）带动农民增收。秸秆沼气工程的建设，带动了当地农民的增收，沧州青县近几年的鲜秸秆收购价格持续走高，从 2008 年的 60 元/吨上涨到现在的 130 元/吨，真正让农民得到了实惠，1 亩地的鲜秸秆收购价格是每吨 130 元，1 亩地产鲜秸秆 1.5 吨左右，能让农民增收 200 元左右。

（2）提升了农村居民的生活质量，改变了烟熏火燎的做饭方式，使厨房干净卫生。

（3）改善了村容村貌，秸秆运送到沼气站，不再进村入户，庭院街道干净卫生了，有效改变了农村长期脏、乱、差的面貌，对"美丽乡村"和城乡一体化建设工作起到了积极的推动作用。

（三）生态效益

（1）通过建设秸秆沼气站，用秸秆制取沼气，让更多的人了解清洁能源和使用清洁能源的意义，更加关注生态和环境问题，提升全民的环境保护意识和环境保护行为，有利于国家环境保护工程的推广和实施。

（2）通过推广秸秆沼气产业化综合利用青县模式，生产秸秆沼肥，降低了化肥使用量，提升了农产品品质，提高了土地的有机质含量，是保护土地，提高地力的有效途径，真正推动了沼气绿色循环生态农业的发展，造福了子孙后代，守住了良田和绿水青山。

（3）以 1000 立方米秸秆沼气工程为例，每户每天使用秸秆沼气，可减少燃烧秸秆 5 千克，1000 户居民每年减少直接燃烧秸秆 1825 吨，节约标准煤 260 吨，减排 CO_2 676 吨，减排 SO_2 2.21 吨，减排氮氧化物 1.92 吨，减排粉尘 0.31 吨，减少大气污染，有效地保护了生态环境。

案例 8　黑龙江甘南蓝天能源发展有限公司生物天然气、肥联产模式

一、模式介绍

甘南县隶属于齐齐哈尔市，位于黑龙江省西部、大兴安岭和嫩江冲积平原过渡地带，西部和北部丘陵起伏，南部和东南部地势平坦，属半农半牧区。该县拥有耕地 297 万亩，年产 100 万吨以上的农作物秸秆，约 80% 的秸秆未被有效利用。大量的秸秆被焚烧或随意堆弃，不但造成了资源浪费，而且还引发了一系列的环境和社会问题。如何有效地处理和利用秸秆成为该县迫切需要解决的问题之一。为此，在 2009 年，该县通过招商引资，由黑龙江省蓝天能源发展有限公司投资在甘南县建成一处秸秆沼气工程。整个项目由沼气生产、有机肥加工、天然气供给等组成，形成"生物质天然气、肥"联产模式。天然气通过供气管网给居民提供用气，通过加气站为汽车提供燃料，具体销售工作由"燃气管网公司"负责（见图 8-24）。

图8-24 蓝天能源生物天然气、肥联产模式

二、建设情况

甘南县的大型秸秆沼气工程项目位于该县的甘南镇美满村，占地面积约7.1万平方米，总投资1.2658亿元，其中"生物天然气项目"占7000万元。该项目的投资已经完成办公、厌氧发酵、生物质天然气输配、加气站、消防等基础建设及提纯、脱水机、原料气体缓冲罐、除尘系统等设备的购置和安装。该项目7座2000立方米的"连续卧式干法厌氧发酵沼气池"建设完成，运行达产后，每天可处理玉米秸秆130吨，牛粪10~20吨、生产4万立方米的沼气和2万立方米的生物天然气以及160吨沼渣。

三、运行情况

在充分调研国内外各种厌氧发酵技术和装备的基础上，该项目采用"连续卧式干发酵"半干厌氧发酵工艺，利用螺旋绞龙进出料，使发酵底物呈推流式移动，通过多个搅拌器的搅拌解决秸秆类物料结壳的问题。通过加热装置和高浓度厌氧底物，保证工程较高的产气率。

该项目的工艺流程为：玉米秸秆经"粉碎""堆沤"等预处理后，进入厌氧发酵装置，产生的沼气经净化后通过管道、加气站为居民和汽车提供燃料（见图8-25）。沼液回流，沼渣经过固液分离后生产有机肥。

图8-25 沼气净化装置与双膜气柜

该项目于2011年投资建成一座2000立方米的"连续卧式干法厌氧发酵沼气池"，2012年顺利完工并进行了试运行，在发酵温度30℃下，沼气池容产气率可达1.5立方米/（立方米·天），在发酵温度为38℃时，池容产气率可达到2.2立方米/（立方米·天），沼气池的产气效率等性能基本达到设计要求，随后公司继续建设6座2000立方米的"连

续卧式干法厌氧发酵沼气池"。

四、技术特点

（1）"秸秆卧式连续干发酵"技术结合了城镇有机垃圾干法厌氧处理技术和我国纯秸秆沼气发酵技术，利用螺旋绞龙连续进料、多个搅拌器解决了秸秆物料结壳浮渣等问题，大幅度提高了发酵底物的利用率。

（2）采用干法厌氧发酵工艺，进料干物浓度高达 25%～30%，中温的池容产气率高达 2.0～2.5 立方米/（立方米·天），与常规工艺相比，降低了能耗和工程投资，提高了沼气工程的经济效益。

（3）过程中产生的沼液回流，沼渣经固液分离后作为生产有机肥的原料，因此避免二次污染环境。

五、与生态农业的结合情况

该模式以甘南县的农作物秸秆和禽畜粪便为原料生产生物天然气和有机肥，在为居民提供清洁能源的同时，解决了秸秆和禽畜粪便处理难，污染环境等难题，助力该县美丽乡村建设。并且该模式中秸秆和禽畜粪便厌氧发酵后的剩余物中含有有机质、速效磷及土壤酶活性物质，制成有机肥后用于农业生产，可减少化肥和农药的用量，提高土壤中有机质的含量和农产品的品质，提升地力，实现"一控、两减、三基本"和"藏粮于技，藏粮于地"的目标，促进了该县循环农业和生态农业的发展。

六、效益分析

该项目达产达标后可年产 1500 万立方米沼气，年处理秸秆 10 万吨，生产生物有机肥 2 万吨，每年可节约 2.2 万吨标准煤，二氧化硫、二氧化碳、氮氧化合物、氨氮、化学需氧量分别减排 363 吨、1.47 万吨、343 吨、65 吨和 1120 吨。项目每年可实现销售收入 5374 万元，净利润 2574 万元，预计在 8 年内完成项目投资的回收。"生物天然气、肥"联产模式可缓解甘南县秸秆和禽畜粪便造成的环境压力，解决甘南县能源紧张问题，改善甘南用能结构，促进甘南县循环农业的发展。

案例 9 湖北公安县湖北前锋科技能源有限公司分布式高质利用模式

一、模式名称

分布式高质利用模式以生产生物天然气为主线，建设大型沼气工程和沼气提纯压缩罐装生产基地，将提纯压缩罐装的生物天然气送至分布在全县的乡镇、新农村社区、学校、餐饮店、医院及企业等沼气站。

二、模式简介

公安县地处长江中游江汉平原南部，是农业大县，全县耕地面积 120.5 万亩，年产水稻、棉花、油菜等农作物秸秆近 140 万吨；生猪存栏常年保持 57 万头，家禽存笼 970 万只，规模化养殖场和养殖小区 1000 多处，年畜禽粪便及生活污水排放量在 200 万吨以上。为了利用公安县养殖污水、秸秆资源和已有沼气工程来开发生物天然气，湖北前锋科技能源有限公司（以下简称前锋）在 2014 年依托沼气生产提纯基地，先后在斑竹当镇永丰村、毛家港镇魏家祠村、闸口镇双谭村新农村集中小区建设生物天然气供气站，依照城镇燃气标准安装管道入户 468 户，试验性开展异地站点供气模式试验示范，试运行一年后，得到使用农户高度评价和认可。2015年，在省、市各级部门和专家的认可和支持下，开展规模化生产和市场化运作，有序扩大生物燃气入户范围，并利用沼液沼渣开展生态农业示范，效果突出。

三、模式流程图

（一）模式流程示意图

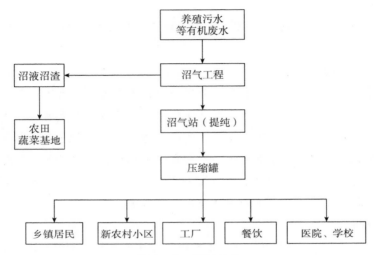

图 8 − 26　模式流程

（二）模式流程实物图

图 8 − 27　模式流程实物

图 8 – 28　沼液大棚滴注系统

四、模式

截至目前，沼气生产基地已拥有两套提纯充装设备，具备日提纯 3400 立方米沼气的生产能力，同时将 10000 立方米高压存储，流动式配送瓶组 180 多组；沼气站还配备粪污收集车、高压气配给专用车辆 8 台，在 13 个集镇 32 个小区建设了供气点，管道入户已达 3820 户（见图 8 – 29）。大力开展沼肥利用，在附近葡萄、香梨等种植园沼肥利用面积就达到 6000 亩。

图 8 – 29　南湖花苑供气室和供气设备

五、模式特点

（1）有较大规模的沼气工程，集中处理周边农业废弃物。生产的沼气经提纯，压缩罐装，分布使用。

（2）对提纯、压缩、安全等技术要求高。

（3）实现沼气高质化灵活利用。

案例10 黑龙江龙能伟业环境科技股份有限公司"龙能模式"

一、模式介绍

黑龙江龙能伟业环境科技股份有限公司是一家以生物质能源产业为核心，主要围绕农村秸秆和生活垃圾的能源化利用的科技创新型企业。自2010年成立以来，该公司根据寒区农村能源发展和农业生产的实际情况，因地制宜地探索出"生物质气、热、电联产"模式（简称龙能模式），为农村地区提供生物天然气、电、热等清洁能源产品，提高农村用能品质、改善农村用能结构的同时，实现区域农作物秸秆、畜禽粪便以及生活垃圾的循环、高效利用。

龙能模式分别由车库式干法生产沼气项目、全混式湿法生产沼气项目和直燃发电并网项目三个子项目组成。子项目一的原料为有机垃圾，产品为沼气；子项目二的原料为农作物秸秆和禽畜粪便，产品为沼气；子项目三的原料为无机垃圾和沼渣，产品为电和热，热能除用于冬季供暖外，还可用于沼气发酵增温（见图8-32）。该公司在生产原料的收集方面引入了政府特许经营方式，并已在黑龙江省的多个县（市）取得了城市垃圾处理、供热和燃气特许经营权，投资建设了多处自营汽车加气站，还相继与哈尔滨中庆燃气有限责任公司、中国奥德燃气集团实业有限公司签署合作协议，形成了完善的产品销售网络，为原料供应和产品销售提供了坚实的保障。

图8-30 车库式沼气发酵间和自动化电子控制系统

二、建设和运行情况

2016年，该公司在黑龙江省的宾县、通河县、尚志市等地对该模式进行了推广，今后还将在木兰县、桦川县、肇东市、富锦市等地推广建设。以通河县龙能生物质气、热、电联产项目为例，项目总投资1.37亿元，用于办公、生产、消防等设施和设备的建设和购置，包括车库式厌氧发酵仓3000立方米、CSTR发酵罐6000立方米，日产沼气1.5万立方米。项目还配备1座200吨/天垃圾焚烧锅炉和1座3兆瓦的抽凝式汽轮发电机。

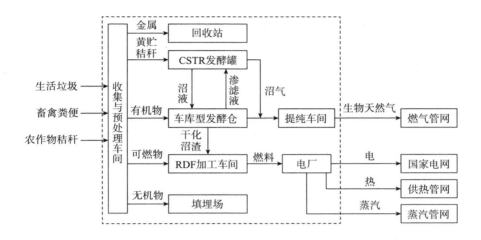

图8-31 龙能源生物质气、热、电联产模式

该县政府将干线公路两侧20万亩耕地作为该公司的原料基地，由该公司在项目区内的养殖场投放粪污收集池，收集秸秆和畜禽粪便等发酵原料。农作物秸秆、畜禽粪便以及生活垃圾，经收集分选后送至不同的处理单元：无机物送至填埋场进行安全填埋，农作物秸秆经黄贮后与畜禽粪便、车库型发酵仓产生的渗滤液送至CSTR发酵罐，CSTR发酵罐产生的沼渣与生活垃圾中的有机物送入车库型发酵仓；CSTR发酵罐与车库型发酵仓产生的沼气经提纯后制成生物天然气，通过燃气管网供居民使用；沼液回流作为车库型发酵仓的喷淋液；车库型发酵仓产生的沼渣经干化后，与生活垃圾中分选出的可燃物混合制成用于直燃发电的垃圾衍生燃料（RDF）。直燃产生的电接入国家电网，发电余热除用于沼气发酵增温外，还可为周边居民供热。

三、效益分析

该模式每年可处理2.67万吨农作物秸秆、0.53万吨畜禽粪便和7.3万吨生活垃圾，年产420万立方米生物天然气、年供热20万平方米、年发电2520万度、供蒸汽3万吨。项目达产后可实现年销售收入4380万元，年利润总额2200余万元，可在4.7年内完成投资回收。

龙能模式在利用秸秆、粪便和生活垃圾生产清洁可再生能源的同时，完成了对城镇和农村环境的治理，完成了农业废弃物和生活垃圾的无害化、资源化、减量化处理，缓解了项目所在区域的能源供需矛盾，改善了农村用能结构、提升了居民用能品质，具有良好的社会效益和环境效益。

案例 11　云南洱海流域农业废弃物污染治理与资源化利用的顺丰模式

农业产业的良性循环，是农业发展的新要求。云南顺丰生物科技肥业开发有限公司对农业废弃物资源化利用，使农业、农村、农民和企业都处于一个共赢的利益链上，具有可持续性。这是一种以科技创新与经营方式创新为动力的新模式。

一、洱海流域基本情况

洱海是我国第七大淡水湖泊，是云南省第二大高原湖泊，是大理人民的"母亲湖"，与大理州经济社会发展关系十分密切。洱海流域也是我国著名的风景旅游区。洱海流域的生态环境保护在云南省和大理州具有举足轻重的作用。

洱海流域处于大理州中心地带，属于城市和乡村结合区域。流域内有农田 35.99 万亩，包括大理市和洱源县 16 个乡镇，有常住人口 83.74 万人，每天流动人口大约为 5.5 万人。流域内的生态环境十分脆弱，特别是农业、农村面源污染和人类活动所产生的废弃物问题较为突出。2015 年底，流域内奶牛存栏达 109540 头，生猪存栏达 369995 头，羊 66911 只。这些畜禽每年产生的粪便（包括尿液）超过 300 万吨，数量巨大，且十分分散，不易收集。每到雨季，大量废污随雨水直接流入洱海，治理难度很大。

二、规模化生物天然气工程项目概况

由云南顺丰生物科技肥业开发有限公司承担实施的 2015 年国家"洱海流域特大型生物天然气工程试点项目"，是国家发展和改革委员会、农业农村部重点支持的云南省第一个特大型生物天然气工程国家试点项目。项目总投资概算 3.3 亿元，其中：生物天然气生产线投资 10829.25 万元，中央预算内投资 5000 万元。项目还包括：液态有机生物菌肥生产线、固态有机肥生产线、微生物菌剂生产线及其附属设施，投资 22171 万元。项目建成运营后每年可处理洱海流域畜禽粪便、餐厨垃圾、农作物秸秆、人的粪便、高浓度污水、污泥等各种混合型废弃物 160 万吨，日产生物天然气 3 万立方米，年产生物天然气 1080 万立方米；可年生产固态有机肥 45 万吨，可发展近 60 万亩绿色生态农业种植。项目的实施可实现近 5 亿元的销售收入，近 3000 万元的利税，可解决近 150 人的就业。每年生产出的生物天然气可替代标准煤 13860 吨，可减排二氧化碳 9300 吨；能在洱海流域减少 324 万吨的畜禽粪便、餐厨垃圾、农作物秸秆、人的粪便、高浓度污水、污泥等废弃物对洱海的影响，每年可减少 COD11955.6 吨、总氮 777 吨、总磷 2916 吨、氨氮 129.6 吨的排放。

三、项目建设和运行模式

（一）政策措施

项目的实施不但可以对源头上的畜禽粪便、餐厨垃圾、农作物秸秆、人的粪便、高浓度污水、污泥等各种混合型废弃物进行综合性的利用，还可以打通农业废弃物污染治理和资源综合利用的产业链条，发展再生清洁生物能源，综合治理洱海流域农业面源污染，生产有机肥，促进绿色发展，具有引领和示范作用。

云南省农业厅和大理州委、州政府从保护农业、特别是养殖业健康发展和洱海流域保护的重要性出发，为全面治理洱海流域农业面源污染，出台了《洱海流域畜禽粪便收集处理监管及奖补实施办法》和《洱海流域推广使用商品有机肥实施生态补偿的意见》等一系列政策。这些具体政策措施，为企业在畜禽粪便的污染物治理、资源化利用和市场化运作等方面提供了基础保障。

（二）建设模式

在企业牵头的基础上，本着"企业自筹为主，国家补助为辅，农户自愿加入，市场化运作"的原则，按照污染物收集、物理方法处理、发酵产气、生物有机肥加工、产品示范推广及布设销售服务网点的链条进行基础设施建设。总投资3.3亿元，其中国家补助5000万元，企业自筹2.8亿元。

（三）基础设施建设

云南顺丰生物科技肥业开发有限公司为了提高畜禽粪便的收集量，方便养殖农户处理粪污，按照"农业废弃物收集→集中工程处理加工→高效生物有机肥还田"的养殖业废弃物综合利用链条要求，进行基础设施建设。

顺丰公司在大理市的上关、喜洲、湾桥、凤仪等地建设了4座具有一定规模的畜禽粪便收集和初加工固定站，以及多个非固定的流动型收集点，日收集并处理畜禽粪便及其他废污近600吨；在洱源县的三营、右所、凤羽、张家登、南登、腾龙等地建成6座大型畜禽粪便收集和初加工固定站以及多个非固定的流动型收集点，日收集并处理洱源县内畜禽粪便及其他废污近1000吨。

在大理创新工业园区内新建生物天然气发酵罐4.4万立方米，可年处理各种农业有机废弃物160万吨；建设生物有机肥加工生产线7条，年产有机肥45万吨，生物菌肥15万吨，液态有机肥10万吨；沼气净化提纯、输配气装置及有机肥仓储厂房8万多平方米。随着项目的推进，该公司还将在大理市、洱源县的其他乡镇以及鹤庆县、剑川县等周边洱海流域建设以固定收集为主、以流动收集为辅的多个收集站点。收集站全部建完投入运营后，日收集处理畜禽粪便及其他废污将超过5000吨，基本达到洱海流域内农业及其他废弃物不直接排入洱海的治污要求。

（四）污染物收集

通过经济杠杆，利用市场运作，企业以购买畜禽粪便的模式收集污染物。一是改变农户随意丢弃、堆放或倾倒畜禽粪便，造成洱海污染和环境破坏的不良习惯；二是畜禽粪便可以卖钱，农户主动收集、保存，并交粪便到收集站，增加经济收入；三是畜禽粪便成为商品后，解决了村镇"脏、乱、臭"的局面，减少了疾病传播，有效控制了农业农村面源污染，推动了美丽乡村建设和生态农业的发展，成为了有效保护洱海的市场化运作的环保产业、绿色产业，为大理乳畜业解决了后顾之忧，有效促进了畜禽养殖的发展。

顺丰公司采用现金和以粪换"肥"的方式进行畜禽粪便的收购，州、市地方政府给予一定的资金补贴，这不仅降低了企业的生产成本，更主要的是避免了政府大规模投资建厂处理污染物而造成浪费。畜禽粪便经过收集、清运后可得到现金补偿，既保护了环境，又保障了有机肥的原料，每年还为养殖户带来上亿元的经济收入，有效促进了农民增收，实现了资源的良性循环利用，为大理的生态建设、洱海的保护、农业循环经济的发展、绿色生态GDP的创造探索了一种新模式。同时，还解决了长期困扰洱海畜牧业发展空间的难题，为大理畜牧业的健康发展、乳制品加工企业的发展壮大解决了后顾之忧，实现了生态建设与经济建设的双赢。

（五）生物天然气的生产和利用

该项目建成后，日产沼气3万立方米，按每年生产320天计算可年产沼气960万立方米。项目设计将部分沼气经生物脱硫、弃尘、脱水提纯后，使沼气的甲烷含量达到99%以上，直接供场内燃气锅炉使用；其余绝大部分甲烷气体再经过胺法脱碳系统除去二氧化碳制成生物天然气，经柔性气柜短暂存储后加入压缩系统，加压至25兆帕，由管道输送到大理市区的7个加气站供1500辆出租车使用，增加清洁能源，从而使当地的空气得到进一步优化。

（六）生物有机肥生产、利用和示范推广

利用畜禽粪便和农业有机废弃物，经高温发酵后产生大量富含有机质、腐殖酸、有效形态养肥及各种有益微生物的沼渣，经过对沼渣晾晒或烘干、碾磨过筛，再添加不同作物需要的微量元素肥料即可制成各种生物（有机）复合（混）肥，满足有机农业的生产需要。

该公司目前共建设7条有机肥生产线，年产固态有机肥45万吨，菌肥15万吨，液态有机肥10万吨；新建设施较为完备的肥料测试中心；同时建有有机肥利用推广示范园区60万亩。

四、变废为宝，牛粪也能变黄金

通过生物天然气项目在洱海流域的建设，将极大地改善洱海流域的生态环境和洱海水质，促进农居环境改善、农民增收、食品安全和有机农业的发展，推进能源革命，完善清洁、低碳、安全、高效的现代能源体系，有效提升大理旅游业的档次。具体体现在以下三方面。

（一）生态效益

项目建成后在一定程度上解决了洱海流域种植、养殖业面源污染难题，推动了农业可持续发展，改善了生态环境。项目运营后可处理洱海及周边地区畜禽粪便近160万吨，减少COD 9300吨、总氮1311吨、总磷354吨、氨氮513吨的排放。

（二）经济效益

项目建成后将有效减小大理特色乳畜业发展对洱海治理工作的压力，保障了农业、特别是乳畜业的持续稳定发展。向奶牛养殖户收购畜禽粪便每年可为农民带来1.28亿元的直接收入，为企业带来超过5亿元的产值，为当地政府带来3000万元的财政收入。

（三）社会效益

项目在稳定乳畜业发展的同时，该企业可为农村富余人员创造近150个工作岗位。顺丰模式，在保护湖泊流域的生态环境上探索了一条新路子，为如何利用农业废弃物发展农

业和循环经济积累了经验，推进了新能源的发展，对云南乃至全国内陆湖泊的综合保护都
具有普遍的示范和借鉴作用。

案例12　河北三河市车用生物天然气高值化利用模式

一、概述

2015年7月，河北省发展和改革委员会、河北省农业厅《关于下达河北省2015年农村沼气工程中央预算内投资计划的通知》（冀发改投资〔2015〕731号）文件批复三河天龙新型建材有限公司规模化生物天然气工程，项目总投资11280万元，其中中央预算内投资4500万元，经三河市政府批准配套资金2820万元，剩余资金由企业自筹。

三河天龙新型建材有限公司规模化生物天然气工程年处理农作物秸秆9万吨，畜禽粪便2万吨；日产沼气3.23万立方米，经过压缩提纯后日产生物天然气1.8万立方米；生产过程中所产生的沼渣沼液全部制成固态、液态有机肥。

工程采取以"水解预处理+CSTR厌氧发酵+独立储气膜+沼气净化提纯增压+沼肥综合利用"为核心的处理工艺。

工程主要建设内容：秸秆水解预处理系统4套；牛粪除砂预处理系统1套；CSTR独立厌氧反应器3630立方米9座；沼气脱硫系统1套，独立柔性干式落地气柜1套；固体有机肥生产线1套；液态有机肥生产线1套；沼气净化、提纯、压缩系统1套（见图8-32、图8-33）。

图8-32　项目工程一角

图 8-33 项目工程俯视

项目不但可以解决区域秸秆等农业废弃物、畜禽粪污等环境污染问题，改善生态环境；还可提供新型能源，节能减排，清洁空气；同时，生产有机肥料，发展生态循环农业。达到污染治理、能源回收与资源再生利用的多重目的，提高农业综合生产能力和可持续发展能力，实现社会、经济和生态环境的协调发展。

二、项目关键技术原理和特点

针对不同原料，天龙规模化生物天然气项目采用不同的预处理技术，以确保厌氧发酵的稳定运行。针对黄贮秸秆原料，为解决预处理问题，引进德国先进的秸秆兼氧纤维素水解预处理技术（SAHP），既高效节能又不会对后期厌氧发酵和有机肥生产造成不良影响，且自动化程度高，节省人工。针对牛粪原料，为解决除砂问题，采用成熟稳定的两级除砂工艺，确保除砂率达到85%以上。采用原装德国进口的大通量、耐磨损 WINGEN 螺杆泵，厌氧罐设置进出料泵和排渣泵以及反冲洗系统，彻底解决进出料问题和除砂问题。

厌氧发酵采用成熟稳定的 CSTR 发酵工艺，单罐有效容积为 3355 立方米，9 座厌氧发酵罐总有效容积 30195 立方米。径高比为1的 3355 立方米发酵罐配备中心顶搅拌为最佳能耗比，保证搅拌效果的情况下最节能，且9座厌氧发酵罐进料方式为泵进泵出。通过集成化的进出料系统设计，可以全自动实现间歇进料，9 座厌氧罐相互倒料和单罐独立运行、串联并联运行。4 座水解池搅拌机和 9 座厌氧发酵罐搅拌机全部为德国进口，德国厂家专门为项目进行了流场力学分析，设计挡流板和进出料口，搅拌机材质全部为不锈钢，确保搅拌效果。

提纯技术采用国际最先进的三级膜提纯技术，CH_4 回收率达到 99% 以上。膜采用德国进口的世界一流品牌赢创膜，压缩机整机是美国进口的世界一流品牌利罗和诺斯维顿。为降低能耗，采用 CO_2 热源泵技术为沼气冷却。所有设备撬装，安装方便美观，自动化程度高，操作简便。

三、项目工艺流程和循环经济模式

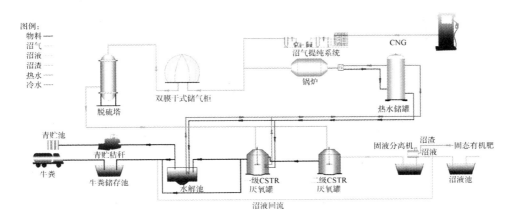

图 8-34　项目工艺流程

四、项目效益分析

(一) 经济效益

该项目的建设极大地补充了当地天然气气源。项目建成后，可年产生物天然气约 528.33 万立方米。生物天然气的主要成分是 CH_4，占比为 97%。每立方米纯甲烷的发热量为 35900 千焦耳，每立方米生物天然气的发热量约为 34823 千焦耳。1 千克标准煤的低位热值为 29307.6 千焦耳。即 1 立方米生物天然气完全燃烧后，能产生相当于 1.2 千克无烟煤提供的热量，每年可替代 6340 吨标准煤燃烧。生产过程中所产生的沼渣沼液全部制成固态、液态有机肥，年生产沼渣肥 1.97 万吨，作为固体有机肥按每吨 800 元计算，年收入 1570 万元，年产沼液肥 1.5 万吨，作为液态有机肥按每吨 600 元计算，沼液肥收入 900 万元。

(二) 社会效益

该项目完成后，将成为治理区域有机废弃物的示范带动工程，有利于净化环境，减少废弃物污染，提高广大公众保护生态环境意识，同时还有利于发展循环经济，引导该区人民使用清洁能源，节煤减排，清洁空气，建设资源节约型、环境友好型社会，对促进区域循环经济的可持续发展也具有积极作用。达到污染治理、能源回收与资源再生利用多重目的，提高农业综合生产能力和可持续发展能力，实现社会、经济和生态环境的协调发展（见图 8-35）。

图 8 - 35　项目工程全览

（三）生态效益

项目建成后，项目地点附近的畜禽粪便和农业秸秆废弃物经过中温厌氧发酵处理，产生优质可再生能源沼气。由于沼气的生产能有效地降低有机废弃物自然堆放过程中释放的 CH_4 的排放，有利于缓和温室效应和净化空气。项目每年减少 CO_2 排放 2.87 万吨，减少 SO_2 排放 196 吨，对于 COD 的减排也具有重要意义。项目产生的沼渣沼液做有机肥出售，施用沼渣、沼液等优质有机肥，可减少化肥、农药的用量，改善土壤质量，促进基地内水和土地资源的合理利用和生态环境良性循环。

五、运营管理

本着高标准、专业化的思维，该项目筹建由专业化的设计、施工和管理团队负责。除专业的罐体设计单位、厌氧工艺设计团队、提纯工艺设计团队、自动化设计团队由三甲设计院北京东方畅想统一协调统筹外，国际设计机构澳大利亚 CDG 为项目办公楼进行概念设计，北京专业的园林公司为整个厂区罐体彩绘、园林绿化等进行形象设计。土建工程、设备安装、绿化施工同步施工，打造花园式工程。聘请原沼气行业知名企业杭州能源环境工程公司工程师作为全职项目经理，组建生物天然气工程项目部，全面负责项目筹建及后期运行工作。项目部有专科、本科、硕士等高学历专业人才 8 名，形成以 80 后为主体 90 后辅助的年轻管理团队，为项目建成后专业化运营打下了坚实的基础。

三、第三方运营规模化沼气模式各地的经验启示

（一）培育多元化产业主体

一是培育养殖、沼气、种植"三位一体"的产业主体，让专业的人干专业的事，围绕沼气产业链延伸，结合现代农业示范园等建设，培育产业主体投资规模化畜禽养殖、集约化特色农作物种植和沼气工程的运营。通过农业废弃物的沼气发酵，在一定区域内建立起农业各产业生态循环利用链条，完全实现零排放、全利用。二是培育投资、建设、运营"三位一体"的经营主体，策应新型城镇化、中心村发展，围绕提高沼气产业效益，以沼气集中供气、生物天然气和沼气发电等高值化利用为载体，按照市场化规律，集中资源化处理养殖、种植和农产品加工产生的废弃物，商品化生产销售沼气和沼肥，打通连接规模养殖和种植的通道。

（二）政府引导，完善市场制度

第三方运营规模化沼气模式的形成和运行离不开政府的引导和支持。在践行习近平总书记提出的"构建产权清晰、多元参与、激励约束并重、系统完整的生态文明制度体系"理念上，加大政策对第三方运营规模化沼气工程市场化引导，出台鼓励第三方产业主体规模化、市场化发展沼气工程的优惠政策，引入生态政绩考核制度，逐步建立和完善以政府补偿为主、多种方式并存的市场补偿机制。协调对接环保、能源等政府部门的工作，并平衡协调利益相关者之间的利益冲突，实现宏观调控与市场手段相结合，建立健全第三方产业主体运营规模化沼气工程的市场制度。

（三）延伸第三方运营规模化沼气工程产业链

专业的第三方公司拥有技术优势，通过运行规模化沼气工程来产生经济、社会效益，而市场经济体制下，养殖业主、种植业主、农户以及政府部门的需求侧重点都不尽相同，第三方公司为了实现沼气工程盈利最大化，应想尽办法延伸产业链、协调各方关系，并满足各市场主体的需求。一方面，向上游延伸产业链，加强对基础产业环节和技术研发环节的投入，积极与养殖户、种植户、相关企业、农业院校、科研院所等加强学习交流与合作，不断进行产品技术创新；另一方面，向下游延伸产业链，拓展产品市场，与行业相关的市场主体进行深层次对接，从供给侧出发，了解不同环节和不要主体的需求，实现供需对接。

第九章　农村生活垃圾污水沼气化处理模式

一、模式介绍

乡镇偏远地区污水、生活垃圾处理是农村社会事业发展的短板（胡凯、许航等，2017）。农村生活垃圾和生产生活废水污水一般不含有毒物质，但含有 N、P 等营养物质以及许多细菌、病毒和寄生虫卵。农村生产生活废水包括畜禽养殖、水产养殖、农产品加工及家庭生活等所产生的高浓度有机废水，这类废水不同于大型养殖场的废弃物，其特点为悬浮物浓度高、水量小且不均匀、大部分可生化性较好。我国幅员辽阔，农村地区发展不平衡，不同地域间农村的水资源条件、地形地貌、村庄的规模布局及聚集程度、经济水平、道路交通条件、当地风俗习惯、居住方式等自然、经济及社会条件各不相同，因此，需要综合各种因素因地制宜，选择合适的生活污水处理模式。另外，农村生活垃圾如果不妥善处理，有可能造成爆炸事故和火灾、地下水污染、加剧全球变暖、导致植物窒息、产生挥发有毒气体等危害。

农村生活垃圾及污水具有来源广、总量大及增长速度快的特点，同时农民生活方式转变、村落布局合理性都影响着农村生活垃圾及污水的有效治理。农村生活垃圾污水沼气化处理模式是一个系统致力于沼气化处理农村生活垃圾和生产生活废水污水的模式，针对农户畜禽养殖排污、农村生产生活污水及其他有机垃圾进行专业化厌氧发酵处理，该模式下的沼气工程规模主要根据所处地区居住人口的多少确定，多以大中型为主，作为以处理农村有机垃圾和生产生活污水为主的环保工程，沼气工程的实际运营主体（运转管理人员）大多为村委会、沼气技工等。该模式的沼气工程以治理污染、保护农村人居环境为目的，不追求沼气的产气量，沼气产量也不稳定，所产沼气就近供应周边农户生产生活用能。沼渣用作植株生长，沼液则由周边农田消纳，或者达标排放。

二、典型案例及效益分析

案例1　广西灵山县"农村生活垃圾 + 农作物秸秆 + 农村生活污水 + 养殖小区"沼气化处理综合建设模式

一、模式形成背景

灵山县太平镇西华村位于灵山县太平镇政府西面，距镇政府所在地约10公里。北距省会南宁市区70公里，南距钦州市区60公里，东距灵山县城80公里。在北回归线以南，属南亚热带季风气候区，年平均气温22℃。项目所在地灵山县太平镇西华村委会学堂岭生产队现有农户116户，总人口622人，有土地面积1500多亩，其中水田面积150亩，林地面积1000亩，水果种植面积350亩，2016年人均纯收入10816元，主要经济来源于水稻种植、荔枝种植和林业产品经营。2015年以前，该村共建户用沼气池30座，由于农村畜牧养殖量少，劳动力外出务工多，沼气池出现了缺乏原料、没人管理的现象。村民生活用能还是以木柴、电、煤气为主。

2013年，广西实施"美丽广西·清洁乡村"工作以来，西华村委会学堂岭生产队积极响应上级号召，组织开展乡村清洁工作，安排保洁人员进行集中收运生活垃圾，并对垃圾进行分类处理，改善了村庄的环境卫生。

2015年，灵山县把西华村委会列入全县20个重点建设的精品村，对新农村建设进行了重新规划，建设了一批公共文化、娱乐休闲、村屯绿化、生态果园等设施。西华村建设农村有机垃圾（含农作物秸秆、农村生活污水）沼气化处理项目。预计建成后，日处理农村生活垃圾0.5吨，年处理农作物秸秆200吨、农村生活污水700吨，日产沼气100立方米，供气农户50户。2017年结合盛吉农业合作社，计划增加建设300立方米养殖畜禽粪污集中处理沼气工程。项目建成后，能大大提高农村有机垃圾、农作物秸秆、农村生活污水的处理效率，提高产气率，保证农户全年不间断使用沼气，提高沼气利用的综合效益（见图9-1、图9-2）。

图 9-1 使用中的预处理池

图 9-2 沼气池全景

二、模式图

（一）模式流程图

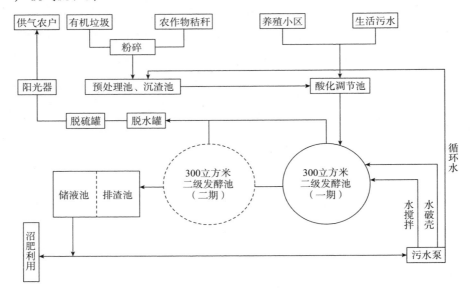

图 9-3 模式流程

（二）模式流程实物图

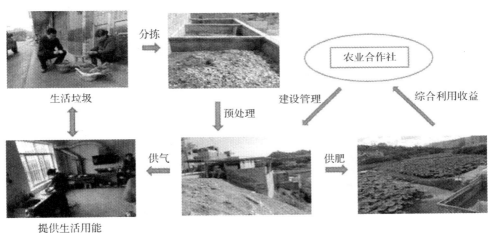

图 9 – 4　模式流程实物

三、配套体系

（一）工作体系

　　灵山县太平镇西华村委会学堂岭生产队"农村生活垃圾＋农作物秸秆＋农村生活污水＋养殖小区"沼气化处理工程由盛吉农业合作社统一管理运行，专职管理人员 2 人，负责收集垃圾、农作物秸秆等原料，开展分拣、粉碎、投料以及日常维护、收费等工作。合作社承包经营 300 亩的荔枝果园、藕田、鱼塘，利用沼液、沼渣，发展绿色无公害农产品，增加管理人员收入，维持沼气池正常运行。同时，结合"美丽乡村"工作开展，生产队成立了"美丽乡村"理事会，按照政府"美丽乡村"工作有关文件要求，监督群众，做好垃圾分类、农作物秸秆禁烧等工作。

（二）技术体系

核心技术要点：

（1）在考虑到处理农村生活垃圾的同时，把农村生活污水、农作物秸秆重新设计，既能增加原料来源，又能扩大治理污染范围。

（2）创新设计水循环搅拌（池内、池外）、水破壳等装置，有效解决沼气池结壳、堵塞的难题。

（3）破解生活污水磷含量影响沼气发酵难题。

（4）巧妙设计预处理池、发酵池、排渣（液）池，解决沼气池大出料难的问题。

（5）建立人工多级藕田生物系统，净化排出的沼液，通过植物及微生物代谢活动，转换、降解、去除沼液中的有机物及营养元素，实现废水无害化、资源化利用，达标排放。

（6）沼气管道化供气，装上刷卡流量计，村民用上干净、清洁的可再生能源。

（三）政策体系

投资补助：

（1）2015年"美丽广西"农村有机垃圾沼气化处理试点项目补助30万元，群众筹集12万元，市配套10万元，县配套8万元。

（2）2016年广西沼肥管道化集中供给项目补助30万元。

（3）灵山县乡村办"美丽乡村"建设"精品村"项目补助20万元。

四、推广情况

通过垃圾沼气化项目建设，一是有效地就地解决农村生活垃圾无害化、生态化处理的难题；二是变废为宝，发展循环经济、绿色生态无公害农业；三是沼气管道化供气，家家户户装上刷卡流量计，村民用上干净、清洁的可再生能源（见图9-5）；四是有力地推动了"美丽乡村"的发展，加快社会主义新农村建设步伐；五是典型的带动作用，吸引周边村镇群众参观学习，纷纷要求建设垃圾沼气化项目。

图9-5 沼气入户

五、效益分析

（一）经济效益

西华村建设农村有机垃圾（含农作物秸秆、农村生活污水）沼气化处理项目，年产沼气3.65万立方米，供气农户50户，按每立方米沼气2元计算，供气收入合计7.3万元。沼气工程产生的沼液、沼渣用于合作社承包经营300亩的荔枝果园、藕田、鱼塘，发展绿色无公害农产品，提高了农产品品质，增加了农民收入（见图9-6）。

图9-6　沼液种藕

（二）生态效益

该沼气工程年产沼气3.65万立方米，相当于年节约使用标准煤26吨，年减排$CO_2$66吨，减排$SO_2$978千克。年处理农村生活垃圾182.5吨，年处理农作物秸秆200吨、农村生活污水700吨，不仅能有效地就地解决农村生活垃圾无害化、生态化处理的难题，又能减少农作物秸秆燃烧粪污无处排放的问题。该沼气工程还建立人工多级藕田生物系统，净化排出的沼液，通过植物及微生物代谢活动，转换、降解、去除沼液中的有机物及营养元素，实现废水无害化、资源化利用，达标减排。

（三）社会效益

西华村建设农村有机垃圾（含农作物秸秆、农村生活污水）沼气化处理项目，使村民用上干净、清洁的可再生能源，变废为宝，发展循环经济、发展绿色生态无公害农业。该项目对推动"美丽乡村"的发展，加快社会主义新农村建设步伐，起到了典型带动作用。

案例2　湖北天门市"高效循环新村"模式

一、总体情况

天门市健康村是湖北省委、省政府社会主义新农村建设的试点示范村，是国家科技部首批新农村建设科技示范村。曾多次获得省、部级单位授予的"生态示范村""全国文明村""美丽宜居示范村庄"等称号及省级科技进步奖。全村共有13个村民小组，920户，3600人，耕地面积1800亩，村内有企业18家，总资产3.1亿元，2016年销售8.2亿元，实现利税3200万元，村民人均可支配收入1.28万元，高出全市农村平均水平20%。

围绕农业资源高效循环利用理念，全村在发展过程中，始终坚持遵循"三同步、三统一"的原则，做到经济建设、村级建设和环境建设同步规划、同步实施、同步发展，实现经济效益、社会效益与环境效益统一，保持既要金山银山，又要绿水青山。

目前全村已基本形成五条产业链：一是以棉花杂交制种为核心，以棉花、油料新品种示范和优质棉、优质油菜高产配套为主的种植产业链；二是以棉花精加工为龙头，以棉花加工、棉纱纺织为核心的产业链；三是以生猪养殖为龙头，以种猪、饲料、添加剂、生物有机肥生产为核心的产业链；四是以油脂加工为龙头，利用棉籽、油菜籽生产食用色拉油，油脚料生产油酸、脂肪酸、硬脂酸，棉壳生产食用菌、饼粕、生猪饲料的产业链；五是废弃物资源综合利用产业链，即猪场废弃物发酵产生沼气供农户炊用，沼液肥田，秸秆生产生物质固型燃料，改造锅炉，替代燃煤，解决秸秆燃烧造成的污染。五条产业链构建了农业资源高效循环利用的生态农业体系。其瘦肉生猪"健康之村"商标和合福牌一级菜籽食用色拉油被认定为湖北省著名商标。湖北健康（集团）股份有限公司为国家级农业产业化重点龙头企业。诚鑫化工有限公司是我国中部地区最大的油酸、脂肪酸、硬脂酸系列产品生产厂家，其产品符合国家《资源综合利用目录》，广泛应用于冶炼、橡胶制品、环保型油漆等。

除了发展经济，健康村还按照建设资源节约型和环境友好型社会的要求，通过"水体生态化、能源清洁化、生产无害化、村庄园林化"技术的集成与推广，实施了辖区内水体修复、污水处理、可再生能源利用、垃圾处理、废弃物资源化利用等环境保护工程，构建以生态宜居为特色的农村环境保护技术体系，让农民能够"喝上干净的水、呼吸清洁的空气、吃上放心的食物、在良好的环境中生产生活"，为平原农村的环保与社会经济同步发展，树立典范。

目前，全村基本上实现了"龙头企业产业化、村组道路水泥化、人畜饮水安全化、农田排灌河网化、田头地边植被化、池塘河水清洁化、村庄环境优美化、农家民宅庭园化、厨房清洁能源化、农村信息数字化"的十化目标。

二、农村能源开发与利用情况

近年来，健康村依托创新团队与科研院校整合农畜废弃物资源化利用的科研成果和清洁能源开发领域的新技术，实施了沼气供能、地源供热、太阳能利用、沼液开发利用、秸秆综合利用等工程项目，为创建农业资源高效循环利用、多种清洁能源综合互补的模式提供了强有力的支撑。

（一）实施大型猪场废弃物资源利用工程

2008年，健康村建造了2600立方米的大型沼气集中供气设施，年产沼气56万立方米，供1200农户炊用。同时将沼液无害化处理后，用于蔬菜、油菜、棉花生产基肥或叶面喷雾。形成以大型沼气集中供气设施为核心，健全"三沼"（沼气、沼液、沼渣）综合利用体系，建立"种、养、肥、鱼（藕）"循环产业链。形成"猪—沼—棉花""猪—沼—油菜""猪—沼—蔬菜"三种利用途径，利用面积达 2000 亩。2016 年健康村又与湖北大学合作，开展沼液开发利用技术研究与示范，即采用人工生物浮岛技术，将沼液稀释后选择适应水上种植的蔬菜、花卉、草类品种，开展水上花园，水上菜园，水上草原示范，示范面积达 6800 平方米。

项目实施过程中总结出了《大型沼气集中供气系统操作规程》《水培竹叶菜企业标准》等地方标准和规程专利一项。2012 年获得湖北省人民政府"利用秸秆多菌种耦合发酵工业化生产沼气关键技术研究"科技进步二等奖；2014 年获得湖北省人民政府"大型猪场废弃物综合利用技术集成创新与示范"科技进步三等奖。

（二）实施秸秆综合利用工程

湖北健康（集团）新能源科技开发有限公司创办了一家年产 5 万吨秸秆成型燃料加工厂，可消纳 15 万亩农田秸秆，农户每亩可增收 40～60 元，解决邻村 3 万农户的秸秆出路问题。该厂参照国内先进的生物质秸秆固型燃料加工厂参数，将废弃的棉秆、麦秆、黄豆秆、芝麻秆等，通过粉碎、烘干成型工艺，把分散的低密度能源加工成高密度能源，使生物质秸秆固体成型燃料内部更为紧密，外部光洁，在使用时，具备操作方便，热值高，无 CO_2 排放等优点。现已与武汉黄陂工业园、中央在鄂企业武汉生物制品研究所合作采取合同制供应方式供气。

同时，健康村与武汉理工大学合作开展农业废弃物能源转换工艺开发关键技术研究，利用农业废弃物制作高纯度氢气，最终实现秸秆、厨余、禽畜粪便等能源转换的产业化运行。

三、模式图

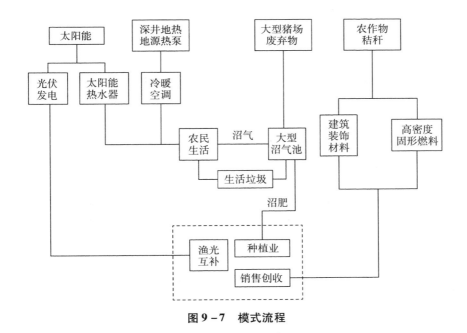

图 9-7　模式流程

四、保障机制

（一）加强组织领导

成立由天门市岳口镇委书记担任组长、健康村党委书记担任副组长的模式推进工作领导小组，由小组成员商讨制定工作保障措施，分解落实责任和建设目标，协调解决项目各工程建设工作的有关问题，各村小组长和相关企业法人为项目具体负责人，负责配合对各自居民小组长与企业在模式推行中的对接。

（二）建立联动机制

项目的实施得到了农业、能源、住建、电力、发改、科技、环保等部门的大力支持，健康村村民积极参与。针对每一个项目建立行之有效的服务、收费、维修等管理机制，确保项目的持续推进。同时，领导小组及辖区企业与多所科研院校等形成长期紧密的合作关系，曾先后共同承担多项国家科技攻关和"星火计划"项目，华农大和省农科院派技术员长期驻点指导技术工作。这都为模式的顺利实施、推广提供了强大的技术保障。

（三）狠抓科技培训

近年来，在具体项目的实施过程中，健康村采取"引进来"——长期请专家和教授来村指导，"送出去"——几年来共送相关人员到大专院校和科研院所定向培训 120 多次，"抓普及"——在省科协帮助下与湖北农业大学天门分校建立农民科普大学等手段，既保障了模式建设所需的科技人才，又提高了农民科学素质，确保村民明白工作要点，知晓操作规程，科学参与模式建设。

（四）严格资金管理

工作领导小组一方面要负责项目资金的筹措到位，另一方面还要协助项目负责人明确资金投入范围和重点，以提高资金的使用率，杜绝资金浪费和违规违纪现象，确保项目专款专用。

（五）共享政策扶持

本模式建设享受武汉城市圈"两型"社会改革示范区的各项政策，享受"低碳示范模式"建设专项改革试验建设的扶持政策。

五、效益分析

（一）经济效益

天门市健康村的大型沼气集中供气设施，利用猪场废弃物发酵产生沼气，年产沼气 56 万立方米，可以供 1200 农户炊用，相当于节省了 399.84 吨标准煤。沼液无害化处理后，还可用于蔬菜、油菜、棉花生产基肥或叶面喷雾，能提高果、蔬、田等农产品的产品质量，增收效益明显。另外可利用秸秆生产生物质固型燃料，年产 5 万吨秸秆成型燃料，可消纳 15 万亩农田秸秆，农户每亩可增收 40 ~ 60 元，解决邻村 3 万农户的秸秆出路问题。

（二）生态效益

天门市"高效循环新村"模式年产沼气 56 万立方米，相当于节省了 399.84 吨标准煤，年减排 CO_2 1008.84 吨，减排 SO_2 15 吨。

（三）社会效益

该模式实施了沼气供能、沼液开发利用、秸秆综合利用等项目，重点开展水体修复、污水处理、可再生能源利用、垃圾处理、废弃物资源化利用等环境保护工作，建立了以生态宜居为特色的农村环境保护技术体系，实现了资源高效循环利用，为平原农村的环保与社会经济同步发展树立了典范。

三、农村生活垃圾污水沼气化处理模式
各地的经验启示

（一）建立农村有机垃圾沼气化处理长效机制

农村生活垃圾、生活污水和养殖污水等有机垃圾处理是改善农村人居环境的重点和难点。通过建设农村沼气工程，可从根本上解决有机垃圾产生的恶臭气体和渗漏液对空气及土壤、地下水的污染。相关政府部门应该制定、完善农村有机垃圾分类、收集、清运和沼气化处理的制度，保障沼气化处理项目原料供应，在垃圾收运、沼气使用、沼肥利用等环节给予必要的补贴补助，从而形成良性发展的产业循环链，并建立政府统一领导、农村能源部门牵头、多部门配合和广大农户积极参与的农村有机垃圾沼气化处理长效机制。

（二）建议扩大农村有机垃圾沼气化处理项目试点范围

开展实施农村有机垃圾沼气化处理试点，培育一批农村生活垃圾污水沼气化处理新模式。政府部门要进一步扩大试点范围，重点支持沼气管道化集中供气工程、养殖粪污集中处理、病死畜禽无害化处理、生活有机垃圾分类处理等项目，扶持建设一批条件好、普及率高、集中度高的示范项目，引导企业进入农村有机垃圾处理行业，并通过市场化运营，充分发挥其示范带动作用。

（三）建议进一步创新农村沼气建设补助机制

由于农村沼气池建设单个项目规模小，且项目点多面广，招投标工作时间长、进度慢，管理难以到位，常规管理模式难以适应其健康发展的需要。建议创新农村沼气建设管理机制，建立农村沼气建设项目库，以库立项，作为获得"以奖代补"资格的前提条件，同时制定并公开补助标准。只要纳入项目库的项目即可开工建设，鼓励加快发展，项目建成并经验收合格后即可兑现补助资金，避免因年度计划资金下达时间影响工程进度，避免资金闲置和资金挪用。同时，试点探索"用气补贴"模式，对农户使用沼气给予补贴，引导鼓励农户使用沼气能源。

第十章 "沼气+"新业态、新模式

近年来，我国沼气工程建设紧紧跟随国家战略政策，紧跟时代潮流，不断与时代热点相融合，形成了"沼气+PPP""沼气+扶贫""沼气+三产融合""沼气+家庭农场""沼气+互联网""沼气+公厕"等多种"沼气+"新业态、新模式，这些新兴模式不仅反映了我国沼气工程建设发展的迅猛势头和蓬勃生机，也为研究沼气工程典型模式提供了大量素材，对于进一步推动我国沼气工程建设具有重大意义。

一、"沼气+PPP"模式

PPP（Public - Private Partnership），又称 PPP 模式，即政府和社会资本合作，是公共基础设施中的一种项目运作模式。"沼气+PPP"模式鼓励私营企业、民营资本与政府进行合作，参与沼气工程的建设。该模式通过引导社会资金主导或参与工程建设，可以解决沼气工程建设投融资不足和效率不高的突出矛盾。在该模式框架下，可以保障工程的顺利建设和高效运行，针对沼气工程关键装置和设备开发建设，以及沼气装置后期的运行维护、集中供气和沼液利用与处置等关键环节，特许经营企业进入，出台对装置装备建设和运行的财政补贴政策，有效解决盈利偏低的问题。同时，财政投入进一步强化对沼气和沼液利用的针对性补贴，注重提升沼气工程的整体运行效果。最后，相关部门加强对沼气化 PPP 项目的监测监管，建立和健全项目监督体系。

案例1 河北定州市规模化生物天然气 PPP 合作模式

一、模式形成背景

定州市规模化生物天然气示范项目坐落于定州市国家级农业科技园区内，由定州市政府与四方格林兰定州清洁能源科技有限公司以 PPP 模式合作建设，其中定州市政府以土地入股占比 10%，四方格林兰公司以现金、技术、设备等入股占比 90%。项目总占地132 亩，总投资 2 亿元。

项目以畜禽粪便和玉米秸秆为主要原料，沼气经提纯后加工成为清洁环保的生物天然气；沼渣添加一定比例的氮磷钾，制成有机肥料；沼液用于农田灌溉。项目竣工投产后，每年可处理畜禽粪污18.25万吨，玉米秸秆8万吨，年产生物天然气730万立方米，生物有机肥4万吨，工业用液态二氧化碳5000吨；每年可替代煤炭约10000吨，减少碳排放约12万吨，实现年产值5200万元（见图10-1）。

图10-1 沼气工程全景

项目得到了河北省委省政府的大力支持，2015年11月11日，河北省委书记赵克志和省长张庆伟做出批示："支持定州搞好工厂建设的应用工作，同意调研组意见，由农业厅牵头推进，可考虑在条件较好的地区选择几个县推广，可提出需要的政策。"

二、运营情况

2016年底，项目主体完工，开创了河北省相关项目当年申报、当年开工、当年主体建成的成功先例。2017年5月16日，实现了火炬点火，标志着项目试运行成功。

三、工艺技术

该项目由德国Krieg & Fischer环保工程设计有限公司与四方力欧建筑设计有限公司联合进行整体设计，采用瑞典Malm Berg公司提纯技术、德国EnviTec公司先进沼气发酵提纯设备，运用CSTR一体化工艺生产沼气。目前，全套工艺技术达到国际先进水平，与国内同行业技术相比具有明显优势。项目工艺流程如图10-2所示。

该系列项目工程采用完全混合中温厌氧发酵工艺，是典型的能源生态型沼气工程工艺。采用的CSTR反应器是完全混合连续式反应器，适用于大规模以利用秸秆和粪污发酵生产沼气能源为主的项目。其特点是：进料固体浓度高、处理量大、产沼气量多、运行稳定、运行费用低。

目前其全套工艺技术已达到国际先进水平，与行业技术相比具有明显优势：进料浓度和能量产出高、运行能耗低；生产原料多元化、适应性强，发酵过程稳定；发酵菌群效率高，抗逆性强，并将持续改进和换代；工艺集成化高，能够在不同气候环境条件下运行。

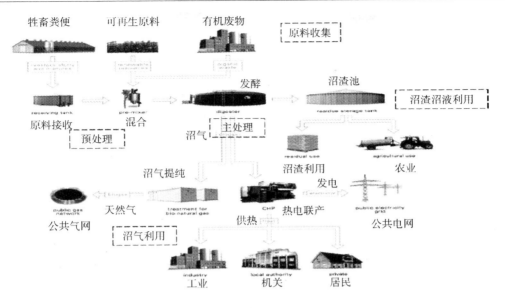

图 10-2　项目工艺流程

四、项目 PPP 模式实施情况

（一）项目组织领导和实施机构

定州市人民政府确定定州市农业局作为该项目实施机构，由其作为采购人依法定程序选定社会资本方，签订合同和授予项目公司特许经营权，具体履行协调、监督、接受移交等职责。

（二）前期工作

为保证本项目的顺利开展，定州市农业局负责协助社会资本方（格林兰公司）完成前期工作。项目前期工作费用，以实际发生金额为准，由项目公司承担，纳入项目总投资。

（三）项目公司增资扩股

城投公司聘请专业的资产评估机构对项目公司——定州市华昕清洁能源科技有限公司（以下简称"华昕公司"）进行资产评估，将其在华昕公司的 100% 股权转让给格林兰公司。

华昕公司进行增资扩股，定州市人民政府土地使用权作价出资认购公司全部股权 10%，格林兰公司以现金、实物等公司法允许的方式出资入股认购 90% 股权。

定州市人民政府委托城投公司代其持股，并签订代持协议。增资扩股后，公司注册资本变更为土地使用权价值的 10 倍。

（四）建设运营和特许经营权

华昕公司负责该项目投资、设计、建设、运营，项目运营期为 29 年。项目运营过程中，采用使用者付费的经营方式，不需要政府给予可行性缺口补助。政府给予两项特许经营权作为配套安排：

（1）定州市域内以畜禽养殖垃圾及农作物秸秆、餐厨垃圾为原料生产经营生物天然气及发电、沼渣沼液复合肥。

（2）定州市域内6个乡镇以生物天然气为原料的农村及乡镇煤改气工程项目。

（五）绩效管理

定州市农业局依据有关规范制定项目的考核办法，采用年度检查与不定期抽查相结合的方式，对项目进行监督考核。

（六）期满移交

在项目特许经营期期满后，社会资本方应保证项目公司及其全部资产无任何的负担，将正常运行情况下的本项目全部资产无偿、完好地移交给定州市人民政府或其指定机构。

五、PPP融投资基金与推广计划

为加快生物天然气在全省的推广应用，河北省政府委托河北省蓝天股权投资基金与定州市政府、四方格林兰公司、河北沿海产业投资基金管理有限公司共同出资，组建成立河北格林兰生物质能源环保投资基金，分两期募集，基金规模为10亿元，首期总额为5亿元。

以环保投资基金为龙头，在具体项目实施中以PPP、政府购买服务等模式，引导生物天然气项目在全省推广应用，未来5年在全省建设30个标准化的生物天然气项目（见图10-3）。

图10-3　CNG压缩间

六、效益分析

（一）经济效益

定州市规模化生物天然气PPP项目以畜禽粪便和玉米秸秆为主要原料，沼气经提纯后加工成为清洁环保的生物天然气；沼渣添加一定比例的氮磷钾，制成有机肥料；沼液用于农田灌溉。项目竣工投产后，每年可处理畜禽粪污18.25万吨，玉米秸秆8万吨，年产生物天然气 730 万立方米，生物有机肥 4 万吨，工业用液态二氧化碳 5000 吨；每年可替代燃煤约 10000 吨，减少碳排放约 12 万吨，实现年产值 5200 万元。相当于年节约 5212.2 吨标准煤，年减排 CO_2 1.32 万吨，减排 SO_2 195.64 吨。

（二）社会效益

目前，项目日产生物天然气 2 万立方米，达到设计产能，实现满负荷运营。所产生物天然气制备压缩 CNG，供应车用天然气或农村清洁能源利用，冬季可满足 1900 户农民炊事和清洁取暖。河北省农业厅将该项目列为 2017 年可再生能源取暖试点，并积极协调省发改委、省财政厅将其纳入"气代煤"补贴范围。

七、该模式的经验做法

（1）成立了以市长为组长的项目推进领导小组，协调项目建设中遇到的各种问题。

（2）采用 PPP 模式建设，并聘请第三方专业机构进行指导，为 PPP 项目提供技术支持。

（3）采用特许经营、使用者付费、土地入股的模式，政府财政压力较小。

（4）成立了项目推广基金，为快速复制推广项目提供有力保障。

案例 2　四川邛崃沼肥还田的公共私营合作制（PPP）模式

一、模式形成背景

随着我国畜禽养殖业的快速发展，粪便污染乱排放的问题越发突出，农业面源污染加重。农村沼气联结养殖业与种植业，能够加强种养结合、有效防治面源污染，是发展生态循环农业的重要纽带。但是我国农村沼气工程运行不佳，大量沼气难以消纳，沼渣、沼液利用效率低，利用方式粗放，沼气工程闲置现象日益突出。国家发改委、农业农村部印发了《全国农村沼气发展"十三五"规划》，提出建立多元化投入机制，引导社会资本积极参与沼气工程政府和社会资本合作（PPP）项目。通过引入 PPP 模式，发挥财政资金杠杆作用，提高沼肥利用率，改善利用方式，破解沼肥还田困境，加强种养结合生态循环农业建设，实现农业可持续发展。

邛崃市在发展畜禽养殖业的同时，深受畜禽粪污困扰。在实施 PPP 模式推进沼肥还田项目后，取得了畜禽粪污处理水平提高、沼肥利用更高效、农业生态环境明显改善、土壤肥力显著提升、农村基础设施完善、产业节本增效等成效（见图 10-4）。

二、沼肥还田 PPP 模式的实施

邛崃市是国家生猪调出大市，全市生猪出栏 150 余万头，每头猪每年产出 1.08 吨粪便，年粪污量约 162 万吨。为解决畜禽粪污乱排放的问题，保障养殖业健康发展，邛崃市以推进沼肥还田工作为切入点，通过"成都市财政补助+邛崃市奖励资金追加+业主自筹"的方式加快沼气工程建设，在沼肥还田中创新引入 PPP 模式，通过财政补贴撬动社会资本，鼓励养殖业、专业抽粪人员购买抽粪设备等成立专业抽粪合作社专业从事沼肥抽用，引导种植业规模利用沼肥，将养殖业与种植业有机结合，提高沼肥利用率，减轻生态环境压力，提升耕地土壤地力，推动现代种养循环农业可持续发展（见图 10 - 5）。

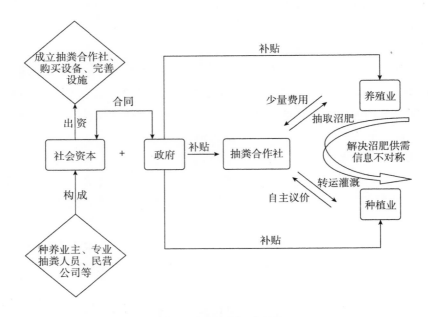

图 10 - 4 沼肥还田 PPP 模式

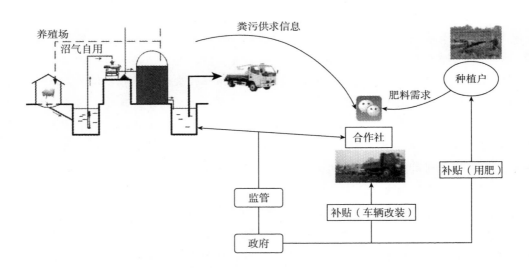

图 10 - 5 沼肥还田 PPP 模式实物

三、沼肥还田 PPP 模式的实施

（一）投资主体多元化，公私部门优势互补

PPP 模式促进了沼肥还田投资主体的多元化，政府部门按照公平、公开、公正的原则遴选合格的合作伙伴，与之达成基于合同的优势互补合作关系。邛崃市政府作为 PPP 项目发起人，出台 PPP 模式实施细则，制定财政补助标准，鼓励种植业主、养殖业主、专业抽粪人员、民营企业等社会资本投资方出资成立抽粪合作社、购买专业的抽粪设备以及完善沼气池等基础设施，引导合作伙伴将技术和管理经验运用到沼肥还田 PPP 项目中来，与政府部门进行优势互补，共同分担风险。

（二）解决信息不对称，加强种养结合

邛崃市政府通过发展种养结合循环农业，推动沼肥高效利用。在政府部门的引导下，养殖业主，大力建设并使用沼气池等农业基础设施，对畜禽粪污进行资源化利用，提高沼肥供给品质；种植业主积极申报规模利用沼肥，减少化肥的施用量，增加沼肥需求量；抽粪合作社衔接种养两端，从中解决沼肥供需双方信息不对称问题，提高沼肥利用率。抽粪合作社与种植业及养殖业之间自主协议服务价格并签订合同，基于合同内容，为种养双方提供沼肥转运、浇灌服务（见图 10－6）。

图 10－6　沼肥运输车浇灌农作物

（三）投融资结构优化，推进沼气工程建设

2017 年，邛崃市通过"成都市财政补助＋邛崃市奖励资金追加＋业主自筹"的方式，推进成都市级沼气工程建设，政府财政压力减轻，投融资结构得到优化。邛崃市投资新建 8 立方米、10 立方米的成都市级农村户用沼气池 100 口，项目总投资 51.01 万元，其中成都市级补助 18.25 万元，邛崃市奖励资金 4 万元，农户自筹 28.76 万元；投资新建成都市级养殖场大中型沼气工程 32 座，容积达 4000 立方米，项目总投资达 314.4 万元，其中成都市级财政补助 128 万元，邛崃市奖励资金 44 万元，业主自筹 142.4 万元。

（四）财政补贴力度大，保障参与主体利益

邛崃市政府部门制定明确的财政补助标准，对积极参与沼肥还田工作的主体进行扶持，保障 PPP 项目参与者的利益。其中，户用沼气池建设业主可获得每口 2000～2500 元的补助，大中型沼气工程的补助标准为每立方米 430 元。申报规模利用沼肥的种植业主，获得沼肥转运补贴的方式为：种植业主与合作伙伴按议定价格扣减 8 元／立方米进行浇灌服务费结算，再由实施浇灌的抽粪合作社向市农林局申报沼肥转运补贴。抽粪合作社除了可以获得沼肥转运、浇灌服务费外，还可获得"1 万元补贴＋农机补贴＋村公资金统筹"。

（五）创新管理制度，加大监管力度

邛崃市政府创新管理制度，对 PPP 项目实施过程及沼肥还田绩效进行监管和考核，考核结果作为发放财政补贴的依据。第一，为项目补贴资金设立专账，专人负责，确保专款专用，确保资金规范管理和使用；第二，搭建微信等信息平台，对沼肥还田 PPP 项目进行监管，实时收集抽粪合作社现场浇灌影像资料，并记录有关信息；第三，建立养殖户（场）粪便利用及出入栏登记台账和抽粪合作社粪便转运登记台账，实现粪便从产生到去向全程可追溯。

四、沼肥还田 PPP 模式效益分析

（一）生态效益

引入 PPP 模式，畜禽粪污得到了资源化利用，推动了沼肥高效利用，农业生态环境明显改善。据统计，邛崃市在全市 24 个乡镇（街道）实施 PPP 模式，对 26 万立方米沼肥进行综合利用，实现了沼肥还田 8 万亩，耕地土壤有机质提升 0.1% 以上，化肥施用量减少 10% 以上，农作物增产 5% 以上，农产品品质得到了大幅提升，推动了种养结合生态循环农业发展。

（二）经济效益

PPP 模式给沼肥还田各参与主体均带来了可观的经济效益。PPP 模式引导社会资本投入沼肥转运利用中，减轻了政府的财政负担；政府出台财政补贴方案，养殖业畜禽粪污处理成本大大减少；随着耕地土壤地力的提升，种植业每亩年均节本增收 300 元；据测算，PPP 模式实施后，邛崃沼肥还田合作伙伴运营收入达 780 万元、可实现利润约 400 万元。

（三）社会效益

邛崃市沼肥还田 PPP 模式的社会效益主要有三点：首先，邛崃通过投入 250 万元项目资金，撬动了近 550 万元社会资本，社会闲置资金得到了更有效的利用；其次，近两年来，邛崃新增户用沼气池 1500 余口，大中型沼气工程 1 万立方米，蓄粪池 20 余万立方米，农业基础设施建设更完善；最后，邛崃目前已有抽粪车辆 150 余辆，200 余人专业从事沼肥抽运浇灌，PPP 模式在一定程度上解决了当地劳动力的就业问题。

五、沼肥还田 PPP 模式实施的建议

引入 PPP 模式破解沼肥利用瓶颈，推动沼肥高效利用是农村沼气工程发展的新趋势。从邛崃市取得的效益来看，在沼肥还田中引入 PPP 模式，推动了沼肥高效利用，减轻了生态环境压力，提升了土壤肥力和农产品品质，使种养结合产业节本增效，是生态循环农业的可持续发展之路。但 PPP 模式在沼肥还田中的应用尚处于探索阶段，项目实施仍面临许多不可预知的风险，如政策变更风险、财务风险和管理风险等，需要通过实践不断总结经验，探索沼肥还田 PPP 模式的有效实施路径。因此，提出以下建议。

（一）制定可行的实施细则，吸引社会资本广泛参与沼肥还田

地方政府部门要贯彻落实 PPP 模式发展新理念，因地制宜，制定能切实推进沼肥还田的 PPP 模式实施细则，明确规定 PPP 模式财政补助标准，充分发挥财政资金杠杆作用，撬动社会资本更多地投入沼肥还田工作中。促进 PPP 模式多元主体相互协作，在减轻政府财政负担的同时，降低经营主体沼肥还田的成本，实现多方共赢。值得一提的是，政府部门出台政策时，应考虑社会资本利益，不可随意变更原政策，以免增加社会资本面临的风险，打击投资者的信心。

（二）以市场需求为导向，解决沼肥供需信息不对称问题

畜禽粪污问题日益突出，我国养殖业迫切需要推进种养结合，确保发展绿色生态循环农业。我国养殖业主深受畜禽粪污产量剧增的困扰，种植业主急需施用有机肥来改良土壤结构，沼肥还田市场潜力大，解决种养双方沼肥供需信息不对称的问题，是推动沼肥高效利用的关键。在沼肥还田中引入 PPP 模式，创新"养殖业＋抽粪合作社＋种植业"沼肥利用模式，由抽粪合作社充当沟通媒介，为种养双方提供沼肥转运、浇灌服务，提高沼肥有效利用率。遵循市场经济原则，服务费用应由参与主体自主议定。

（三）确保公平公正，优选抗风险能力强的社会资本

PPP 模式融资风险较高，一旦引入抗风险能力较差的社会资本，就会造成 PPP 项目应用失败，政府部门财政状况也会受到牵连。政府部门须按照公开、公平、公正的原则选择流动性、安全性等专业资质、财务实力更优的社会资本开展合作，从而降低项目融资风险，提高运营效率。为确保合作的顺利开展，公私部门签订合同，明确双方各自的权利和义务，达成优势互补、风险共担的合作关系，提高沼肥还田运行效率。

（四）完善监管机制，加强政府监管力度

PPP 模式补贴政策力度大，监管不当则易滋生"骗补"行为。政府在沼肥还田 PPP 模式中，由主导者转变为监督者，须完善监管机制，加强管理项目资金，严格考核沼肥还田绩效，保障沼肥还田工作的顺利开展。首先，建立台账管理制度，实现粪便从产生到去向全程可追溯；其次，通过微信服务平台，实时监控沼肥转运灌溉情况，加强对沼肥还田

过程的监管力度；最后，通过信息化平台，公开 PPP 项目实施绩效，充分保障社会公众的知情权，发挥社会监督作用。

二、"沼气＋扶贫"模式

案例 1 江西吉安市沼气扶贫工程模式

早在 2001 年，吉安市立足市情，从农民最需、最盼解决的问题入手，以发展沼气、建设生态农业为切入点，大力推进沼气扶贫工程建设，十多年来，探索出一整套别具特色、行之有效的精准扶贫经验，誉为"吉安模式"。

一、"靠山吃山"新理念：小沼气燃成"大产业"

吉安市是个传统的农业大市，农业人口占 80% 以上，自然资源丰富，耕地面积达 540 万亩，山地面积达 2593 万亩，草地面积达 250 万亩。如何在农业效益较低、农民增收乏力、农村生态环境破坏严重的困境中另辟蹊径，顺势崛起？

2001 年，吉安市瞄准农村这片山水做文章，赋予"靠山吃山"全新理念——将人畜粪便变成可供烧饭、照明的"绿色燃气"沼气，沼液、沼渣变成"有机肥料"，一方面联动环境改善，另一方面联动种植、养殖业发展，走出了一条符合吉安农村实际、"生态利用—生态保护—农业增效—农民增收"良性循环的新路子。

项目带动、政府推动、效益促动，全市沼气建设风生水起。15 年来，通过持续积极争取，沼气扶贫工程、生态家园富民计划、农村小型公益设施、中央投资沼气工程等一大批沼气建设项目在吉安相继实施。加上地方配套，全市农村沼气建设资金总投入超过 10 亿元，新增沼气池用户 20 万户，沼气池累计保有量 18.61 万户，覆盖全市农户的 21.9%，建成万池县市 6 个，千池乡镇 22 个，百池村 257 个。建设各类沼气工程 852 处，总池容超过 15 万立方米。吉安市沼气建设速度连年居全省首位，荣获全国、全省农村能源建设先进单位称号。

以沼气综合利用为纽带，前连养殖业，后连种植业，带动相关服务业，生态产业链效益彰显。全市发展"养殖—沼气—种植"三位一体沼气生态农业示范户 12.6 万户，沼气综合利用率达 90%，年创收节支近 10 亿元，涌现出泰和县的"猪—沼—果"（见图 10 - 7）、吉安县的"猪—沼—葡萄"、永丰县的"猪—沼—菜"、峡江县的"猪、沼、烟"等一系列知名生态产业链品牌。

沼气池建设与施工、沼气沼具及配件制造、科研推广和社会化服务有机衔接，小沼气燃成"大产业"。针对生猪养殖规模化，散户养殖日益减少，单家独户建设沼气越来越困难等新情况，积极探索推广复合菌剂预处理秸秆产沼气技术和农村沼气集中供气技术，实现秸秆作原料，一次投料长时间产气6个月以上。按照"政府扶持、企业支持、农民自愿参与"原则，全市300多个乡镇、700余个自然村建立了农村物业管理站，形成农民自我服务、自我管理的长效机制。

图10-7　万亩生态果园和猪沼葡萄

以沼气为纽带，配套实施"三清三改"（清垃圾、清污沟、清路障；改厕、改栏、改厨）、"五通"（通路、通水、通电、通有线电视、通电话）以及生活垃圾无害化处理工程、生活废水净化工程、农业废弃物的资源化利用工程、乡村物业服务工程、农民素质提升工程等，沼气给吉安农民带来了实实在在的"厨房革命""环境革命"和"生活革命"，全市新农村建设风起云涌。

二、产业托起新农村：一品兴一业，一业富一村

种草养牛，牛粪产沼气，沼液、沼渣肥草。以"牛—沼—草"生态产业链模式，泰和县澄江镇新池村全村已发展10头以上养牛专业户105户，种植冬春牧草500亩。该村出栏肉牛1412头，获纯利72万元，仅养牛一项户均增收4600元。在吉安市，像新池村这样一品兴起一业，一业带富一村的专业村如雨后春笋，遍地开花。昔日自给自足、闲适安逸的小农经济，逐渐被专业化和产业化的生产所取代。

产业兴则新村兴，经济强则百姓乐。没有强有力的产业经济作支撑，新农村建设就没有"主心骨"。

"一乡一业、一村一品"。吉安市在新农村建设中，根据实际，鼓励和引导农民以市场为导向，发展"拳头产品"，实施规模化、专业化种植养殖，壮大特色支柱产业，走农业产业化道路，催生出了 60 万亩无公害蔬菜基地、11.9 万亩药材基地、5.7 万亩特色果业基地、265 万头生猪养殖基地、30 万头肉牛养殖基地以及产值达 5.85 亿元的特种水产养殖基地。全市基本形成无公害蔬菜、草食畜禽、特种水产、优质粮油、药材、林产等多元而有特色的农业产业化发展格局，农业主导产业总值达到 72.5 亿元，占据整个农业总产值的"半壁江山"。

为把产业优势真正转化为经济优势，吉安市紧扣农业龙头企业引进与培育，大力延长农业产业链，提升农产品附加值，逐渐形成了"龙头带动型""市场带动型"等产业化发展模式，"公司＋农户""公司＋基地＋农户""公司＋协会＋农户"的产业化、市场化运作模式初具雏形。引进温氏畜禽、金佳谷物特国家级龙头企业，培育出省级龙头企业 49 家，市级龙头企业 183 家，各类产业化组织 1032 个，带动农户 84.6 万户，占全市农户总数的 70%，农户均从中增收 1688 元。

地处偏远的永新县，引进新锦、新杭等 5 家缫丝加工龙头企业。他们一端连着市场，另一端连着桑蚕基地，有效拉动了该县桑蚕产业的发展。而今，该县桑园种植面积已达 12942 亩，遍及全县 18 个乡镇，12 万农户从中获益。

产业托起新农村。依托生态农业产业链，吉安市还积极实施农业品牌发展战略，大力发展有机绿色、无公害农产品，形成了以 4 个省级优质农产品品牌为骨干，以特色鲜明的地方品牌为基础的全市特色农产品品牌网，一批市场竞争力较强、发展前景较广的农产品品牌正在萌芽成长。全市"农字号"商标 425 件，龙头企业拥有著名商标 28 件。全市按标准化生产经营的农户达到 12.4 万户，种植面积达 65 万亩。

案例 2　山东沂南县和平扶贫产业园"五位一体"新能源循环利用模式

一、基本情况

山东省沂南县双堠镇和平村现有 440 口人，1100 亩耕地。2015 年以来，在省农业厅驻沂南县双堠镇第一书记工作队的帮扶下，成立了集蔬菜种植、加工销售为一体的沂南县鲁润果蔬种植专业合作社，合作社现有入社社员 92 户，生产基地 720 亩，建有高标准冬暖式蔬菜大棚 54 个，发展果园 200 亩，全部种植反季节丝瓜、黄瓜、茄子、西红柿，建有一个存栏 5000 头的中型养猪场。

合作社成立以后，在镇党委、政府支持下，建立并运行了"双堠镇现代农业生态园"。园区立足于组织农民开展标准化生产，服务"三农"、提高农产品的市场竞争力，让农业增效、农民增收，生产绿色、环保农产品，提高产品质量，增加市场竞争力。

二、沼气沼渣沼液综合利用情况

通过第一书记牵线搭桥，市农业局扶持合作社建设了一座650立方米地下沼气池，还建设了一个太阳能集热工程为沼气池增温，保证冬季稳定产气。实现了"养殖—大棚菜—沼气池—太阳能—果园"五位一体生态循环。2016年初，该园区被列为国家农业农村部沼渣、沼液综合利用示范点。

（1）沼气原料。猪场粪便作沼气原料，解决了养殖畜禽粪便污染问题；蔬菜大棚产出的废弃物进入沼气池作沼气原料，解决了困扰北方蔬菜大棚种植区的蔬菜废弃物污染环境问题，改善了村容村貌。

（2）"三沼"利用。沼气通过管道供和平村150户村民生活用能，冬季还可以用沼气灯为50个蔬菜大棚增光提温、补充 CO_2，促进光合作用，产出的沼液、沼渣作为优质有机肥供用于蔬菜大棚和果园（见图10-8）。

图10-8 大棚沼气灯

（3）提高了蔬菜品质。园区大量使用沼液灌溉蔬菜，减少了化肥使用量，改善了土壤结构；沼液杀虫灭菌效果好，基本不用农药，提高了农产品产量，保证了农产品质量安全。2016年，合作社生产的黄瓜、丝瓜、芸豆等9个蔬菜品种通过了无公害农产品认证。

（4）农民增收效果明显。据县农业局组织测算，该循环模式与常规生产相比，每个蔬菜大棚每年增收节支约1.2万元。

三、主推技术

（1）沼液浸种技术。在正常使用30天以上沼气池中取出沼液，稀释10倍。将丝瓜、黄瓜等种子充分晒干，装入纱布袋，在15~18℃条件下浸泡2~4小时，取出后清水洗净、表面水分晾干催芽播种。在核心区35个蔬菜大棚内，推广沼液浸种试验。

（2）沼液叶面喷施技术。在作物生长过程中，取原液、1:1、1:2、1:3和清水对照等进行2~4次叶面喷施试验。在园区内推广利用沼液防治蚜虫以及沼液作为叶面肥喷施技术。制定沼液叶面喷施应用技术规范。

（3）沼渣沼液混合液作基肥技术。在作物种植前土地准备过程中，在示范区内推广利用沼渣、沼液作腐殖质有机肥以及土壤杀菌肥技术。

（4）沼渣沼液作追肥技术。在果菜种植过程中，沼液稀释浇灌或微滴灌、喷灌；直接开沟挖穴浇灌作物根部，每亩施用沼渣1000～1500千克，并覆土以提高肥效（见图10－9）。

图10－9　沼液、沼渣追肥试验

（5）沼液用作预防病虫害。在蔬菜病虫害的发生初期，选用发酵完全的新鲜沼液过滤后，按照沼液与洗衣粉3000:1的比例混合，对植株进行全面喷施，用量在30公斤/亩左右。病虫害较重时可以提高喷施沼液的浓度。强化项目区病虫害预测预报，普及应用黄（蓝）板、太阳能杀虫灯等病虫害绿色防控技术（见图10－10）。

图10－10　沼液叶面喷施技术试验

（6）沼液涂抹树干防虫。用新鲜沼液涂抹果树的树干，能够杀灭树皮内存活的虫和虫卵，并具有提升营养、保护果树的功能，提高果树的抗寒、抗旱、抗病虫害能力（图10－11）。

图 10－11　沼液涂抹树干防虫试验与沼液浸种技术试验

四、模式流程

模式流程：养殖场收集粪便—大棚内建650立方米沼气池—沼气用于村民生活用能及大棚内增温—沼液、沼渣用于果园及大棚菜施肥—生产无公害农产品。

五、效益分析

（一）经济效益

山东省临沂市沂南县和平扶贫产业园是国家农业农村部沼渣沼液综合利用示范点，采用"养殖—大棚菜—沼气池—太阳能—果园"五位一体生态循环模式。该示范点建立的650立方米地下沼气池产出的沼气供和平村150户村民生活用能，还在冬季用沼气灯为50个蔬菜大棚增光提温、补充二氧化碳，促进光合作用。产出的沼液、沼渣作为优质有机肥供蔬菜大棚和果园，沼液还可喷施在植株上预防病虫害。综上所述，沼气工程不仅为农户提供了生活用气，节约了煤炭及用电花费，沼液、沼渣用于果园及大棚菜施肥和除病虫害，还节约了肥料和农药的花费。同时还建立了农业生态园，生产无公害农产品并取得认证。该循环模式与常规生产相比，每个蔬菜大棚每年增收节支约1.2万元，年共计增收节支约 64.8 万元，农民增收效果明显。

（二）生态效益

示范点的沼气工程利用猪场粪便作沼气原料，解决了养殖畜禽粪便污染问题。蔬菜大棚产出的废弃物进入沼气池作沼气原料，解决了困扰北方蔬菜大棚种植区的蔬菜废弃物污染环境问题，改善了村容村貌。使用沼液灌溉蔬菜，减少了化肥施用量，改善了土壤结构。沼液杀虫灭菌效果好，基本不用农药，提高了农产品产量，保证了农产品质量安全。

（三）社会效益

山东省临沂市沂南县和平扶贫产业园示范点以猪场粪便为原料，厌氧发酵制取沼气，沼气供农户生活用气，并发电供蔬菜大棚使用。沼渣沼液作有机肥用于蔬菜大棚和果园等，建设成了以沼气工程为纽带的"养殖—大棚菜—沼气池—太阳能—果园"五位一体生态循环经济示范体系，为沼气工程的综合利用找到了广泛的应用前景，不仅解决了畜禽粪便污染问题，而且给农户带来了实实在在的经济创收，让农业增效、农民增收，生产绿色、环保农产品，提高产品质量，增加市场竞争力。

三、"沼气＋三产融合"模式

案例1　四川德昌县德州镇角办村沼气工程及太阳能提灌站模式

一、模式简介

德州镇角办村沼气工程及太阳能提灌站位于德昌县德州镇角办村 4 社，由德昌贤氏种植养殖专业合作社承建。沼气工程总投资 61.8228 万元，由农村能源部门投资 47.5 万元，业主自筹 14.6228 万元建设，2015 年 11 月底完工。太阳能提灌站由农机部门投资 50 万元建设，于 2016 年 9 月初完工（见图 10-12）。

二、运行情况

沼气主体工程包括预处理池 45 立方米，沼气常温厌氧发酵装置 210 立方米，湿式储气柜（钢结构）50 立方米，沼渣沼液暂存池 85 立方米，站外沼液储存池 200 立方米（见图 10-13）。目前供气站运转正常，日产沼气 70 立方米左右，用管道向贤氏避暑山庄（农家乐）及周边 70 户农户供气。贤氏避暑山庄使用 4 台沼气猛火灶，用沼气做燃料为客人提供餐饮服务。

太阳能提灌站装机 24.2 千瓦，扬程 82 米。分为 3 个机组，其中两组（7.5 千瓦×2）提清水，一组（9.2 千瓦）提沼液。将清水及沼液分别提上 80 多米高的山坡上修建的储存池内储存。沼液及清水通过管道自流灌溉山坡下 400 亩左右的果树及经济林木。

图 10 - 12　沼气工程、养殖场、樱桃园、农家乐、太阳能提灌站全貌

图 10 - 13　沼气工程主体

三、模式成效

该工程已形成"猪—沼—果—旅游"良性循环经济发展模式。工程利用年存栏 500 头猪的养殖场粪污作为发酵原料。年产沼渣沼液 1900 吨。经提灌至山坡储存池内的沼液通过安装的 5000 米沼液输送管道自流灌溉山坡下 400 亩左右的樱桃等果树及经济林木。极大地减少了果树及经济林木的化肥用量和劳动力，降低了生产成本（见图 10 – 14、图 10 – 15）。

图 10 – 14　樱桃园和灌溉设施

图 10 – 15　太阳能提灌站

沼气工程的建成让农家乐的环境得到净化，成为一个观光景点，同时带动樱桃种植面积的扩大，樱桃发展促进了旅游业的发展，游客增多又促进了养殖业的发展。

案例 2 湖北老河口市桂园家庭农场循环农业模式

一、模式简介

老河口市桂园家庭农场位于老河口市光化办事处李纪路口，成立于 2010 年，有成员 120 人，带动农户 60 户，种植基地 1000 亩，辐射生产基地 2625 亩，目前总资产达 3589 万元，其中固定资产 803 万元，林木资产 1769 万元，农家乐资产 600 万元（见图 10－16）。农场生产的金艳、徐香、红阳猕猴桃、蓝莓以及新西兰奇异果营养丰富，味道鲜美，品质高，注册商标"鑫艳"。农场年产优质猕猴桃 5675 吨，猕猴桃幼苗 75 万株，销售收入 4522 万元，利润 215 万元，带动农户年均增收 700 余万元，人均增收 5800 元，形成了集猕猴桃种苗培育、种植、冷藏、销售于一体的现代循环农业产业化生产经营模式。2017 年 4 月，桂园家庭农场（金艳猕猴桃种植专业合作社）被评为全省乡村旅游和休闲农业示范点。

图 10－16 桂园家庭农场农家乐餐厅、客房

二、模式流程示意图

三、效益分析

（1）农场修建 200 立方米沼气工程及沼液利用工程：日处理养殖粪污 10～12 吨，年产沼气 1.8 万立方米，沼气供农家乐厨房使用，沼液、沼渣经处理后用作果树肥料，大幅减少化肥、农药施（使）用量，保证了果实的优良品质和纯正口感。

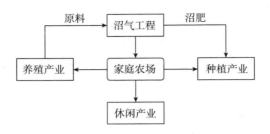

图 10 - 17　模式流程

（2）桂园家庭农场农家乐有 120 亩的休闲旅游核心区已经形成"两轴、六区、十点"的格局，包括春看花、夏品果、秋赏月、冬观雪的"天然氧吧"等家庭农场项目，集采摘体验、休闲观光、食宿游玩为一体。家庭农场坚持充分使用沼液、沼渣经处理后的农家肥，不施化肥、不用除草剂、不用农药的原则，保证了农产品的优良品质和纯正口感，突出绿色发展理念，全力助推老河口"水乡花都"建设。

四、"沼气+家庭农场"模式

家庭农场是指以家庭成员为主要劳动力，从事农业规模化、集约化、商品化生产经营，并以农业收入为家庭主要收入来源的新型农业经营主体。在家庭农场范围内开展"果/菜/花—沼—猪"高效循环农业生产的模式。该模式的特点是：农场具有适当规模的种植、养殖业；利用自身资源，发展生态循环农业，创建优质农产品品牌；实现种养废弃物零排放。

案例 1　四川梓潼县三泉乡泉源家庭农场沼气工程小循环模式

四川省农村沼气建设，牢固树立绿色、可持续发展理念，把农村沼气建设与现代农业发展相结合，致力于沼渣沼液综合利用，探索出了微循环模式、小循环模式、中循环模式、大循环模式四种典型模式，全省建成的各类沼气工程每年为农业生产提供 5000 万吨沼液沼渣，为高效、绿色、生态农业发展做出了突出贡献。

一、典型模式

（一）庭院经济微循环模式

从家庭养殖户为单元，以户用沼气为纽带，发展"家庭养殖—户用沼气—家庭种植"的庭院经济模式。畜禽粪便直接进入沼气池，生产的沼气供家庭使用，沼渣、沼液用于家庭种植业生产，形成循环农业微循环利用模式。

根据苍溪县的调查，养殖 3~5 头猪的家庭，配套建设一口池容 6~8 立方米的户用沼气池，年产 350 立方米沼气，基本解决家庭全年生活用能，生产的沼渣、沼液能解决 2～3 亩农作物的用肥需求。2015 年全县沼气综合利用农户 10 万户，20 万亩农作物施用了沼渣和沼液，粮食增产 1 万余吨，加上沼气用能和节约化肥开支，每户可增收节支 1500 元，全县增收节支 1.5 亿元。

（二）家庭农场小循环模式

以集中供气的沼气工程为纽带，发展"小型养殖场—集中供气沼气工程—种植示范园"家庭农场模式，生猪存栏规模 500 头，种植作物 300 亩的家庭农场，配套集中供气工程，对养殖场产生的粪污进行无害化和资源化利用，生产沼气为附近农户提供清洁能源，生产的沼渣用于家庭农场种植业基肥，生产的沼液用于农场灌溉，形成循环农业小循环利用模式（见图 10 - 18）。

图 10 - 18　生猪养殖场

梓潼县三泉乡丝公村的泉源家庭农场生猪存栏 1300 头，配套集中供气沼气工程，为农场周边 45 户农户供气，生产的沼渣为猕猴桃做基肥，沼液通过自动喷灌系统喷灌 400 亩猕猴桃，有效地解决了农场养殖业的污染问题。开展沼渣、沼液综合利用，减少了化肥和农药的施（使）用量，猕猴桃品质得到提升，注册的"异珍源"猕猴桃取得了绿色食品认证，每斤售价高达 35 元，比普通种植的猕猴桃售价高出两倍。

二、典型案例

（一）模式简介

梓潼县三泉乡丝公村泉源家庭农场，投资 150 万元建设 2 栋"正大 550"现代化生猪代养场，生猪存栏 1300 头。通过配套 2015 年省级新村集中供气项目，建设 80 立方米中温厌氧发酵罐 1 座，28 立方米湿式储气柜 1 座，配套脱水、脱硫及输气管道等设施，现已为农场周边 45 户农户供气（见图 10 - 19）。

图 10 - 19　沼气集中供气站

该家庭农场以发展生猪养殖和猕猴桃种植为基础，以集中供气工程为纽带，按照"种养结合、循环利用"的发展思路，充分发挥"三沼"综合利用效益，沼气为农户供气，提供清洁能源；沼气工程生产的沼渣为猕猴桃做基肥，沼液通过自动喷灌系统喷灌 400 亩猕猴桃，减少化肥使用，保护土壤。通过建立政府、社会、业主多渠道投资机制，将种养产业融为一体，狠抓"三沼"综合高效高值利用，促进循环农业发展，推动建设资源节约型、环境友好型的现代生态循环农业体系。

（二）效益分析

经济效益：通过利用管网微喷灌现代灌溉设施，将沼液输送到果园进行自动灌溉，减少了化肥使用，降低了生产成本，每亩减少化肥和劳动力投入 500 元以上。同时该园猕猴桃取得了绿色食品认证，每斤售价高达 35 元（见图 10 - 20）。

生态效益：通过发挥沼气工程上联养殖业、下接种植业的纽带功能，有效解决了养殖场粪污处理问题，极大增加土壤有机质，培肥地力，既保护环境又促进现代农业发展，实现了种养生态农业的良性循环。

社会效益：该家庭农场小循环模式，是沼气工程与现代循环农业结合的典型探索，为沼气工程适应现代农业向适度规模化家庭农场发展的需要，提供了有价值的参考，不仅为该区域循环农业发展起到示范标杆作用，也为在全省推行该种模式总结了成功的经验。

图 10－20 自动化沼液管网浇灌猕猴桃园

案例 2 湖北京山县湖北金农谷农牧科技有限公司家庭农场循环模式

一、模式简介

湖北金农谷农牧科技有限公司位于"中国农谷"核心区京山县石龙镇，公司原有养殖场占地 160 亩，年出售种猪 2 万头。2014 年，公司从所在地石龙镇梭墩村流转土地 1160 亩（含水面 210 亩），山林地 500 余亩。公司连续投资 1600 余万元建有 4 个 1500 立方米厌氧发酵罐、沼液存储池 5 万立方米的大型沼气工程，同时聘请专家传授"猪—沼—荷花（莲子）""猪—沼—果（油桃）""猪—沼—鱼（鳖）"等高效循环利用种养模式新技术，充分利用沼渣、沼液，变废为宝发展生态农业，公司为被流转土地的 300 余户居民提供了清洁能源，为其优先提供劳务机会。

二、工程简介

（1）公司建有 4×1500 立方米厌氧发酵罐。图 10－21 左图为一处发酵罐。配有沼液运输车 3 台，聘请专业人员使用沼液沼渣灌溉农田，对外做到零污染零排放。

图 10－21 发酵罐及沼液运输车

（2）该家庭农场通过充分使用沼肥，大幅度降低化肥农药施（使）用量，全面开展无公害、绿色、有机农产品生产，真正做到了增产、增收和生态环保的良性循环。公司发展了500亩"猪—沼—荷花（莲子）"项目，种植观赏荷花，同时开展鱼池垂钓，上山采摘油桃的生态旅游业，在水面还养殖鱼（鳖），生态农业给公司带来丰厚的收入。农田平均每亩收入在3000元以上（见图10-22）。

图 10-22　沼肥种藕

三、模式流程示意图

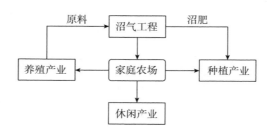

图 10-23　模式流程

五、"沼气＋互联网"模式

案例　湖北南漳县"智慧运营"模式

一、模式简介

"智慧运营"模式将大数据智能化运用到农村绿色能源站管理服务中，实现集能源站点入网、实时监测、故障报警、智能分配、维修保养等功能于一体的"一站式农村清洁能源智慧运行维护服务体系"。近年来,湖北襄阳地区实施了大量农村沼气项目和光伏扶贫项目,形成农村沼气、光伏发电等众多分布式绿色能源站。为了高效管理绿色能源站,更好地为农民、农村、农业服务,襄阳市农村能源管理部门率先建立全国首个市级农村清洁能源大数据中心,尝试智慧运营管理绿色能源。

二、模式流程图

(一) 模式流程示意图

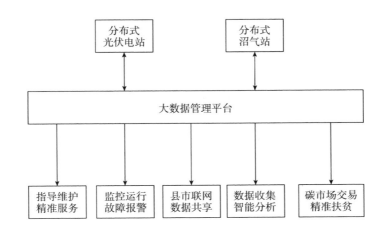

图 10－24 "智慧运营"模式流程

(二)"智慧运营"模式运营图

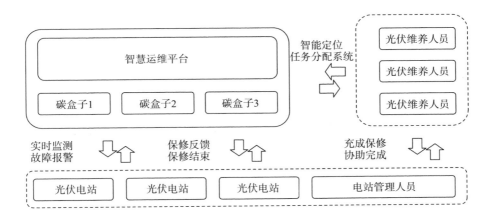

图 10－25 "智慧运营"模式运营

该智慧系统由博茗低碳投资建设,首先在南漳县建站,建立了对全县可分布式绿色能源站进行统一管理、统一监控、统一分析的"端＋云＋端"监控系统。该平台将立足南漳辐射襄阳市各县市站点，包括南漳、谷城、丹江等区域，建成后可接入超过10000个分布式绿色能源站，今后将对接服务全省、全国。

（三）建立起大数据服务中心

实现了数据传输、监控显示、报警等多种功能，搭建了管理操作平台。

（四）监控沼气站

对全县沼气站采取实时监控，及时掌握运行故障，24小时内跟踪维修，服务便捷（见图10-26）。

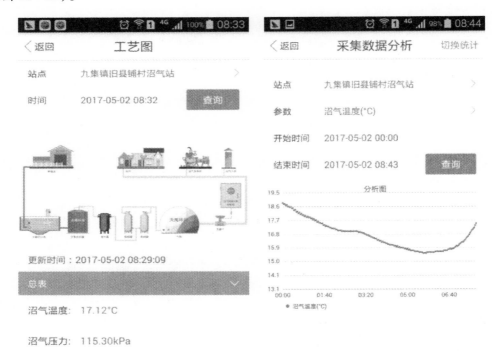

图 10-26　手机 APP 实时监控

（五）首个农村清洁能源碳资产开发与收储平台

围绕碳排放的不同领域，目前博茗低碳已经研发形成了基于太阳能热水器、新能源汽车、风力发电站、火电站等多种形式的物联网碳数据采集终端硬件（碳盒子家族），形成碳交易平台（见图10-27、图10-28）。

（六）开发了动态扶贫管理系统

碳数据运营平台基于"互联网+扶贫"的模式，通过互联网与大数据的应用，为精准识别提供了解决方案，能够及时对各村镇扶贫对象进行分析，形成扶贫指数表，精准显示每家每户的贫困及脱贫指数，从而将光伏精准服务工作真正落到实处，更解决了扶贫工作动态监管的难题。

图 10 – 27 碳交易中心

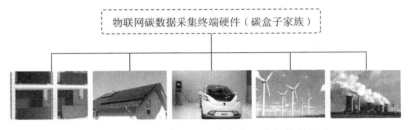

图 10 – 28 农村清洁能源碳资产开发与收储平台

六、"沼气 + 公厕" 模式

案例 广西鹿寨县农村 "沼气 + 公厕" 模式

一、模式形成背景

广西鹿寨县 2015 年农村垃圾沼气化处理项目建设地点为黄冕镇山脚村芝岭屯，该村由于交通受限、经济水平落后，加之畜禽粪污难以得到有效处理，对村庄的人居环境造成了极大的压力，环境卫生堪忧，因此，通过建设农村公厕和沼气工程一体化工程，处理有机垃圾，以创造良好的人居环境，保障村民的卫生安全（见图 10 – 29）。

图 10 - 29　黄冕镇山脚村芝岭屯公厕背面和地下式小沼工程

二、工程建设基本情况

广西鹿寨县农村"沼气＋公厕"模式项目总投资 25 万元，项目完成建设 35 平方米农村公厕 1 座，100 立方米沼气池 1 座（见图 10 - 30），安装太阳能路灯 28 盏。项目建设以处理农村生活垃圾、改善农村生态环境为目的，沼气工程所产沼气就近供 3 户农户使用。所产沼渣、沼液供周边农村土地种植所用。

图 10 - 30　黄冕镇山脚村芝岭屯公厕正面

第十一章　研究结论与对策建议

一、研究结论

2003 年，我国开始农村沼气国债项目建设，从 2005 年起加大农村沼气工程建设力度，经过十几年的建设，特别是 2015 年我国农村沼气建设转型升级后，我国沼气工程和生物天然气工程的发展取得了长足进步，在转变农业发展方式、改进农村用能、改善农村人居环境等方面取得了不菲的成绩。全国各省（区、市）因地制宜形成了各具特色的沼气工程典型模式，主要特点有：独立于养殖和种植的第三方运营业主，建立发酵原料保障的政策，延伸产业链促进"三沼"综合利用，能够盈利的沼气工程，沼气工程在循环农业中的作用凸显，沼气工程"三产融合"初见端倪，新时代沼气工程+（互联网、扶贫攻坚、厕所革命和乡村环境治理等）新模式初步形成。总结梳理这些模式可为沼气工程和生物天然气的建设提供借鉴、参考。综合前文对沼气工程典型模式的分类、简介、案例说明、效益分析等，本章从模式的需求侧重点、优缺点、适宜地域和社会经济条件等方面进行总结。

（一）"果—沼—畜"沼肥需求模式

"果—沼—畜"沼肥需求模式的需求侧重点是沼肥，沼肥需求是该模式的中心内容和沼气工程建设、运行的主要驱动力，果代表种植，不仅仅是水果种植。该模式以种植（水果、蔬菜、茶叶和粮食等）规模的沼肥需求量来确定沼气工程的建设规模，进而再配套与沼气工程匹配的畜禽养殖规模，以养殖场粪污为主要发酵原料，用肥为主，用能为辅。

该模式的优点：沼肥的利用，减少了大量化肥的施用，提高了土壤有机质，改善了土壤结构，增加了土壤肥力；降低了病虫害发生率，减少了农药使用量；提高了作物产量和品质，促进了有机、绿色食品的发展，保证了销售价格，促进了农户和种植基地增收；在一定程度上改变农业生产方式、改善了区域生态环境。

该模式的缺点：养殖场受畜禽价格波动影响，养殖规模的波动影响沼气工程原料供给；种植的季节性对沼肥需求不均衡，造成沼肥季节性短缺或过剩；养殖和种植环节对重金属、抗生素、兽药和农药等因素控制不到位，沼肥的粗放利用，土壤本底重金属、抗生素等原因可能造成农作物有害因子超标。

该模式适宜于集约化发展种植业，且初步形成了农业产业布局，地力贫瘠或需要进行地力改善的地域，能有效减少化肥和农药施（使）用量，在一定程度上改变该区域的农业生产方式，是农业农村部提出的"一控两减三基本"目标实现的重要抓手。如延安市延川县梁家河农业农村部沼气示范工程，该地区农业主导产业是苹果种植，果园配套的"水肥一体化"施用系统满足了苹果种植对沼肥的需求。

（二）种养结合生态自循环模式

该模式的基本特点：种、养基本平衡，生态系统内部自循环，沼气工程建设业主同时建有养殖场和种植基地，沼气工程建设的需求侧重点是养殖场粪污处理和种植基地沼肥供应并重，生产的沼气以生产生活自用或沼气发电自用为主。如山西永济市超人奶业有限责任公司"牛—沼—蓿"热电联产生态循环模式，种植基地的牧草全部为养殖场提供青饲料，养殖场粪污通过沼气工程进行厌氧处理，沼渣、沼液全部施用于种植基地，零排放，实现养殖和种植的生态高效循环。

该模式的优点：对畜禽粪污和种植秸秆进行沼气化处理，保护了生态环境；沼渣替代部分化肥，提高了农产品的产量和品质，不仅促进种养基地的发展，而且同时增收；沼液施用节约了灌溉用水；种养高效循环，改变了农业发展方式、改善了区域生态环境。

该模式的缺点：沼气工程和沼气利用设施设备投入较大；以沼气自用为主，高值化利用率低，未产生较大收益；沼肥利用粗放，未加工成有机肥，可能存在有害因子影响农产品质量安全。

该模式适用于同一业主且距离较近的畜禽养殖场和种植基地；业主经济实力较强，有种养循环发展的意识和相关的知识储备，配备了种养技术过硬的专业技能人才；地方政府支持打造农业生态循环产业园，有配套的政策和资金支持。

（三）养殖场粪污沼气化处理模式

该模式以养殖场为中心，核心任务是处理粪污，同时带来一定的经济效益。沼气工程业主一般为养殖场，沼气工程规模以大中型为主，沼气工程建设需求侧重点是沼气化处理养殖粪污，或厌氧手段是粪污处理的环节之一。沼气主要用于养殖场生产生活用能、发电自用等，沼渣经固液分离后出售或加工为有机肥出售，沼液用于周边农田林地等施肥、灌溉，或经处理后用于养殖场冲洗，或处理后达标排放。

该模式的优点：沼气工程作为养殖场环保设施之一，对畜禽粪污进行厌氧处理，有效降低 COD，易于再处理后达标排放，保护环境；生产沼气自用可节约电费和燃料费，沼肥或加工成有机肥出售可带来可观的经济效益；沼液作为冲洗水回用，可降低养殖成本。

该模式的缺点：养殖场业主关心的是养殖收益，对沼气工程关注度不高，如没有可靠的盈利点，沼气工程运行困难，往往成为环保检查的保护伞和挡箭牌；养殖场的专业是养殖技术，对于沼气工程的运行管理缺乏专业性，如果培训不够，工程运行效果将大打折扣；"三沼"高值化利用程度不高，沼渣售价很低或赠送，沼液送给周边农户，沼气工程经济效益低；沼肥供需存在数量不平衡、信息不对称的问题，存在田间施用最后一公里未打通的问题；养殖场自身无沼渣沼液消纳能力，如周边土地承载力不够或处理不当，易造成环境污染。

该模式适用于业主积极性高、环保意识强、当地环境压力大、政府环保检查力度大、养殖规模较大且稳定的养殖场，当地农村能源管理部门须加大沼气工程运行管理和安全生产的培训力度，地方政府积极引导沼肥加工成有机肥使用，适当给予政策扶持和资金补贴，鼓励沼气服务网点兼管运行沼气工程，确保养殖场沼气工程的运行效果。如山西五丰养殖种植育种有限公司沼气工程，沼气用于发电，沼渣沼液开发为适宜不同作物的有机肥和叶面肥，年盈利 39 万元，业主有持续运行沼气工程的动力。

（四）养殖场沼气高值化利用模式

该模式以盈利为重点，同时兼顾处理粪污。沼气工程规模主要是大型或特大型，沼气产量大，且稳定，沼气工程建设的需求侧重点是沼气产量，并对生产的沼气进行商业化、高值化利用，如发电上网、提纯生物天然气并入天然气管网供气或汽车加气等，沼渣加工成有机肥出售（取得有机肥登记证号），沼液加工成叶面肥或液肥销售。

该模式的优点：沼气工程建设规模大，规模化经营，高值化利用，产生的经济效益显著；对畜禽粪污进行厌氧处理，减小后端处理压力，防止环境恶化；沼渣沼液深加工，延伸产业链，增加盈利点。

该模式的缺点：沼气工程一次性投入较大，对资金需求量大，对技术和设备要求较高；沼气工程发酵容积大，对原料需求量大，由于外界不可控因素（季节性、养殖波动性）易造成原料短缺；"三沼"产量大，销售市场不一定能满足；由于各地对政策解读和落实不同等原因，不是所有的沼气发电上网工程都能享受国家规定的生物质发电不低于0.75 元/度的标准。

该模式适用于养殖规模大且稳定的企业，业主主观能动性强，有沼气工程高值化利用核心技术和专业人才队伍，养殖场周边最好有易于收储运的秸秆作为原料补充，地方政府有配套的政策和资金支持，"三沼"产业链延伸，高值化利用，吃干榨净，产生最大的经济效益。如山东民和牧业股份有限公司特大型沼气工程，仅沼气发电上网，每年收入达1725 万元，还有 CDM 碳减排、生物天然气和浓缩沼液肥等收益。

（五）沼气工程集中供气供暖模式

该模式突出沼气直接供气供暖，社会效益好，北方煤改气，清洁供暖，环保效益好，兼顾一定的经济效益和生态效益。沼气工程业主以养殖场为主，近年来也出现了第三方业主运营管理，发酵原料为养殖场粪污、秸秆等，规模以中小型为主，也有极少的大型沼气工程，该模式沼气工程建设的需求侧重点是生产沼气直接供气（不含提纯生物天然气），供气方式主要是管网输送和压缩罐装，用于城乡居民和农户生产生活用能，沼渣沼液以就地还田利用为主，少部分加工成有机肥出售。大多数工程建立了沼气供气收费机制，联动沼肥出售来盈利，部分项目是未收费的民生工程和扶贫工程，没有运行和维护经费支持，持续运行能力较差。近年来，随着有机肥补贴政策出台，出售沼肥的收入逐渐高于沼气供气收入。

该模式的优点：集中供气沼气工程多为政府投资建设的民生工程、民心工程，具有较好的社会效益；建立沼气集中供气收费机制和沼肥加工成有机肥出售，兼顾了一定的经济效益；对畜禽粪污和秸秆进行沼气化处理，改善区域环境，沼气集中供气供暖减少燃煤使用，减排温室气体，减少雾霾天气，具有一定的环保效益。

该模式的缺点：部分沼气集中供气工程未进行收费，持续运行能力差；沼气供气没有财政补贴，和天然气比较没有竞争力；沼肥直接还田，收费少或未收费，经济效益差；北方寒地沼气工程供暖对工艺技术和设施设备要求高，有一定的建设难度；养殖场选址和居民居住区分散导致供气成本增加；养殖场业主没有义务为周边农户供气，如没有供气收益，积极性不高；农户外出打工，沼气用量少且不平衡，影响供气收入；受原料和温度影响，产气量不稳定，影响用户体验。

该模式适用于农户居住集中，愿意有偿用气的区域，特别是我国北方冬季供暖，气源不足，使用沼气集中供气、供暖发展前景广阔。各级政府应出台相应政策鼓励沼气集中供气供暖，安排用气补贴资金，目前湖北、四川和广西等省份有建设资金补助，后端补贴极少，如四川省从 2012 年启动省级集中供气小沼工程，截止到 2018 年，省财政 7 年累计投入 4.5 亿元。

（六）第三方运营规模化沼气模式

该模式的主要特点是第三方投资建设、运行管理，建设规模大，"三沼"利用高值化（不包括沼气集中供气），以盈利为目的。业主是独立于养殖场和种植基地的第三方单位，通过沼气工程联系多方利益体，发酵原料有畜禽粪污、农作物秸秆、城市有机垃圾、工业有机废弃物或废水等。上、中、下游联动形成产业链：上游有原料收储运的政策和技术保障体系；中游用先进的工艺和装备来保证较高的池容产气率和高质量的沼肥加工有机肥；下游是沼气（生物天然气）和有机肥的政策保障和销售市场开拓。

该模式的优点：第三方运营，关注度和专业化程度较高，实现全产业链高效利用；对畜禽粪污、秸秆等有机废弃物进行资源化利用，低碳环保；"三沼"高值化利用，沼气可提纯生物天然气补充气源不足；技术和装备先进，推动产业技术进步，有较好的示范意义。

该模式的缺点：沼气工程一次性投入较大，部分还建有生物天然气提纯系统、沼气发电机组和有机肥生产线等，对资金需求量大；第三方没有原料，而原料需求量大，对区域内原料收储运要求高；发酵罐单体容积较大，运行管理成本高，检修维护技术难度大；"三沼"产量大，生产成本高，市场竞争力弱，如生物天然气没有天然气的竞争力强，有机肥销售季节性强；现阶段国家政策只有前端的建设补贴，终端产品补贴的政策未出台，沼气工程运行较困难。

该模式适用于区域内拥有充足的发酵原料且易于收储运，天然气短缺，有机肥需求量较大的地区，当地政府对项目建设有配套政策保障原料收购和产品销售。如北方的"安平模式"和南方的"新余模式"，第三方建设和运行的规模化沼气工程是今后一段时期沼气发展的趋势，该模式解除了"两个捆绑"，一是沼气和养殖场的捆绑，二是原料与畜禽粪污的捆绑，具有第三方专业化运营，发酵原料多元化，"三沼"高值化利用等特点，如能出台终端产品补贴政策，该模式发展前景将更加广阔。

（七）农村生活垃圾污水沼气化处理模式

该模式通过厌氧手段处理农村生活有机垃圾和生活污水，改善乡村人居环境，助力乡村振兴。业主（运管人员）大多为村委会、沼气技工等，沼气工程建设的需求侧重点是处理农村有机垃圾和污水，是环保工程、民生工程，建设环境宜居的清洁乡村，是乡村振兴环境治理的重要抓手。沼气产气量较少，沼渣沼液由周边农田消纳。

该模式的优点：对农村有机垃圾和生活污水进行厌氧处理，减少有机垃圾和废水排放，斩断病菌虫卵传播途径，避免污水横流、臭味熏天的现象，减轻农村环境污染，防治环境恶化；沼肥还田，减少农药化肥施用，提高农作物的产量和品质。

该模式的缺点：发酵规模较小、干物质浓度（TS）低，沼气产气量较少；沼渣沼液还田需要周边有足够的土地消纳，消纳不完易造成二次污染；几乎没有经济效益，需要经费支持沼气工程的运行维护。

该模式适用于农村居住较为集中，消纳沼肥的耕地和林地充足，村民环保意识强，村委会能负担沼气工程运行维护费用的地区。

（八）"沼气＋"新业态、新模式

2017 年 10 月，党的十九大召开，我国进入新时代。党中央和国务院提出了关于加强生态文明建设的发展理念，出台了实施乡村振兴战略的意见，农业农村部做出了农业绿色发展的工作部署。沼气工程可有效处理畜禽粪污和秸秆，提供清洁能源和沼肥，是畜禽粪污资源化利用和秸秆综合利用的重要抓手，对农业绿色发展和北方冬季清洁供暖都具有重要意义。新时代赋予沼气工程新内涵，沼气工程的建设涌现了新业态和新模式，如"沼气＋PPP""沼气＋三产融合""沼气＋扶贫""沼气＋互联网""沼气＋公厕"等模式，沼气工程在环境保护、生态循环农业、人居环境整治、厕所革命和脱贫攻坚等方面的作用越来越显著，助力了乡村振兴战略实施。

"沼气工程＋"新模式的优点："沼气＋PPP"模式可扩大投资规模，解决建设资金不足问题，增大沼气工程建设规模，提高建设质量；"沼气＋扶贫"模式可充分发挥沼气工程民生效益，上连养殖产业，下接种植产业，还可给贫困户供气，解决生产生活用能，节约气费和电费，如四川省农业农村厅将沼气集中供气工程纳入了扶贫项目，助力脱贫攻坚;"沼气＋三产融合"模式可延伸产业链条,增加沼气工程经济效益;"沼气＋互联网"模式可促进沼气工程智能化发展,可建立基于在线监控和远程控制的沼气工程物联网,提高产气率,节约人工成本;"沼气＋公厕"模式在为乡村建设好公厕的同时,又厌氧处理了公厕粪污,还可生产一定量的沼气,一举多得。

"沼气工程＋"新模式的缺点:新模式适应新时代的形势和发展而产生,部分模式成功的案例还比较少,对政策依赖性比较大,如"沼气＋扶贫"模式,在贫困地区建设沼气工程,需要政府支持的力度大,市场化推广的难度大。"沼气＋互联网"模式对硬件和软件要求比较高,需要增加一定的建设成本。

二、促进沼气工程发展的对策建议

沼气工程具有极好的生态效益,社会效益较为明显,经济效益有待进一步提高。可因地制宜发展沼气工程,一是建议以厌氧发酵为基础,拓宽上游原料来源,延伸下游产业链,不断提高产品附加值;二是建议以沼气工程为纽带、以沼肥需求为驱动力、以生态农业园区为载体发展能源生态循环农业;三是建议以有利于沼气工程全产业链均衡发展为出发点,落实商业化沼气集中供气点的相关政策和扶持手段;四是建议引导和鼓励沼气工程专业化运营管理,培养能确保沼气综合效益发挥的运营公司和职业农民,引导其依靠"以沼气为纽带的循环经济模式"获得可靠的盈利点。综上所述,沼气工程发展应走专业化运管,商业化经营,政府购买生态效益和社会效益的产业化发展之路。

(一) 完善沼气工程机制与政策

1. 坚持政府支持、企业主体、市场化运作的方针

大力推进沼气工程建设和运营的市场化、企业化和专业化,创新政府投入方式,完善政府和社会资本合作机制,积极引导各类社会资本参与,政府采用投资补助、产业投资基金注资、股权投资、购买服务等多种形式对沼气工程建设给予支持。支持地方政府建立运营补偿机制,鼓励通过项目有效整理打包,提高整体收益能力,保障社会资本获得合理投资回报。研究出台政府和社会资本合作(PPP)实施细则,完善行业准入标准体系,去除不合理门槛。积极支持技术水平高、资金实力强、诚实守信的企业从事规模化沼气工程项目建设和运营,鼓励同一专业化主体建设多个沼气工程。积极探索碳排放权交易机制,鼓励专业化经营主体完善沼气碳减排方案,开展碳排放权交易试点。研究建立沼气工程建设和运营信用记录体系。

2. 将生物天然气和沼气纳入政府能源和生态战略

落实《可再生能源法》《畜禽规模养殖污染防治条例》和《可再生能源发电全额收购保障办法》中对生物质能(沼气)利用的相关规定,破除行业壁垒和歧视,积极推进生

物天然气无障碍并入燃气管网和沼气发电上网享受相关补贴，对生物天然气和沼气进行全额收购或配额保障收购，支持规模化沼气集中供气并获得与城镇燃气同等经营许可权利，完善农村集中供气管网建设扶持政策，保障生物天然气、沼气发电、沼气集中供气获得公平的市场待遇。

3. 以新发展理念推进沼气工程建设和运营市场化

健全政府和社会资本合作机制，积极引导各类社会资本参与，积极支持技术水平高、资金实力强、诚实守信的企业从事规模化沼气项目建设和管理，鼓励同一专业化主体建设多个沼气工程。通过市场化手段和产业化方式推动我国沼气产业持续发展。鼓励农民入股参与经营管理提高农民的水平，引导城市人才、资金和技术向农村回流，实现城乡各类资源的双向流动。

（二）新时代提升对沼气工程建设的新认识

1. 畜禽粪污和秸秆给生态环境带来了极大的压力

2008 年，我国畜禽养殖开始向集约化、专业化、区域化方向发展，规模化种植和养殖逐年增多，生态环境区域压力加大，承载力减弱。例如，四川省农业源化学需氧量（COD）排放量 49.30 万吨，其中化学需氧量的 95% 和氨氮的 80% 以上排放量均来自于畜禽养殖业污染排放，是环境污染的主要来源之一，农作物秸秆资源化利用率不高，基层政府秸秆禁烧压力大。农村沼气发展的历史经验表明，以沼气技术为纽带的"猪—沼—果（菜、粮）"等生态种养模式，是治理农业面源污染，保护生态环境的有效手段，在我国低碳经济、节能减排和发展生态循环农业中具有不可替代的作用。

2. 提升沼气工程助力脱贫攻坚的新认识

农业结构调整立足点在于市场与效益，市场的关键即为品种、品质及品牌知名度。而沼气工程则是降低生产成本、改善品质、叫响品牌、提高效益的现实途径。所以要结合沼气工程发酵产品的实际情况，对传统农业的产业结构进行细微调整，鼓励用"最适宜的自然条件，最优质的基因和最肥沃的土壤"打造适应新时代农业供给侧结构性改革的优质农产品，不断提高农产品的附加值，进而促农增收，实现沼气扶贫。

沼气工程是生态农业的纽带，生态农业是沼气工程的效益所在。一是要加大对沼气扶贫和生态农业的重视程度；二是要加大对沼气扶贫与生态农业的宣传力度，促成发展生态、安全、绿色、可持续农业经济的共识；三是要加大对贫困地区生态农业的扶持力度，通过认证沼气工程有机农产品，提高对有机农产品的补贴力度，加强沼气工程的用户黏性，真正通过以沼气工程为纽带的生态农业的建设实现贫困户脱贫致富。

沼气扶贫要做到的不仅是给予贫困户一定经济上的帮助，更重要的是要分享沼气产业发展过程中的红利链，深度开发沼气资源，创新沼气的"三产融合"发展新模式。

3. 沼气工程建设促进农村人居环境改善

生态文明建设和乡村振兴战略体现了我国全面协调推进现代化，而农业农村现代化直观体现在农村的生态环境改善方面。农村垃圾和生活污水的处理是最根本、最关键、最紧迫的问题，实施农村有机垃圾沼气化处理项目，可以从源头上解决有机垃圾产生的恶臭气体和渗沥液对空气及土壤、地下水的污染，实现农村有机废弃物、污染物的减量化、无害化处理、资源化利用，是解决农村有机垃圾污染的最佳方式之一。重点支持管道化集中供气（肥）工程、养殖粪污集中处理、病死畜禽无害化处理、生活有机垃圾分类处理及农村公厕沼气化改造等项目，扶持建设一批条件好、普及率高、集中度高、推广前景佳的示范项目，通过开展农村有机垃圾和生活污水沼气化处理项目试点建设，促进生态循环高效农业发展。同时，制定优惠政策，吸引科技、知识、资本、管理等生产要素向农村有机垃圾沼气化处理项目聚集，鼓励公司、企业、社会中介组织等社会力量进入农村有机垃圾处理行业，并通过市场化运营取得稳定收入，确保沼气工程正常运行发挥实效，使农村生态能源建设促进人居环境改善。

4. 形成沼气工程与乡村振新深度融合的新认识

实施乡村振兴战略，是带动农民脱贫致富，解决"三农"发展和实现"两个一百年"奋斗目标的重要举措。目前在我国形成了南方"猪—沼—果"、北方"四位一体"、西北"五配套"等沼气建设模式，有四川元素的"庭院经济微循环、家庭农场小循环、产业园区中循环和一二三产业融合大循环"四种模式，促进了能量高效转化和物质高效循环，沼气工程成为经济上可行的畜禽污染防治技术和发展循环农业的经济基本模式，对推动我国生态循环农业起到了积极作用。新时代发展生态循环农业，是新常态下践行新发展理念走可持续发展道路的重要举措。中国农业发展已从过去主要依靠增加资源要素投入转入主要依靠科技进步的新时期，顶层设计农村沼气在发展生态循环农业的带动作用，依靠创新驱动农村沼气与一二三产业融合发展，提高"三沼"综合利用水平质量，拓展农村沼气的经济与生态功能、休闲和文化传承功能，创新农村沼气经营模式，延长产业链，促进沼气工程在清洁能源、环境治理、扶贫攻坚、文创、旅游和休闲等领域的产业支撑作用，形成与新时代共荣发展的农业新形态，助力乡村振兴战略的实施。

（三）建立健全沼气工程投入补助机制

1. 拓展投入渠道，保障建设资金

积极争取中央财政资金和地方项目的支持，建立多元化的资金投入机制，拓宽投资渠道。充分利用好省级农村能源建设资金，探索建立以政府补贴引导，企业市场运作、农户积极参与的投融资机制，鼓励企业投资和农民自筹，逐渐探索由政府拨款扶持建设转向政府管建和奖补结合的资金使用机制。鼓励银行等金融机构出台特色贷款业务，创新与沼气工程特点相符合的金融产品，拓展沼气工程建设业主的融资渠道，重点解决沼气工程建设的资金难题。另外，进一步推广"PPP"模式，促进政府和社会资本合作模式在规模化沼气开发利用领域的推广应用，培育新型市场主体，完善运行机制，探索解决建设资金不足、运营持续性不强等问题。

2. 完善沼气工程补助机制

沼气工程具有很强的正外部性（其他效益大于个人收益），但沼气工程的投资大、回

收期也长，政府部门应当加大补贴力度，创新扶持手段，扶持不同类型的企业投资发展沼气工程，完善沼气工程补助机制，对项目采取多种补助方式，一是试点沼气工程采用"先建后补""以奖代补"方式，即建立农村沼气建设项目库，以库立项，作为获得"先建后补""以奖代补"资格的前提条件，制定并公开补助标准；二是试点"终端产品"补贴，终端产品（气、肥、电）补贴是提高沼气工程使用率和充分发挥沼气"五大"效益的最有效措施，可有效激发现有沼气工程的使用率，带动项目的市场化运作，根据不同类型的沼气工规模、发酵原料和沼气用途，科学合理制定集中供气、沼气注入天然网、沼渣沼液利用的补贴标准；三是完善落实大中型沼气工程发电上网后的补贴政策，引导沼气工程发电上网基础设施建设等，从国内外实践经验来看，采取沼气发电上网政策不失为一条有效推动沼气工程的发展途径。这既符合国家绿色能源发展战略，也符合农业生态绿色可持续发展方针。为此，要加快落实国家沼气发电上网电价，并进一步简化沼气发电审批手续，缩短补贴发放周期，落实补贴政策。

（四）合理布局科学规划，加大运行监管力度

1. 科学规划和布局沼气工程建设

随着经济和社会的发展以及我国能源结构的调整，我国沼气工程的用途已发生根本性变化，由原来的生活用能为主转变为集农业废弃物、城乡有机垃圾的处理及绿色循环能源于一体的综合性、多样化用途。为此，应从习近平总书记"五大发展"理念的高度，从落实党的十九大"乡村振兴战略"的角度，重新认识和审视沼气工程的建设和发展。各省及各地市（区、县）相关部门，要结合已有沼气工程的建设情况，科学规划和布局沼气工程，并与厕所革命、城乡生活垃圾、餐厨垃圾以及水资源、环境治理等相结合，综合解决种养循环、山水林田湖绿色发展问题，切忌盲目建设和盲目发展。

2. 建立健全沼气工程运行监管机制

沼气工程后续正常运行重在建后管理，相关部门应加快建立相应的绩效考核机制，规划沼气工程业主行为，推动沼气工程高效运行，出台相关奖惩制度，鼓励企业发挥自身优势，加强责任意识，管好用好沼气工程，让沼气工程持久发挥作用，真正实现以沼气为纽带的农业生态循环模式，充分发挥大中型沼气工程在转变农业生产发展方式、改善农村生活环境、优化我国能源结构等方面的巨大作用。

3. 持续加强沼气工程安全生产监管力度

为加强农村沼气工程建设、运行安全管理，保障人民群众生命财产安全，根据《中华人民共和国安全生产法》等法律、法规，结合各省市实际情况，制定农村沼气安全管理办法，各级相关农业部门需签订农村沼气安全管理目标责任书，下发加强农村沼气安全管理的文件，明确安全管理目标，提出安全管理措施。一是抓好项目建设安全管理。在项目建设过程中，与施工单位签订规范的建设合同，落实安全生产责任，督促落实安全生产措施，严格按照安全规程施工。严把从业人员资质准入关，鼓励施工单位为施工人员购买人身安全保险。二是抓好沼气工程的安全使用宣传。三是抓好各类集中供气工程的安全维

护。明确项目业主的安全维护责任，落实日常安全防护措施，加大对集中用气安全知识的宣传，严防事故的发生。四是组织各级农业部门不定期开展沼气安全生产工作专项检查。通过这些措施，坚决把各类安全隐患消除在萌芽状态，切实将安全监管责任落实到位，确保沼气生产安全和人民群众生命财产安全。

（五）不断强化沼气工程科技、标准与人才支撑

1. 加强技术研发，探索发展新路径

针对我国不同地区的气候特点，坚持走自主创新与引进吸收相结合的道路，不断加快开发沼气工程新技术、新产品。例如，加大寒区沼气工程增温保温研发投入，提高沼气工程产气率，引进欧洲干法发酵工艺技术，开展高浓度混合原料发酵的研究工作，研发沼气工程装备，提高智能化监控与控制水平等。同时，发挥科研院所、大学、科技企业等科研单位的优势，攻坚克难，解决影响沼气工程发展的技术瓶颈。总结凝练沼气工程发展技术路径与模式，形成一批可推广、可复制的沼气工程建设、运营模式。

2. 加快沼气工程标准体系建设

目前，户用沼气标准体系较为完善，沼气工程和生物天然气工程相关的标准制（修）订不够，一定程度上阻碍了沼气工程产业发展。主要体现在沼气工程，特别是生物天然气工程相关的装置设备、沼肥种植不同作物的操作规程、沼肥中风险因子（化学物质和微生物）对农产品质量安全的影响等方面的标准较少。建议沼气工程标准制（修）订单位与企业、大学、科研院所合作，研究制定沼肥配方和施用标准，特别是长期施用后对土壤、大气、水资源和农产品的影响指标与参数。加快沼气工程国家和行业标准的制订，特别是污染物排放标准、生物天然气产品和并入燃气管网标准、沼肥工程技术规范和沼肥施用规范等，加强检测认证体系建设，提高行业技术水平，强化对农村沼气及沼肥产品质量和安全监管。

3. 摸清底数，提升科技水平

依托科研院所、大学、科技企业等科研单位，对各沼气工程建设运行情况进行跟踪，掌握第一手数据资料，及时发现问题及时解决，并对关键环节和产品的技术难点进行攻关，提升科技含量，总结经验做法。依托龙头企业，加强技术研发与提升，降低生产和运行成本。对农村能源新技术继续试验示范，做好项目后期储备。全方位加强与科研院所、大专院校和龙头企业的紧密合作，突破沼气工程发展中的技术瓶颈和难题。

4. 由单一技术模式向技术整合转变

要积极开展畜禽粪便结合秸秆发酵技术、沼气发电技术的研发和推广，支持开展"三沼"综合利用的尝试研发，将沼液研制成浸种液、杀虫剂、添加剂等，将沼渣开发成有机肥料、饲料等，充分利用沼气和其他附加产品，增加其附加值，同时要积极引进新材料、新产品、新工艺，推动农村沼气由单一的畜禽粪便发酵、砖混结构建设向多种发酵原料、多种建设材料、多种工艺流程转变，从而逐步实现农村沼气工程建设的工厂化、产业化。

5. 健全沼气专业技术人才培养制度

不断强化各级沼气工程管理队伍技术培训，通过举办培训班、现场实训、经验交流、知识竞赛等多种方式，提高业务素质。积极开展职业技能培训与鉴定工作，强化沼气生产人员的安全责任意识和操作技能。围绕现代生态循环农业举办培训班，开展农村沼气建设、"三沼"综合利用等重点培训。进一步加大各类培训力度，开展全行业管理人员能力提升培训，提高项目管理和财务管理水平；开展沼气工程产品质量检查员培训，加强质量监管。

（六）加快沼气工程产业化发展步伐

第三方运行管理。专业的事应由专业的公司来做，应成立独立于种植和养殖的专业沼气公司或合作社，由第三方专业公司来专门处理沼气发电、沼肥最大化利用、三沼产品物流运输等方面的问题。沼气高质化利用。发展生物天然气和沼气发电上网，高质化发展农村沼气。浙江、福建、江西和安徽等省已有多家沼气工程发电上网，并足额享受国家生物质发电政策的补贴，研究沼气发电上网的可能性，充分利用区域内已建成的相关物流和后勤基础设施，如天然气管网、加气站和区域电网。探索"营养体"农业扩大原料来源。沼气发酵原料可利用多种形态的生物质，我国生物产量可观，如果实施"营养体农业"（即着眼于收获最大可能的生物量而非谷物籽粒），扩大沼气发酵原料，可解除沼气与养殖的捆绑。

（七）沼气工程发展的主要技术路径

（1）补齐要素禀赋短板，围绕"三沼"综合利用，激发沼气工程内生动力，提升三产融合发展水平。补齐沼气工程发展的人、地、资本、资源环境等要素禀赋短板，以结构性改革为主线推进产业融合发展，坚持"两手抓"，既要利用好财政资金的引导作用，又要以规范有序的市场机制吸引社会资金参与投资建设；既要考虑沼气工程处理废弃物的基础性作用以及为农户提供清洁能源的公益性地位，又要兼顾企业经营是以盈利为目的的经济活动特性；既要加强各种服务模式要素互通、资源共享，又还要解决企业和农民等无法解决的发酵原料或沼渣、沼液处理问题，去库存、补短板，促进沼气工程业主及经营管理企业建立起自身盈利模式，实现经济效益最大化和可持续发展。结合各地实际，做好农村生物质能利用扩面发展工作，鼓励引导各地开展沼气集中供气供暖、沼气发电上网、生物天然气供应等多元高质利用，提高能源利用效率。落实农业绿色发展，总结推广以沼气为纽带的生态循环农业技术模式，实现沼肥高效充分利用，促进优质农产品生产。打造一批以沼气为纽带的高效循环农业示范区，重点围绕果园、茶园、菜园开展"三沼"综合利用，形成"点上小循环、区域中循环、产业大循环"的点、线、面紧密结合的现代循环农业发展格局。打造一批生态能源示范村，围绕农业面源污染治理、精准扶贫和人居环境整治等，因地制宜建设适度规模的沼气工程，激发沼气工程内生动力，推动沼气工程建设与一二三产业发展融合。

（2）以厌氧发酵为基础，拓宽上游原料来源，延伸下游产业链，不断提高产品附加值。结合发酵原料特性，采用技术革新实现原料深加工和精细化管理，如沼气发电上网，沼气提纯生物天然气出售，不断提高产品附加值，具有较好的科技进步性和示范意义，兼顾生态效益和经济效益的同时，具有较好的社会效益。如山东民和牧业股份有限公司沼气发电上网享受电价补贴，沼液浓缩制成液态肥销售，在联合国注册成为 CDM 项目，有碳交易收入，吃干榨尽沼气工程的每个盈利点，提高了产品附加值，大幅度增加了盈利空间。

（3）以沼气为纽带、以沼肥需求为驱动力、以生态农业园区为载体发展能源生态循环农业。2018 年笔者调研 120 个沼气工程，仅有 20 个工程以沼气需求为主，其余 100 个沼气工程以沼肥需求为驱动力，如加工有机肥出售，沼渣出售给水果、蔬菜、花卉等种植业主，沼渣用作养殖场垫料等。沼气工程服务单个或多个农业种植园区。调研的 100 个以沼肥需求为重点的沼气工程，沼气和沼肥收入占比为 0.58∶1，沼肥收入是沼气收入的近 2 倍。以沼气为纽带、以沼肥为驱动力、以生态农业园区（种植基地）为载体的生态循环农业模式已经得到人们的普遍认可。我国最为经典的以沼气为纽带的三大生态农业模式即"猪—沼—果（菜、茶）""四位一体""五配套"模式，无论是在理念上，还是在实践上，仍未过时。种植大户和蔬菜大棚建有沼气池或小沼工程，农业生态园区附近建有规模化沼气工程。蔬菜基地沼气工程的发酵原料为秸秆和蔬菜废弃物，沼渣沼液全部还田利用。建议发展种养结合的园区，由种植规模确定养殖规模和沼气工程的规模。因地制宜地选择优势种植业项目能够保障种植业的效益，充分发挥沼气的纽带作用，实现种植业和养殖业的内循环和对外零排放。

（八）加强沼气工程宣传力度，提升公众认知水平

充分发挥宣传机构和新闻媒体的舆论导向作用，加大对沼气工程及农村新能源建设新技术、新模式和新经验的宣传力度，扩大影响范围，调动广大基层干部和农民的积极性。通过在新闻媒体刊播沼气工程的宣传报道和技术讲座，努力使基层干部群众掌握政策、了解技术，不断提高广大农民群众参与沼气工程项目建设的主动性和积极性。组织开展不同形式、不同层次、不同内容的沼气工程科普宣传，提升公众对沼气的认知水平，让公众了解沼气、参与沼气。适应新形势媒体的发展，充分利用互联网、微博和微信公众号等自媒体宣传沼气基本知识与技术，让沼气这种可再生清洁能源深入人心，为沼气工程的发展奠定良好的群众基础。

（九）深入开展国际交流与合作，推动沼气工程技术进步

我国沼气工程相关技术、工艺、装备、工程运行模式等与一些发达国家存在一定的差距，为进一步推动新时代我国沼气工程快速发展，需要进一步加强国际交流与合作。首先，进行多方调研，对我国沼气工程发展面临的瓶颈、农村能源综合发展情况及秸秆、畜禽粪污能源化利用情况等摸底调查，充分了解我国沼气行业发展的基本情况、面临的困境

等，有针对性地交流学习，开展相关国际合作。其次，加强沼气工程新技术、新工艺、新产品等方面的国际交流与合作。组织人员赴德国、美国等沼气工程技术先进的国家进行实地考察，交流学习其科研院所、大学、企业的先进技术，参加沼气行业国际性尖端会议、培训及博览会等，了解国际沼气工程研究和发展最新动向。最后，注重加强国际合作，通过国际合作共同攻关技术难题，互通有无，相互学习吸收好的经验做法和先进技术。

（十）引入第三方评价机制，作为项目验收技术支撑

大中型沼气工程和生物天然气项目验收是项目建设的重要环节，直接关系中央资金尾款拨付。建议中央主管部门应系统制定项目验收管理办法，利用现有的建设、验收和运行技术标准，逐步建立工程建设质量、运行效果、安全防护相关的第三方监督、检测和评价机制。选择有资质、有能力的第三方机构对项目进行及时有效、准确的监督、检测和评价，并出具具有法律效力的报告，其结果作为项目资金拨付和验收的依据之一，确保项目建设质量、运行效果和安全防护。建议项目验收应从财务层面和技术层面进行，财务层面提供第三方会计师事务所出具的财务报告，技术层面出具第三方的检测和评价。特别是在沼气建设转型升级期，随着沼气产业结构调整，亟待引入有资质的第三方检验机构在技术层面对沼气工程进行检测与评价，协助政府主管部门开展沼气工程建设质量监督和运行效果技术评价，确保项目验收环节质量控制。

附　录

附表1　2015～2017年国家支持各地开展沼气转型升级试点项目安排情况

省份	2015 年		2016 年		2017 年		合计	
	大型沼气工程	生物天然气工程	大型沼气工程	生物天然气工程	大型沼气工程	生物天然气工程	大型沼气工程	生物天然气工程
小计	386	25	552	22	485	18	1423	65
北京	—	—	—	—	—	—	0	—
天津	2	—	3	—	1	—	6	—
河北	3	2	6	2	11	2	20	6
山西	5	—	2	—	0	1	7	1
内蒙古	2	2	5	2	8	2	15	6
辽宁	1	—	1	—	1	1	3	1
吉林	—	2	1	2	3	2	4	6
黑龙江	—	—	2	2	1	—	3	2
上海	—	—	—	—	—	—	0	—
江苏	1	1	2	1	1	2	4	4
浙江	—	—	3	—	3	—	6	—
安徽	17	1	16	1	15	—	48	2
福建	2	—	1	—	—	—	3	—
江西	18	—	21	—	24	1	63	1
山东	6	2	25	2	29	—	60	4
河南	41	1	54	2	58	—	153	3
湖北	25	2	28	2	39	—	92	4
湖南	34	2	89	—	69	—	192	2
广东	9	—	5	—	2	—	16	—
广西	50	1	43	—	10	1	103	2
海南	2	1	11	—	3	—	16	1
重庆	38	—	50	1	40	2	128	3
四川	29	2	78	—	47	—	154	2
贵州	12	1	17	1	21	—	50	2
云南	18	1	35	1	57	1	110	3

省份	2015 年		2016 年		2017 年		合计	
	大型沼气工程	生物天然气工程	大型沼气工程	生物天然气工程	大型沼气工程	生物天然气工程	大型沼气工程	生物天然气工程
西藏	12	—	1	—	—	—	13	—
陕西	19	—	14	—	16	1	49	1
甘肃	30	1	20	—	14	1	64	2
青海	—	—	0	—	2	—	2	—
宁夏	1	1	2	—	1	—	4	1
新疆	4	1	11	—	6	—	21	1
新疆生产建设兵团	5	—	6	1	3	1	14	2
黑龙江农垦	—	1	—	1	—	—	—	2
青岛	—	—	—	1	—	—	0	1

附表2　沼气工程效益评价体系

一级指标	二级指标	三级指标	四级指标
经济效益（A1）	直接经济效率（B1）	设计合理性（C1）	规模合理性（建设规模、产气规模）
			技术合理性
			区域适宜性（区域的气候和社会条件）
			寿命合理性
			投料可持续性
			产能可持续性
		投资合理性（C2）	投资回收期
			内部收益率
			益本比
			净现值
			敏感性
		运营效率（C3）	管理效率（管理人员技能、绩效、积极性）
			技术工艺效率（技术使用效果）
			能量效率（能量产出比）
			工程平均池容产气率
			工程集中供气率
			沼气发电率
			沼气自用率
			沼渣沼液综合利用率
	间接经济效率（B2）	产业结构优化（C4）	种植业结构品质与产值变化
			养殖业结构品质与产值变化
		产业组织水平提高（C5）	组织类型数量合理水平提高
			涉及的产业链环节增多
			产业发展模式的类型创新
		关联产业发展（C6）	沼气工程机械制造的类型及产值
			沼气年发电量及产值
			有机肥料年产量及产值
			使用沼肥减少化肥和农药的购买费用
生态效益（A2）	污染减排（B3）	污染减少（C7）	排污内容
			排污量
			污染危害测算
			建成后排污减少量
		能源污染减少（C8）	减少煤电油能源用量
			单位煤电油污染排放测算
		化肥污染减少（C9）	减少化肥类型化肥量
			单位化肥污染测算
		农药污染减少（C10）	减少农药类型和农药量
			单位农药污染测算

续表

一级指标	二级指标	三级指标	四级指标
生态效益（A2）	环境要素 质量提升（B4）	土地质量（C11）	增加土壤有机质土地肥力 减少土地板结 提高秸秆还田率 土壤退化减少
		大气环境（C12）	减少 CO_2 排放 减少 NO_x 排放 减少 SO_2 排放 减少烟尘排放 减排恶臭
		水环境（C13）	对饮用水源水质的影响（D4） 生活污水处理率 畜禽粪便处理率 水质改善
		动植物资源（C14）	森林面积增加 草场面积增加 生物多样性变化 生物适宜性增加
社会效益（A3）	民生改善（B5）	农村居民的 居住环境（C15）	蚊蝇（D8） 血吸虫 医药费用节约率 减少蚊蝇虫蛆 杀灭寄生虫卵、病菌 宜居系数 村容村貌改良
		农村居民的基本 生活条件（C16）	方便（D9） 清洁能源供应率 时间节约 劳动力节约 民众满意度 社交增加
		农村居民的 健康状况（C17）	医疗费用（D11） 人畜疾病发病率变化 卫生习惯变化
		农村居民素质（C18）	环保意识提高 知识增长 信息增多

一级指标	二级指标	三级指标	四级指标
社会效益（A3）	民生改善（B5）	村民经济条件改善（C19）	生活成本降低 节约常规能源用量 沼气能源利用比率 就业增加 农民增收
	技术进步（B6）	技术先进性（C20）	使用设备类型、年份 技术先进性
		技术配套性（C21）	工程系统完善性 各环节采用技术类型、年份 技术配套性
		技术带动性（C22）	相关产业进行技术升级的程度

参考文献

［1］白红春，孙清，葛慧，郭志强，杨林．我国生物天然气产业发展现状［J］．中国沼气，2017，35（6）：33－36.

［2］白雪双，王述洋，刘世锋．生物质液化燃油代用燃料的应用及展望［J］．林业劳动安全，2006（1）：34－36.

［3］白义奎，王铁良，呼应，刘文合．北方农村"五位一体"庭院生态模式［J］．可再生能源，2002（3）：15－17.

［4］曹湘洪．我国生物能源产业健康发展的对策思考［J］．化工进展，2007（7）：905－913.

［5］曾晶，张卫兵．我国农村能源问题研究［J］．贵州大学学报（社会科学版），2005（3）：105－108.

［6］曾伟民，曹馨予，曲晓雷，刘广尧，朱坤杰．我国沼气产业发展历程及前景［J］．安徽农业科学，2013，41（5）：2214－2217.

［7］曾宪波，刘光美，胡建平．黔东南州畜禽养殖场沼气工程建设现状与发展对策［J］．中国沼气，2014，32（2）：42－44.

［8］陈超，庄朝义，张无敌，尹芳，张蕾，兰青．农村沼气后续服务模式研究——保山市隆阳区荒田村为例［J］．安徽农业科学，2015，43（4）：333－334，337.

［9］陈明波，汪玉璋，杨晓东，陈静．规模畜禽场沼气工程经济效益评价与存在问题研究［J］．安徽农业科学，2014，42（29）：10269－10271.

［10］陈明波，汪玉璋．以沼气技术为纽带的循环农业模式探析［J］．农业与技术，2019，39（1）：61－62，75.

［11］陈素华，孙铁珩，耿春女．我国畜禽养殖业引致的环境问题及主要对策［J］．环境污染治理技术与设备，2003（5）：5－8.

［12］陈豫，杨改河，冯永忠，任广鑫．"三位一体"沼气生态模式区域适宜性评价指标体系［J］．农业工程学报，2009，25（3）：174－178.

［13］程序，崔宗均，朱万斌．呼之欲出的中国生物天然气战略性新兴产业［J］．天然气工业，2013，33（9）：141－148.

［14］畜禽粪便资源化利用技术编委会．畜禽粪便资源化利用技术［M］．北京：中国农业科学技术出版社，2016.

［15］崔晋波，周蕊，高立洪，李平，蔡鸣．重庆市集中型沼气工程发展现状与建议

[J]．现代农业科技，2012（12）：209，222.

[16] 戴林，李子奈．农村能源综合建设项目社会经济效益及可推广性评价方法探讨[J]．农业工程学报，2001（2）：115 – 118.

[17] 单会忠．对农村户用沼气池的经济评价[J]．中国沼气，2009，27（6）：44 – 46，50.

[18] 邓良伟，王文国，郑丹．猪场废水处理利用理论与技术[M]．北京：科学出版社，2017.

[19] 邓启明．基于循环经济的农村能源与生物质能开发战略研究[J]．农业工程学报，2006（S1）：12 – 15.

[20] 董天峰，李君兴，张蕾蕾，张重．生物质能技术现状与发展[J]．农业与技术，2008（2）：9 – 11.

[21] 段茂盛，王革华．畜禽养殖场沼气工程的温室气体减排效益及利用清洁发展机制（CDM）的影响分析[J]．太阳能学报，2003（3）：386 – 389.

[22] 段娜，林聪，刘晓东，闻世常，张晓军．以沼气为纽带的生态村循环系统能值分析[J]．农业工程学报，2015，31（S1）：261 – 268.

[23] 冯灵芝．沼液资源化利用及存在问题[J]．农技服务，2017，34（18）：123 – 126.

[24] 高深，马国胜，陈娟，储志英，陈华．农牧配套种养结合型生态循环农业技术模式[J]．江苏农业科学，2014，42（1）：307 – 309.

[25] 高文永．中国农业生物质能源评价与产业发展模式研究[D]．中国农业科学院，2010.

[26] 高云超，邝哲师，潘木水，黄小光，陈薇，叶明强，徐志宏，张名位，肖更生．我国农村户用型沼气的发展历程及现状分析[J]．广东农业科学，2006（11）：22 – 27.

[27] 葛振，魏源送，刘建伟，赵玉柱．沼渣特性及其资源化利用探究[J]．中国沼气，2014，32（3）：74 – 82.

[28] 谷伟楠，兰艳艳，洪俊杰．蔬菜废弃物规模化沼气工程资源化综合利用模式探讨[J]．低碳世界，2019，9（1）：31 – 32.

[29] 国家发展改革委农村经济司，农业部发展计划司，农业部科技教育司．农村沼气建设管理实践与研究[M]．北京：中国农业出版社，2009.

[30] 国家发展和改革委员会，农业部．2015 年农村沼气工程转型升级工作方案[EB/OL]．http：//www.ndrc.gov.cn/xwzx/xwfb/201602/t20160219_774945.html，2016 – 02 – 15.

[31] 国家发展和改革委员会．转型升级，开创"十三五"农村沼气事业健康发展新局面[EB/OL]．http：//www.ndrc.gov.cn/gzdt/201702/t20170216_838054.html，2017 – 02 – 16.

[32] 韩瑞萍，尚伟，张少鹏，陈晶晶，杨祝红，王昌松．中小型沼气工程分散沼气

源集中利用模式探讨［J］．中国沼气，2015，33（4）：62-65．

［33］韩玮．沼气工程项目管理研究［D］．西华大学，2018．

［34］郝春梅，任绳凤，常婧．养殖场沼气工程智能化运行管理模式研究［J］．天津城建大学学报，2018，24（2）：140-144．

［35］洪燕真，林斌，戴永务，余建辉．基于敏感性分析的规模化养猪场沼气工程经济效益评价——以建瓯市健华猪业有限公司青州养殖场为例［J］．中国农学通报，2010，26（14）：388-391．

［36］胡凯，许航，张怡蕾，李晓洋，陈卫，武虹好，陆旭，彭朝阳．分散式农村生活污水处理设施运营模式探讨［J］．水资源保护，2017，33（2）：63-66．

［37］胡亚范，马予芳，张永贵．生物质能及其利用技术［J］．节能技术，2007（4）：344-347．

［38］华永新，朱剑平．大中型畜禽养殖场沼气工程模式及投资效益分析［J］．能源工程，2004（2）：11-15．

［39］蒋山，李晖，戴顺利，陈鹏，樊琼，李布青．秸秆鸡粪混合原料沼气工程效益分析［J］．安徽农业科学，2017，45（30）：191-192，204．

［40］李典荣，曾小华，吴德龙，何小平，王淑蓉．浅谈沼气工程在改善农业生态环境中的作用［J］．农业工程技术（新能源产业），2010（8）：44-45．

［41］李金怀，陆桂生，李勇江，魏世清，蒋湖波，黄凌志．农村秸秆沼气工程集中供气分析［J］．现代农业科技，2010（8）：271，274．

［42］李景明，李冰峰，徐文勇．中国沼气产业发展的政策影响分析［J］．中国沼气，2018，36（5）：3-10．

［43］李景明．提升沼气在中国天然气产业发展中的战略地位［J］．天然气工业，2011，31（8）：120-123，141-142．

［44］李景明．中国沼气30年［M］．北京：中国农业出版社，2012．

［45］李泉临，詹晓锋．安徽省农村大中型沼气工程发展状况及展望［J］．中国沼气，2014，32（1）：84-89．

［46］李泉临．我国人工沼气业的发展历程与可持续性研究［J］．中国沼气，2004（2）：53-55．

［47］李维炯，李季，徐艇．农业生态工程基础［M］．北京：中国环境科学出版社，2004．

［48］李雪寒．我国南方大中型沼气工程的发展模式［D］．江西农业大学，2012．

［49］李砚飞，厚汝丽，潘洪战，黄浩，臧海龙，韩振才，代树智，赵明星，仇磊，张成明．秸秆沼气产业化综合利用模式的探讨——以青县模式为例［J］．食品与发酵工业，2018，44（6）：277-280．

［50］李颖，孙永明，李东，袁振宏，孔晓英，许洁，董仁杰．中外沼气产业政策浅析［J］．新能源进展，2014，2（6）：413-422．

［51］林妮娜，庞昌乐，陈理，董仁杰．利用能值方法评价沼气工程性能——山东淄博案例分析［J］．可再生能源，2011，29（3）：61－66．

［52］林赛男，李冬梅，冉毅，蔡萍．沼肥还田的公共私营合作制（PPP）模式浅析——以邛崃市为例［J］．中国沼气，2017，35（6）：89－93．

［53］林涛，梁贤，陈伟超，曾卫军，秦宇．我国农村沼气服务的20种模式［J］．中国资源综合利用，2012，30（12）：48－51．

［54］刘畅，王俊，浦绍瑞，陆小华．中德万头猪场沼气工程经济性对比分析［J］．化工学报，2014，65（5）：1835－1839．

［55］刘科，唐宁，高立洪，韦秀丽，李平，杨玉鹏，张均．重庆丘陵山区沼气集中供气运行与管理模式探讨［J］．中国沼气，2017，35（1）：100－104．

［56］刘婷，王先民．浅析生物质产业在农林结构调整中的作用［J］．湖南林业科技，2005（2）：68－70．

［57］骆东奇，白洁，谢德体．论土壤肥力评价指标和方法［J］．土壤与环境，2002（2）：202－205．

［58］骆林平，单胜道，虞方伯，翁佳丽，阮乐华．诸暨市安家湖村联户沼气工程及效益分析［J］．浙江农业科学，2017，58（12）：2108－2110．

［59］马洪儒．家用沼气池稳定产气的技术要点［J］．可再生能源，2003（2）：29－30．

［60］闵师界，邱坤，吴进，赵跃新．新津县秸秆沼气工程经济效益分析［J］．中国沼气，2012，30（6）：40－42，36．

［61］欧艳萍．农牧配套种养结合型生态循环农业技术模式［J］．农业与技术，2014，34（11）：1－2．

［62］潘文智．大型养殖场沼气工程——以北京德青源沼气工程为例［J］．中国工程科学，2011，13（2）：40－43．

［63］潘亚男．大中型沼气工程托管运行模式研究［D］．南京农业大学，2014．

［64］蒲小东，邓良伟，尹勇，宋立，王智勇．大中型沼气工程不同加热方式的经济效益分析［J］．农业工程学报，2010，26（7）：281－284．

［65］钱开宏．浅析农村沼气发展现状及对策［J］．安徽农学通报，2018，24（22）：160－161．

［66］邱凌，杨改河，杨世琦．黄土高原生态果园工程模式设计研究［J］．西北农林科技大学学报（自然科学版），2001（5）：65－69．

［67］曲建华，王振锋，崔岩．规模化养殖场沼气工程物流运作模式研究［J］．安徽农业科学，2012，40（12）：7293－7295，7493．

［68］日本能源学会．生物质和生物质能手册［M］．史仲平，华兆哲译．北京：化学工业出版社，2006．

［69］石建福，高桂花，施兴荣，蓝天．"气热电肥联产"模式秸秆沼气工程探索与

经济效益分析——上实农业园生物质循环利用示范工程模式解析［J］．可再生能源，2012，30（6）：107-110.

［70］石利军，孙杰，孙占潮，张伟玉．畜禽粪便稻草混合干式发酵产沼气试验研究［J］．天津农业科学，2011，17（4）：5-9.

［71］石元春．发展生物质产业［J］．中国农业科技导报，2006（1）：1-5.

［72］四川省邛崃县志编纂委员会．邛崃县志［M］．成都：四川人民出版社，1993.

［73］宋籽霖．秸秆沼气厌氧发酵的预处理工艺优化及经济实用性分析［D］．西北农林科技大学，2013.

［74］孙凤莲，王雅鹏．中国与欧盟发展生物质能的政策比较研究［J］．世界农业，2007（10）：4-7.

［75］孙赫，林聪，田海林，段娜，赵业华．北京市夏村沼气集中供气工程案例分析［J］．中国沼气，2015，33（1）：91-94.

［76］孙家宾，彭朝晖，樊战辉，胡启春，朱顺熙．成都市规模养殖场沼气工程发展现状与前景分析［J］．中国沼气，2017，35（4）：84-88.

［77］孙淼．江苏省规模化养殖场沼气工程效益实证分析［D］．南京农业大学，2011.

［78］孙永明，李国学，张夫道，施晨璐，孙振钧．中国农业废弃物资源化现状与发展战略［J］．农业工程学报，2005（8）：169-173.

［79］唐雪梦，陈理，吴树彪．沼气工程地理信息系统的设计与实现（英文）［J］．Agricultural Science & Technology，2011，12（7）：1075-1078.

［80］涂国平，张浩．我国大型养殖场沼气工程经济效益分析——以江西泰华牧业科技有限公司为例［J］．中国沼气，2017，35（4）：73-78.

［81］王朝勇，谢春燕，孙俊环，吴达科，李岩．集中型沼气工程发展模式的探索［J］．农机化研究，2014，36（6）：215-218，223.

［82］王钢，刘伟，王欣，高德玉，赫大新，陈薇．我国沼气技术的利用现状与前景展望［J］．应用能源技术，2007（12）：31-33.

［83］王革华．农村能源建设对减排 SO_2 和 CO_2 贡献分析方法［J］．农业工程学报，1999（1）：175-178.

［84］王海，卢旭东，张慧媛．国内外生物质的开发与利用［J］．农业工程学报，2006（S1）：8-11.

［85］王久臣，戴林，田宜水，秦世平．中国生物质能产业发展现状及趋势分析［J］．农业工程学报，2007（9）：276-282.

［86］王磊．大型秸秆沼气工程温室气体减排计量研究［D］．中国农业科学院，2016.

［87］王晓华，姚田英，于立英．发展农村沼气促进农民增收［J］．商业经济，2006（3）：32，93.

［88］王许涛，李刚，张百良．生物质能利用在循环农业中的作用分析［J］．安徽农业科学，2006（24）：6559 - 6560，6563.

［89］王义超．中国沼气发展历史及研究成果述评［J］．农业考古，2012（3）：266 - 269.

［90］王应宽．中国生物质能产业的发展空间探析［J］．农业工程技术（新能源产业），2007（2）：19 - 27.

［91］王治方，冯亚杰，冯长松，张彬，施巧婷，王二耀，辛晓玲，楚秋霞，陈付英，娄治国，魏成斌，徐照学．规模化牛场高效生态模式探讨［J］．上海畜牧兽医通讯，2015（6）：64 - 65.

［92］韦秀丽，徐进，高立洪，龙翰威．重庆大中型沼气工程规划建设现状分析［J］．农机化研究，2010，32（3）：215 - 217，221.

［93］吴创之，马隆龙．生物质能现代化利用技术［M］．北京：化学工业出版社，2003.

［94］吴坚，利锋．南方农村沼气发展新模式的环境经济分析［J］．生态经济，2008（3）：61 - 64.

［95］吴树彪，刘莉莉，刘武，陈理，董仁杰．太阳能加温和沼液回用沼气工程的生态效益评价［J］．农业工程学报，2017，33（5）：205 - 210.

［96］席运官，钦佩．稻鸭共作有机农业模式的能值评估［J］．应用生态学报，2006（2）：237 - 242.

［97］夏琦．四川省华蓥市农村养殖场沼气工程发展现状及对策分析［D］．重庆师范大学，2018.

［98］辛格，高亚茹，陈国松，刘畅，杨祝红，陆小华．沼液成分与重金属含量分析［J］．化工时刊，2018，32（1）：9 - 16.

［99］新华社．中央财经领导小组第十四次会议召开［EB/OL］．http：//www. gov. cn/xinwen/2016 - 12/21/content_ 5151201. htm，2016 - 12 - 22.

［100］熊飞龙，朱洪光，石惠娴，吴军辉．关于农村沼气集中供气工程沼气价格分析［J］．中国沼气，2011，29（4）：16 - 19.

［101］徐庆贤，林斌，郭祥冰，官雪芳，钱蕾．福建省养殖场大中型沼气工程问题分析及建议［J］．中国能源，2010，32（1）：40 - 43.

［102］徐文勇，李景明，王久臣，董保成，严荣昌．我国沼气发展的区域差异及影响因素分析［J］．可再生能源，2016，34（4）：628 - 632.

［103］杨甲锁，韩小平．庄浪县某生猪养殖有限公司大型沼气工程效益分析及思考［J］．中国沼气，2011，29（3）：41 - 42，44.

［104］杨莉仁．大中型沼气工程建设与发展研究［D］．江西农业大学，2015.

［105］杨茜．黄河三角洲地区农村沼气工程发展现状与转型升级对策［J］．安徽农学通报，2018，24（2）：60 - 65.

［106］姚向君，田宜水．生物质能源清洁转化利用技术［M］．北京：化学工业出版社，2005．

［107］姚向君，王革华，田宜水．国外生物质能的政策与实践［M］．北京：化学工业出版社，2006．

［108］叶旭君，王兆骞，李全胜．以沼气工程为纽带的生态农业工程模式及其效益分析［J］．农业工程学报，2000（2）：93－96．

［109］于万里，司马义江．新疆大型沼气工程项目运行管理模式研究［J］．农业工程技术，2016，36（20）：33－35．

［110］袁振宏，吴创之，马隆龙等．生物质能利用原理与技术［M］．北京：化学工业出版社，2005．

［111］袁振宏．我国生物质能技术产业化基础的研究［A］//中国太阳能学会．21世纪太阳能新技术——2003年中国太阳能学会学术年会论文集［C］．中国太阳能学会，2003．

［112］翟秀梅，刘奎仁，韩庆．新能源技术［M］．北京：化学工业出版社，2005．

［113］张国强，赵庆阳，朱建光．"林—菌—气"能源生态模式技术［J］．可再生能源，2005（3）：49－50．

［114］张红丽．呼和浩特市户用沼气工程发展现状、问题及对策分析［D］．内蒙古农业大学，2011．

［115］张慧智，时朝，李红，李文超，史殿林．北京市大中型沼气工程典型商业模式浅析［J］．中国沼气，2017，35（3）：88－92．

［116］张培栋，李新荣，杨艳丽，郑永红，王利生．中国大中型沼气工程温室气体减排效益分析［J］．农业工程学报，2008（9）：239－243．

［117］张培栋，王刚．中国农村户用沼气工程建设对减排 CO_2、SO_2 的贡献——分析与预测［J］．农业工程学报，2005（12）：147－151．

［118］张素青．晋中市大中型沼气建设存在的问题及对策［J］．现代农业，2016（8）：73．

［119］张无敌，刘士清，周斌，何彩云．我国农村有机废弃物资源及沼气潜力［J］．自然资源，1997（1）：67－71，80．

［120］张艳丽，赵立欣，王飞，李冰峰，刘东生．中国沼气物业化管理服务模式研究［J］．农业工程技术（新能源产业），2007（6）：27－31．

［121］张永北，罗靖，郑海东，张爱诚，黎荣忠，陈武．农林废弃物大型沼气工程"干简联动"模式研究［J］．太阳能，2016（12）：18－24．

［122］章明奎，徐建民．利用方式和土壤类型对土壤肥力质量指标的影响［J］．浙江大学学报（农业与生命科学版），2002（3）：44－49．

［123］赵凯，陈佶．河北省农村沼气工程发展现状及对策研究［J］．农业工程技术，2018，38（26）：38，40．

［124］赵连有．生物质和生物质能的开发利用［J］．农业环境与发展，2007（6）：30－33．

［125］赵玲，刘庆玉，牛卫生，胡艳清．沼气工程发展现状与问题探讨［J］．农机化研究，2011，33（4）：242－245．

［126］赵玉凤．生物质能源产业高技术发展研究［A］//2008 中国农村生物质能源国际研讨会暨东盟与中日韩生物质能源论坛论文集［C］．中华人民共和国农业部，亚洲开发银行，2008．

［127］郑建宇，方国强，王永刚，秦世平．农村能源生态工程模式的技术经济评价［J］．可再生能源，2004（1）：16－19．

［128］郑立臣，宇万太，马强，王永宝．农田土壤肥力综合评价研究进展［J］．生态学杂志，2004（5）：156－161．

［129］中华人民共和国农业部．大中型畜禽养殖场沼气工程设计规范（NT/Y1222—2006）［M］．北京：中国农业出版社，2007．

［130］钟珍梅，黄勤楼，翁伯琦，黄秀声，冯德庆，陈钟佃．以沼气为纽带的种养结合循环农业系统能值分析［J］．农业工程学报，2012，28（14）：196－200．

［131］钟珍梅，黄秀声，黄勤楼，陈钟佃，冯德庆．规模化牛场“肉牛—沼气—牧草”循环农业模式能值分析［J］．家畜生态学报，2009，30（6）：112－116．

［132］周孟津，张荣林，蔺金印．沼气实用技术［M］．北京：化学工业出版社，2011．

［133］朱颢，胡启春，汤晓玉，李谦．丹麦集中式沼气工程发展模式分析与启示［J］．世界农业，2016（11）：149－155．

［134］朱立志．农村沼气工程的减排效应和成本效益分析［A］//中国可持续发展研究会．2012 中国可持续发展论坛2012 年专刊（一）［C］．中国可持续发展研究会，2013．

［135］Chang J Y C，Leung D，Wu C Z，et al. A review of the energy production，consumption，and prospect of renewable energy in China［J］. Renew Sust Energ Rev，2003（7）：453－468．

［136］Chen J N，Zhang T Z，Du P F. Assessment of water pollution control strategies：A case study for the Dianchi Lake［J］. Environ Sci，2002，14（1）：76－78．

［137］Chen R J. Livestock－biogas－fruit systems in South China［J］. Ecol Eng，1997（8）：19－29．

［138］Liu Y，Kuang Y Q，Huang N S，et al. Popularizing household－scale biogas digestersfor rural sustainable energy development and greenhouse gas mitigation［J］. Renew Energ，2008，33（9）：2027－2035．

［139］Milbrandt A. A geographic perspective on the current biomass resource availability in the United States［M］. National Renewable Energy Laboratory，2005．

［140］Qi Z H. Construction of circle economy and eco－town［J］. China Population Resources and Environment, 2003, 13 (5): 111 −114.

[141] Wahlund B, Yan J Y, Westermark M. Increasing biomass utilization in energy systems: A comparative study of CO_2 reduction and cost for different bio − energy processing options [J]. Biomass and Bioenergy, 2004, 26 (6): 531 −544.

[142] Zeng X Y, Ma Y T, Ma L R. Utilization of straw in biomass energy in China [J]. Renew Sust Energ Rev, 2007 (11): 976 −987.

[143] Zhang P D, Yang Y L, Tian Y S, et al. Bioenergy industries development in China: Dilemma and solution [J]. Renew Sust Energ Rev, 2009, 13 (9): 2571 −2579.